V

44407

ÉTUDE HISTORIQUE

SUR LES

CORPORATIONS D'ARTS & MÉTIERS

COMPRENANT

l'Histoire des Communautés & Confréries de marchands &
d'artisans jusqu'à leur abolition en France en 1791.

___

Ce que les classes ouvrières doivent à l'Église.

*La Religion a fait trois choses admirables. Elle a
enseigné la loi universelle du travail; elle a honoré
le travail; elle a fait le travail libre. Avant elle, il
était esclave.*

Mgr. Dupanloup. *La Charité chrétienne et ses
œuvres,* Introduction page 11.

___

Par L. LEGRAND, *membre de la Société
d'Émulation de Roubaix.*

ROUBAIX

Impr. Libr. V. BEGHIN, rue du Curé, 16

1872.

ÉTUDE HISTORIQUE

SUR

LES CORPORATIONS D'ARTS ET MÉTIERS

Par L. LEGRAND. (1)

INTRODUCTION.

Sommaire. — *Actualité de la question du travail. — Nécessité de revenir au principe d'autorité pour la résoudre. — Ce principe d'autorité était la base du système des corporations. — Origine des corporations. Coup-d'œil sur l'ensemble de leur histoire. — Ce que les classes ouvrières doivent au Christianisme. — Cause de la chûte des corporations.*

Entre toutes les questions et tous les problèmes qu'étudient et qu'essaient de résoudre les économistes et les hommes politiques, il n'en n'est peut-être pas de plus grave, au moment actuel, que la question du travail. Sa solution intéresse non-seulement le bonheur, mais l'existence même de la société. Purement économique d'abord, cette question a pris de nos jours toute l'importance d'une question sociale.

(1) Extrait des Mémoires de la Société d'Émulation de Roubaix, t. II.

Bien des systèmes ont été proposés, essayés même, depuis quatre-vingts ans ; mais, faute d'être basés sur les véritables principes, ils n'ont abouti pour la plupart qu'à des théories impraticables dont l'essai a mis plus d'une fois la société tout entière en péril.

Dieu a établi dans le monde moral aussi bien que dans le monde physique des lois immuables et nécessaires dont on ne peut s'écarter sans tomber dans le chaos. Supprimez pour un instant, par la pensée, de notre système planétaire, le soleil qui en est comme le pivot et le lien, l'imagination se représente à peine le désordre qui en résulterait. Dans le monde moral, le principe d'autorité est tout aussi indispensable à l'équilibre de la société que le soleil à la stabilité de notre système planétaire, que les lois de la gravitation et de la pesanteur à la marche régulière de l'univers. C'est parce qu'on a voulu élever, en France, l'édifice social en dehors de ce grand fondement de l'autorité, en dehors de Dieu, en dehors de la famille, en dehors de toute hiérarchie, que nous sentons le sol s'effondrer sous nos pas, et que nous voyons se creuser un abîme chaque jour plus profond et plus insondable.

Mon but, dans ce travail, n'est pas d'aborder de front la solution de ces grands et redoutables problèmes, mais j'ai cru qu'il ne serait pas hors de propos au moment actuel, de jeter un coup d'œil sur les siècles passés, d'étudier avec quelque détail quel fut l'état social de l'artisan jusqu'au jour où les législateurs de 1789, plus empressés à détruire qu'à édifier, renversèrent ces antiques *corporations d'arts et métiers,* qui avaient été, durant de longs siècles, la seule forme d'organisation du travail en France comme dans toute l'Europe.

L'étude de l'histoire porte avec elle de précieux enseignements. En retraçant les anciennes coutumes des artisans, leurs lois et leurs mœurs, en constatant que sous le régime des corporations régnaient généralement dans l'atelier l'ordre et le respect indispensables à la bonne harmonie, en relisant ces réglements nombreux où les devoirs des maîtres entre eux et à l'égard de leurs ouvriers, aussi bien que les obligations des ouvriers envers leurs maîtres sont prévus dans les moindres détails et tellement ménagés qu'ils rendent presque impossible tout désaccord, nous serons amenés naturellement à faire avec notre époque de troubles et de discordes des rapprochements nombreux et qui, il faut bien l'avouer, seront le plus souvent à l'avantage du passé.

Est-ce à dire que pour rétablir dans les classes laborieuses l'ordre qui semble profondément troublé depuis quatre-vingts ans, il faudrait, à mon avis, restaurer purement et simplement le régime ancien des corporations et des maîtrises. Telle n'est pas ma pensée. L'industrie a subi depuis le commencement de ce siècle une transformation complète dans un grand nombre de ses branches, et les réglements des corporations devraient, pour être applicables aujourd'hui, être mis en harmonie avec cette situation nouvelle; mais ce à quoi il faudra nécessairement revenir, ce qui est de tous les temps et de toutes les époques, ce sont les principes qui faisaient le fond et la base du système des corporations : l'autorité, telle que la religion nous la montre, provenant de Dieu même et alliant, parceque Dieu est père, la douceur à la fermeté et l'affection au commandement. Lorsque les réglements des corporations étaient pratiqués dans toute leur pureté primitive, l'union la plus étroite existait entre le maître et ses compagnons et apprentis, membres à des degrés divers de la même corporation; l'atelier formait véritablement une famille dont tous les membres avaient droit à des soins et à des égards; aussi, les statuts en vigueur sous saint Louis font-ils la plus large part aux institutions charitables qui assuraient un refuge aux ouvriers vieux ou infirmes, des secours et un appui aux veuves et aux orphelins, une protection efficace aux apprentis. A côté de la corporation, existait presque toujours aussi la confrérie religieuse, dont la mission était toute de charité et d'union (1).

Ce grand siècle de saint Louis, auquel on commence à rendre une tardive justice, fut l'époque où les corporations brillèrent de leur plus pur éclat,

(1) De nos jours, on a remplacé ces usages d'un autre siècle, par la loi sur les coalitions, source de continuelles divisions entre les patrons et les ouvriers, et par des sociétés de secours mutuels dont les fonds ne servent pas toujours au soulagement de leurs membres.

mais non, comme le veulent quelques historiens, l'époque où ces institutions prirent naissance. Saint-Louis, en effet, chargea comme nous le dirons, Etienne Boileau, de rédiger les coutumes des métiers, d'en former un code qui servit désormais de règle à leur législation ; et, à cet effet, Etienne Boileau fit comparaître au Châtelet les maîtres jurés ou prud'hommes de chaque métier et recueillit de leur bouche « les us et coutumes pratiqués depuis un » temps immémorial dans leur communauté. » Aussi le « livre des métiers » est-il rédigé sous forme de dépositions. Il faut remonter bien avant dans l'histoire pour trouver l'origine lointaine des corporations. Dès le VIe ou VIIe siècle avant notre ère, Athènes et Rome, encore à leur berceau, possédaient des associations que la loi autorisait entre les artisans d'un même métier. Tous les peuples qui ont cultivé le commerce ont de tout temps appliqué cette idée d'association qui est naturelle à l'homme. A Rome surtout, les colléges d'artisans prirent de bonne heure une importance et un développement que nous aurons occasion de constater. Introduits dans les provinces avec le régime municipal que Rome imposait aux villes vaincues, ils subsistèrent, notamment dans les Gaules, jusqu'à l'invasion des barbares qui ne les détruisirent pas complètement. Mais à cette époque, il s'opéra dans le travail une révolution profonde due à l'influence grandissante des idées chrétiennes.

« La religion, dit Mgr Dupanloup, a fait trois cho-

» ses admirables ; elle a enseigné la loi universelle du
» travail, elle a honoré le travail, elle a fait le travail
» libre : avant elle, il était esclave » (1). Ah! si les
classes pauvres et laborieuses comprenaient tout ce
qu'elles doivent à l'Église, au lieu de puiser leurs inspi-
rations auprès de ceux qui cherchent à les éloigner de
sa doctrine, c'est à Elle qu'elles iraient demander un
appui et des conseils que l'Église leur donnerait
avec désintéressement et sagesse. L'Église a été
fondée par un Dieu qui s'est fait ouvrier et qui a choisi
pour ses collaborateurs des pauvres et des ouvriers.
« Jamais l'Église n'a perdu le souvenir de son hum-
» ble origine; toujours, dans tous les siècles, dans
» tous les empires, elle s'est montrée l'amie, le
» soutien des pauvres, des petits et des faibles. Ces
» trois mots : Liberté, égalité, fraternité qu'on a
» tant de fois, depuis un siècle, détournés de leur
» véritable signification, c'est l'Église qui les a in-
» troduits dans le monde. La liberté, c'est elle qui
» l'a fondée, et les martyrs sont les hommes les
» plus libres que la terre ait connus; la fraternité
» est sortie d'un dogme, et l'égalité n'a de sens que
» dans l'Église. Bien plus, la classe ouvrière est
» fille de l'Église ; dans le monde païen, elle n'exis-
» tait pas, ou plutôt elle s'appelait la classe servile.
» L'Église a commencé par partager ses chaines,
» puis les a brisées, puis s'est appliquée à effacer
» toutes les traces de son esclavage ; elle a fondé
» les écoles qui devaient l'instruire, créé ou ins-

(1) *La charité chrétienne et ses œuvres*. Introduction page 11.

» piré les institutions qui pouvaient la soulager, et
» lui a enseigné toutes les vertus qui en font au-
» jourd'hui une classe égale aux autres » (1).

C'est encore l'Église qui protégea le monde contre les barbares et qui inculqua à ces hommes rudes et grossiers les principes d'une civilisation nouvelle : c'est Elle qui maintint au milieu des désordres et des ruines de l'invasion les débris des meilleures institutions romaines. Les cités qui conservèrent un peu d'ordre et de paix le durent à leurs évêques qui prirent en main l'administration municipale tant que dura le bouleversement. C'est grâce à eux aussi que subsistèrent, dans ces temps malheureux, les traces des anciens colléges d'artisans modifiés et régénérés par les idées chrétiennes. Plus tard, quand le calme revint et avec lui la prospérité, ces associations reprirent un nouvel essor et atteignirent, comme nous l'avons dit, leur apogée au siècle de Louis IX. Elles eurent souvent, durant tout le moyen-âge, une influence considérable sur la situation politique de la France.

Quand les doctrines économiques de Turgot et de son école cherchèrent à les renverser, les corporations étaient bien dégénérées de leur institution première, mais cette décadence était moins le résultat d'un vice originel, que la conséquence nécessaire des édits et des mesures de fiscalité par lesquels les rois avaient altéré leurs réglements primitifs.

____

(1) Armand Ravelet. — Journal le *Monde*, du 19 septembre 69.

Néanmoins l'édit de suppression rendu par Louis XVI, dans le lit de justice du 16 mars 1776, souleva de si unanimes protestations que le roi rétablit, peu de mois après, ce qu'il venait de détruire. En 1791, au début de la Révolution, les corporations furent définitivement abolies, et leur chûte eut lieu presque sans bruit au milieu des préoccupations de l'époque. Elles tenaient au passé, c'était là leur crime, et ce crime alors ne se pardonnait pas.

En terminant ce travail, nous pourrons juger par ses résultats l'institution des corporations ; et, jetant un rapide coup d'œil sur les années qui suivirent leur suppression, constater, par comparaison, si les classes ouvrières ont réellement gagné au changement de régime.

PREMIÈRE PARTIE.

Origine des Corporations. L'Église reconstitue la classe moyenne détruite par le paganisme.

CHAPITRE PREMIER.

Associations ouvrières chez les peuples anciens. Colléges d'artisans à Rome.

Sommaire. — *L'antiquité païenne méprise le travail. — Quelques peuples cependant honorent l'agriculture, les Juifs notamment. — Condition des artisans dans la Grèce ancienne; hétairies d'Athènes. — Numa fonde à Rome les colléges d'artisans. — Caractère démocratique de la constitution de Numa. — Organisation d'un collége. — Influence politique et vicissitudes des colléges sous les successeurs de Numa et la République. — Les colléges sous les premiers empereurs. — Charges et priviléges des colléges d'artisans à l'égard de la cité. — Réforme d'Alexandre-Sévère. — Prospérité des artisans sous ce prince. — Collége formé par les premiers chrétiens. — Désordres de l'empire sous les successeurs d'Alexandre : souffrances des collégiats. — Réglementation tyrannique de Dioclétien qui aggrave le mal, loin d'y porter remède. — Fin prochaine de l'empire. — La Gaule sous la domination romaine.*

La grande loi du travail, imposée par la justice divine à l'humanité dès l'origine du monde, fut étrangement méconnue par les peuples païens : ceux-ci semblaient avoir adopté pour maxime que l'homme voué au travail se ravale au rang de l'animal domestique et devient dès lors indigne d'avoir une âme

L'antiquité païenne méprise le travail.

raisonnable (1). De nombreux esclaves cultivaient les terres, ou partageaient, dans les villes, la pratique des arts manuels avec les citoyens pauvres de la dernière classe et avec les étrangers. Les autres citoyens, que le trésor public nourrissait, s'ils étaient sans fortune, passaient leur vie entière dans le désœuvrement et les plaisirs dégradants de l'amphithéâtre. « Panem et circenses, » du pain et des spectacles, c'était tout ce qu'ambitionnaient les Romains de l'empire. Aussi, par suite de leur corruption et de leur oisiveté, laissèrent-ils déchoir de sa domination universelle cette ville de Rome à qui les mâles vertus de ses premiers habitants avaient valu de si hautes destinées dans le monde.

Les législateurs et les philosophes semblaient aussi se prêter un mutuel concours pour préconiser le mépris du travail et l'avilissement des classes laborieuses. « Les gens qui se livrent aux travaux » manuels, dit Xénophon, ne sont jamais élevés aux » charges, et l'on a bien raison. La plupart, con- » damnés à être assis tout le jour, quelques-uns » même à éprouver un feu continuel, ne peuvent » manquer d'avoir le corps altéré, il est bien difficile » que l'esprit ne s'en ressente. Outre cela, le travail » emporte tout le temps, on ne peut rien faire pour » ses amis ni pour l'État (2). » Sénèque, de son côté, s'indigne qu'on ose attribuer aux philosophes l'in-

(1) On sait que la loi romaine considère l'esclave non comme une personne, mais comme une chose.

(2) *Économiques.*

vention des arts : « Elle appartient, s'écrie-t-il, aux
» plus vils des esclaves. La sagesse habite des régions
» plus hautes, elle ne forme pas les mains au travail,
» elle s'applique à diriger les âmes..... Encore une
» fois, elle ne fabrique pas des ustensiles pour les
» usages de la vie; pourquoi lui assigner un rôle si
» infime (1) ! »

Chez quelques peuples cependant, l'agriculture
était demeurée en honneur. C'était un lointain souvenir des premières occupations et du premier genre
de vie de l'homme. Le peuple juif en donnait un
remarquable exemple. La législation Mosaïque s'applique surtout à favoriser l'agriculture et ses dispositions forment sur ce point, comme sous bien
d'autres rapports, le code le plus parfait qui aît
jamais régi aucun peuple. Ses heureux résultats l'ont
suffisamment démontré.« Moïse, dit M. l'Abbé Guenée,
» n'interdit pas cependant les arts manuels à ses
» concitoyens, comme le firent quelques législateurs,
» mais il paraît que, dans l'esprit de sa législation,
» ils ne devaient être exercés par les Israélites que
» dans les moments de relâche que leur laissaient
» les travaux champêtres, et que ce devait être plutôt
» l'occupation des étrangers et des esclaves. L'agri-
» culture est l'art auquel il veut que les Hébreux
» s'appliquent. Les législateurs de Rome et d'Athènes
» pensèrent de même : dans ces républiques, l'artisan
» était l'homme obscur, et le propriétaire cultivateur,

Quelques peu-
ples cependant
honorent
l'agriculture,
les Juifs,
notamment.

____

(1) Senèque. *Ép. ad Lucilium*, 90.

» le citoyen distingué. Les tribus urbaines le cédaient
» aux tribus rustiques ; c'était de celles-ci qu'on
» tirait les généraux et les magistrats, et leurs suffra-
» ges décidaient de toutes les affaires (1). »

Condition des artisans dans la Grèce ancienne; hétairies d'Athènes.

Dans la Grèce antique, en effet, la condition des artisans libres différait peu de celle des esclaves. Dans quelques cités même, le travail était interdit à tout citoyen. Lycurgue ne permit aux Spartiates d'autre métier que celui des armes et laissa le commerce et l'industrie aux mains des étrangers. Athènes dut à Solon une constitution moins austère, dans laquelle les artisans trouvèrent quelque protection. Plutarque nous en donne la raison suivante : « La
» population d'Athènes s'augmentait chaque jour
» par le grand nombre d'étrangers qu'attirait de
» toutes parts la liberté dont on jouissait dans
» l'Attique. Mais la plus grande partie de son terri-
» toire n'offrait qu'un sol ingrat et stérile et les
» marchands qui faisaient le commerce maritime
» n'apportaient rien à ceux qui n'avaient rien à leur
» donner en échange. Solon, frappé de ces incon-
» vénients, tourna du côté des arts l'activité de ses
» citoyens et fit une loi qui dispensait un fils de
» l'obligation de nourrir son père quand celui-ci ne
» lui aurait pas fait apprendre un métier (2). » Il porta aussi une loi contre les gens oisifs; Dracon les condamnait à mort : Solon les voua à l'infamie. Ces mesures rigoureuses amenèrent Athènes à un haut

(1) *Lettres de quelques Juifs*. T. III, page 27.
(2) Plutarque. *Vie de Solon*. Ed. Didot, tome 1er, p. 145.

degré de prospérité et lui permirent de soutenir avec succès des luttes disproportionnées à son territoire et à sa population.

Cependant, il faut le reconnaître, ces lois de Solon étaient faites pour sauvegarder bien plutôt l'intérêt de la cité que celui des artisans. Ceux-ci formaient la dernière classe des citoyens, se trouvaient souvent confondus avec les esclaves et ne jouissaient de presque aucun droit politique. Afin d'atténuer autant que possible leur impuissance individuelle, les artisans exerçant la même profession se réunirent en corporations ou communautés qui prirent le nom d'*hétairies* (1). Solon favorisa l'établissement de ces associations. Gaius, dans la loi IV au Digeste, *de collegiis et corporibus*, rapporte la disposition par laquelle Solon permit aux artisans d'une même communauté de faire entre eux tels réglements qu'il leur plairait, pourvu que ces réglements particuliers ne renfermassent aucun point contraire aux lois générales de l'État, *nisi hoc publicæ leges prohibuerint* (2). C'était laisser aux artisans une grande latitude, mais la constitution d'Athènes était tellement ménagée que, malgré ces priviléges, les hétairies n'eurent aucune influence politique.

A cette même époque (vers 620 avant J.-C.), Rome possédait déjà depuis plus d'un siècle des associations Numa fonde à Rome les collé- ges d'artisans.

----

(1) Dalloz. *Jurisprudence générale*, art. Industrie. T. 27, chap. Ier, historique et législation.
(2) Dalloz, — ouv. cité.

d'artisans qui portaient le nom de colléges ou corporations, *collegia, corpora*. Plutarque en fait remonter
l'origine à Numa. Je citerai dans son entier le passage
où ce biographe en raconte la fondation.

« .... Jugeant des mœurs des citoyens par le
» travail, Numa avançait en honneurs et en pouvoir
» ceux qui se distinguaient par leur activité, blâmait
» les paresseux, et les corrigeait de leur négligence.

» Celui de ses établissements qu'on approuve le
» plus, c'est la division du peuple par arts et par
» métiers. La ville, comme nous l'avons déjà dit,
» était composée de deux nations ou plutôt séparée
» en deux partis qui ne voulaient absolument ni se
» réunir, ni effacer les différences qui en faisaient
» comme deux peuples étrangers l'un à l'autre, et
» enfantaient chaque jour parmi eux des querelles
» et des débats interminables. Quand on veut unir
» des corps solides qui naturellement ne peuvent
» se mêler ensemble, on les brise, on les réduit en
» petites parties qui s'incorporent facilement. Numa,
» d'après cet exemple, pour faire disparaître cette
» grande et principale cause de division entre les
» deux peuples et la disséminer en quelque sorte
» dans plusieurs petites parties, distribua tout le
» peuple en plusieurs corps séparés chacun par des
» intérêts particuliers. Il le partagea donc en divers
» métiers, de musiciens, d'orfèvres, de charpentiers,
» de teinturiers, de cordonniers, de tanneurs, de
» forgerons et de potiers de terre. Il réunit en un
» seul corps tous les artisans d'un même métier, et

» institua des assemblées, des fêtes et des cérémo-
» nies de religion convenables à chacun de ces corps,
» leur assignant des temples comme lieu de réunion.
» Par là, Numa fut le premier qui bannit de Rome
» cet esprit de parti qui faisait dire et penser aux uns
» qu'ils étaient Sabins, aux autres qu'ils étaient Ro-
» mains, à ceux-ci qu'ils étaient sujets de Tatius, aux
» autres qu'ils avaient pour roi Romulus. Ainsi cette
» nouvelle division opéra le mélange et pour ainsi dire
» l'amalgame de tous les citoyens ensemble (1). »

La constitution que Numa avait donnée à Rome favorisait le peuple et sous la forme monarchique contenait en germe tous les éléments de la future République. Le peuple élit les rois et les magistrats, sanctionne leurs décrets, décide de la paix ou de la guerre, fait les lois générales et règle les grandes affaires de l'État ; le Sénat seul balance et modère sa puissance. Cette organisation politique qui faisait de Rome, à cette époque de l'histoire, une ville à part, s'explique par la manière dont la ville fut fondée et par ses premiers habitants. Alors que Rome luttait encore pour sa propre existence contre les peuples italiques, les esclaves étaient peu nombreux dans la ville (2) ; le travail et les arts y étaient en honneur.

Caractère démocratique de la constitution de Numa.

(1) Plutarque. *Vie de Numa*. Éd. Didot, traduction Ricard. T. Ier, p. 118.

(2) Les esclaves furent d'abord employés aux travaux des champs ; ils ne furent introduits dans la ville pour le service domestique que plus tard, vers la fin des rois ; leur nombre n'y devint considérable qu'après la conquête de l'Asie, quand les mœurs dissolues de cette contrée s'introduisirent à Rome.

Le citoyen, qui s'était enrôlé au premier appel aux armes, reprenait après la guerre les outils de son métier ou la conduite de sa charrue. Les arts manuels, s'ils étaient déjà alors dédaignés par les praticiens, étaient néanmoins exercés par des hommes libres. Les colléges d'artisans, placés dans un milieu si favorable à leur développement prirent une rapide extension, et leur nombre s'accrut à mesure que la population devenait plus importante et l'industrie plus prospère.

Organisation
d'un collége. Chaque collége formait une petite république qui avait ses finances alimentées par les cotisations des membres et les dons volontaires des personnes étrangères à la communauté (1). Il était administré par les maîtres de l'art, sous la présidence d'un syndic chargé spécialement de gérer les affaires et de veiller à tous les intérêts de l'association. Le syndic était élu en assemblée générale, à la majorité des deux tiers des voix au moins. Le collége se plaçait en outre sous la protection d'un praticien. On sait tout le prix qu'attachaient les Romains influents à se créer une nombreuse clientèle; aussi, dès qu'un protecteur était élu par un collége, on lui envoyait une députation qui lui remettait une plaque, souvent en bronze, sur laquelle l'élection se trouvait consignée. Le patricien apposait ces plaques dans un lieu apparent de sa maison et briguait l'honneur de pro-

(1) Conf. Ch. Dezobry. *Rome au siècle d'Auguste*, lettre IV, page 241-242, et Rubichon. *Action du clergé dans les sociétés modernes* avec supplément par M. Mounier, tome II, page 230 et suiv.

téger un grand nombre de métiers. De son côté, le collége soutenait de ses suffrages et de son influence les candidatures de ses patrons et conservait aussi, dans son lieu de réunion ou dans ses écoles, des inscriptions qui lui rappelaient ceux qui l'avaient protégé.

Les colléges élisaient aussi des juges du métier afin de vider leurs différents et de punir les infractions au réglement. Ils devaient être reconnus légalement et autorisés, d'abord par une constitution des rois, plus tard, sous la république, par un sénatus-consulte, pour avoir le droit de posséder des biens meubles et immeubles et de recevoir des legs (1).

Le caractère religieux qui distingue toute la législation de Numa, se retrouve aussi dans l'organisation donnée par ce roi aux colléges d'artisans. Ils avaient, en effet, un patron particulier parmi les dieux, un temple où ils lui offraient des sacrifices et célébraient en son honneur des fêtes spéciales. Ces pratiques religieuses resserraient les liens de confraternité entre les artisans d'une même profession et donnaient aux prescriptions du réglement de la communauté un caractère sacré et inviolable (2).

Nous retrouverons plus tard, au moyen-âge, plusieurs traits de cette organisation, notamment l'influence de la confrérie religieuse placée à côté de la corporation industrielle.

(1) *Rome au siècle d'Auguste.* I, 242
(2) *Action du clergé*, loc. cit.

Maintenus par les successeurs de Numa, les colléges furent supprimés par Tarquin, jaloux de revendiquer au profit de la royauté les prérogatives abandonnées au peuple par ses prédécesseurs. Mais à sa chûte, tout change : Rome devient une république ; le peuple voit se développer successivement l'exercice de ses droits et en profite pour se réorganiser en colléges. Aussi les voyons-nous mentionnés dans la loi des XII tables, qui rappelle et confirme à leur égard les anciens réglements des rois (1).

L'influence politique de ces institutions qui donnaient à la plèbe de Rome une organisation, des chefs, des finances, ne tarda pas à se faire sentir (2). Rome s'était beaucoup agrandie, tout l'État s'y concentrait ; une vaste plèbe s'amassa dans ses murs ; il y eut des multitudes de citoyens dont l'existence fut précaire ; les pauvres n'eurent d'autre ressource que des emprunts usuraires. Pour satisfaire leurs insatiables créanciers, ils durent tout sacrifier, leur liberté même. Quand le peuple se sentit la proie des riches praticiens, il se révolta : le mont Aventin lui servit plusieurs fois de retraite, et il ne consentit à rentrer dans la ville qu'après avoir obtenu d'importantes concessions et des magistratures plébéiennes. D'autres fois, c'étaient des ambitieux qui, briguant des charges publiques, soulevaient le peuple en versant de larges subsides dans les caisses des colléges

(1) Dalloz, ouv. cité.
(2) Voyez Dion, XXXVIII, 13.

d'artisans, toujours à la merci du premier agitateur qui les payait. Les patriciens ne furent pas long-temps sans voir où le peuple puisait sa force et ses moyens de révolte, aussi le Sénat décréta-t-il la suppression des colléges par plusieurs sénatus-consultes et par plusieurs lois. Mais le peuple résis-tait de toute son énergie; et de fait, les colléges ne furent jamais totalement abolis (1). A mesure même que Rome étendait ses conquêtes et implantait chez les peuples vaincus ses lois et ses mœurs, les colléges s'établissaient dans les villes de province. Ils faisaient en quelque sorte partie du régime municipal, comme je le dirai plus loin.

Nous retrouvons les colléges florissant dans tout l'empire romain, sous les premiers empereurs; mais ceux-ci leur furent peu favorables et les assujettirent à une foule de servitudes et de contrôles. Aucun collége ne pouvait être établi sans que sa fondation ne fût autorisée par un sénatus-consulte ou par let-tres du prince. A Rome, les colléges dépendaient du préfet de la ville qui en avait la surveillance ; dans le reste de l'empire, ils étaient placés sous la juridiction des gouverneurs de province. Les arti-sans qui se réunissaient sans autorisation étaient passibles des peines les plus sévères, que les gou-

Les colléges sous les pre-miers empereurs ro-mains. Premiè-res servitudes.

---

(1) Dezobry, *Rome au siècle d'Auguste* ; et Dalloz, loc. cit.

Les colléges furent notamment supprimés pour cause de trouble sous le consulat de L. Cæcilius et de Q. Martius. Ce fut le célèbre Clodius qui les rétablit ensuite, y trouvant un grand appui pour ses projets de désordre.

(2) Dalloz, id.

verneurs de province appliquaient avec la dernière rigueur. D'après la loi, commune du reste à toute association non autorisée, quelque fût son but, ceux qui en faisaient partie subissaient la même peine que ceux qui envahissaient en armes les lieux publics. (1)

Quand un collége était autorisé, l'artisan qui désirait en faire partie devait se présenter au préfet de Rome ou au gouverneur de la province et faire agréer son inscription qui était ensuite reçue par les curateurs ou administrateurs de la communauté. Une fois attaché au collége, l'artisan ne pouvait s'en séparer qu'au moyen d'une sentence coûteuse et difficile à obtenir ; ses fils et ses gendres en faisaient nécessairement partie, et ses biens, s'il mourait sans héritiers directs, revenaient à la communauté. Parfois aussi, l'artisan était forcément incorporé dans un collége, soit par un jugement, soit par un décret de l'empereur (2). Cette mesure était employée surtout à l'égard des affranchis ; elle pouvait aussi être infligée comme dégradation à un citoyen d'un ordre civil supérieur. Cette réglementation créait aux artisans une dure servitude ; néanmoins, il existait dans les villes peu d'artisans libres ; leur situation eût été trop précaire et ils eussent subi les

(1) Ces lois étaient générales pour toutes les associations, de quelque nature qu'elles fussent. La liberté d'association n'existait donc pas à Rome sous les premiers empereurs.

Voyez aussi dans le Digeste pour ces détails et ceux qui vont suivre, les lois ayant pour titre *de collegiis et corporibus; de jure immunitatis, de decurionibus.*

(2) Dalloz.

charges les plus lourdes de la cité sans participer aux immunités accordées aux collégiats.

Je dois entrer ici dans quelques détails sur l'organisation municipale de Rome et des villes de province, afin de bien préciser quel était, sous l'empire (1), l'état social des artisans, leurs charges et les priviléges que leur procurait leur organisation en colléges. (2)

La population d'une cité romaine se divisait en trois classes : les sénateurs ou patriciens, jouissant de nombreux priviléges achetés au prix d'un impôt spécial très-élevé ; les curiales ou décurions, membres de la curie: c'étaient tous les citoyens possesseurs d'au moins 25 arpents de terre , et qui n'étaient pas privilégiés; enfin, le menu peuple formé des petits propriétaires et des artisans réunis, pour la plupart, en colléges, dans lesquels, à côté des hommes libres vivant de leur travail, étaient admis les affranchis et même les esclaves, avec l'autorisation de leurs maîtres. (3)

(1) L'organisation municipale que j'indique ici subit plusieurs transformations : elle était telle au troisième siècle. Dioclétien la modifia comme je l'indiquerai plus loin, mais sans changer l'essence de sa constitution. Elle se maintient dans les provinces jusqu'à l'invasion des barbares.

(2) Confer. Dalloz et Mury, *Hist. de France*, t. I, pag, 96.

(3) La loi romaine dit : « *servus quoque in collegio tenuiorum » recipi potest, volentibus dominis.* » Ces *tenuiores*, ce sont les hommes libres de la dernière classe vivant de leur travail. (Dalloz.)

Par contre, le commerce était interdit à Rome aux patriciens et à ceux qui exerçaient certaines charges ou jouissaient d'une grande fortune. Cette prohibition est faite, dit la loi, « afin de faciliter le commerce au peuple, et d'empêcher les accaparements de denrées nécessaires à la subsistance publique. »

Les sénateurs ou patriciens étaient exempts de toutes les charges municipales qui retombaient sur les deux autres ordres. Ceux-ci étaient parfaitement distincts, bien qu'agissant parfois de concert. Les curiales avaient seuls l'administration de la cité, dont ils nommaient parmi eux les magistrats ; ils percevaient les impôts et en répondaient sur leurs propres biens en cas de non-recouvrement ; ils payaient seuls l'or coronaire. Toutes ces charges, de jour en jour plus lourdes, qui pesaient sur eux, finirent par les écraser ; ils cherchèrent tous les moyens de s'y soustraire et la loi dut prévoir les désertions. (1) Le curial fut attaché à la curie comme l'artisan à son collége, non-seulement par sa personne, mais par sa famille et par ses biens. L'un et l'autre furent tenus d'habiter le territoire de la cité. La curie et le collége pouvaient revendiquer le membre fugitif, et celui qui favorisait la désertion subissait une amende de cinq livres pour un curial, et d'un livre pour un collégiat. (2)

Les colléges, outre les impôts directs qui pesaient lourdement sur le commerce et l'industrie, contri-

---

(1) On vit sous Dioclétien et ses successeurs des curiales se réfugier chez les barbares, abandonnant à l'Etat leurs biens insuffisants à payer les impôts qu'on exigeait d'eux ; d'autres, ruinés par le fisc, se rangeaient parmi les citoyens pauvres : mais bientôt, la loi ne leur laissant plus même cette ressource, on vit des citoyens, devenus esclaves publics, remplir les plus pénibles emplois pour acquitter l'arriéré de leurs contributions.

(2) Dalloz. — Cette loi fut portée sous Dioclétien.

buaient aux charges municipales par des prestations
en rapport avec leur métier. Les boulangers devaient
fournir aux villes une quantité de pain déterminée ;
les rouliers et les bateliers opéraient les transports ;
les maçons étaient tenus d'employer un certain
nombre de bras aux ouvrages publics ; les colléges,
en un mot, pourvoyaient à toutes les nécessités
intérieures et domestiques d'une société riche et
luxueuse. Tous les membres d'un collége étaient
solidairement responsables, vis à vis des villes, de
l'entier accomplissement de ces obligations. Les
empereurs avaient, eux aussi, un droit discrétionnaire pour exiger des colléges ces sortes de corvées. C'étaient les colléges qui pourvoyaient à
la nourriture et à l'équipement des soldats. « A
l'aide des corporations, dit M. Granier de Cassagnac,
Rome organisa son service administratif, son déploie-
ment de forces militaires et son luxe architectu-
ral. » (1)..... « Les corps de métier, ajoute-t-il,
étaient rigoureusement les instruments de l'administration elle-même, et, en ce qui concerne
leurs fonctions, complétement aussi à la discrétion des empereurs. » (2)

En échange de ces services, la cité romaine accordait aux colléges certains avantages qui amélio-
raient la condition des artisans et la rendaient

(1) Granier de Cassagnac, *Histoire des classes ouvrières*, p. 308.
(2), Id. p. 332.

parfois préférable à celle du curial lui-même, sauf
toutefois, l'exercice des droits politiques dont un
citoyen se montre toujours jaloux. Les membres de
certains colléges, en effet, étaient exemptés des
charges publiques. Cette faveur, qui était considérable sous les empereurs, leur était accordée, dit le
jurisconsulte cité par le Digeste, « afin qu'ils eussent
» plus d'ardeur à se perfectionner eux-mêmes dans
» leur art, et à en instruire leurs enfants. » (1) D'autres colléges jouissaient, suivant l'importance de leurs
prestations, soit de l'exemption du service militaire,
soit de la remise des tributs spéciaux ; ou bien on
mettait leurs membres à l'abri de toute injure corpo-
relle, des charges de la tutelle, des effets des lois
Pappiennes. (2) Les esclaves, admis dans les colléges,
participaient à ces avantages dans une certaine mesure qu'il serait difficile de préciser. La cité accordait en outre aux colléges le droit d'avoir leur
bannière, elle leur concédait un édifice public
pour leurs réunions, une place réservée dans les
temples et dans les cérémonies religieuses et civiles.

Les services rendus aux cités par les colléges
étaient le motif de leur autorisation et la mesure
des priviléges qu'on leur accordait ; aussi la loi

(1) « Quo magis cupiant et ipsi peritiores fieri, et suos filios
erudire ».

(2) Voir Dalloz, ouvrage cité.

spécifie-t-elle que ces immunités ne sont applicables qu'aux artisans qui prennent une part effective aux travaux communs. D'après le texte du Digeste, c'est Antonin-le-Pieux qui prit cette mesure, et restreignit aux membres actifs les exemptions étendues autrefois à tous ceux qui faisaient partie de la communauté. (1)

« Les lois romaines font une mention spéciale de deux colléges autorisés à Rome : ceux des boulangers et des nautoniers, les plus importants parce qu'ils se rattachaient plus directement à l'approvisionnement de la ville ; aussi avaient-ils des priviléges particuliers. Le code Théodosien et le code Justinien leur consacrent à chacun un titre spécial; mais, dans ce dernier code, on n'a conservé qu'un petit nombre de dispositions qui ne permettent que difficilement de se rendre compte de leur organisation. Le code Théodosien consacre ensuite un titre aux bouchers, aux marchands de vin et aux ouvriers qui cuisent la chaux, profession importante pour les constructions romaines; il y indique leurs réglements. » (2)

En 222, Alexandre Sévère, récemment monté sur le trône impérial, révisa et compléta toute la législation des colléges d'artisans. Il étendit à tous les

Réforme
d'Alexandre
Sévère. Prospé-
rité des artisans
sous son règne.

---

(1) « Nec omnibus promiscue, qui adsumpti sunt in his collegiis,
» immunitas datur, sed artificibus duntaxat, nec ab omni ætate
» allegi possunt, ut divo Pio placuit, qui reprobavit prolixæ , vel
» imbecillæ admodum ætatis homines. » Digeste, *de collegiis et corporibus.*

(2) Dalloz, ouvrage cité.

métiers et à toutes les professions l'autorisation jusque là restreinte à quelques-uns de s'ériger en colléges. Il donna à chaque collége des défenseurs pris parmi ses membres et détermina devant quels juges devaient se porter les diverses causes et les litiges qui pouvait s'élever, soit entre les artisans d'un même métier, soit entre les métiers divers. (1) Il soumit aussi à un impôt spécial que Lampride, son biographe, appelle « pulcherrimum vectigal », un excellent impôt, les professions qui alimentaient le luxe, particulièrement celle des tailleurs, des tisserands, des verriers, des pelletiers, des fabricants de voitures, des orfèvres et des doreurs. Le produit de cet impôt fut appliqué à la construction de nouveaux bains publics pour le peuple, et à la restauration de ceux qui existaient déjà. (2) Le peuple romain jouit sous le règne d'Alexandre d'une prospérité inconnue depuis longtemps. L'empereur prit de sages mesures pour assurer l'approvisionnement régulier de Rome, et fit, en deux ans, baisser des trois quarts, le prix de la viande.

Vivant lui-même dans une grande simplicité, il réduisit dans une proportion considérable les impôts établis par ses prédécesseurs et dont une partie no-

---

(1) Ces détails et ceux qui vont suivre sont tirés de la biographie d'Alexandre Sévère par Œlius Lampide, l'un des auteurs de l'Histoire Auguste.

(2) Alexandre acheva aussi les Thermes de Caracalla.

table servait au luxe du prince. (1) Dans le but d'encourager le commerce, il accorda des immunités considérables aux négociants étrangers qui venaient s'établir à Rome.

Elevé avec un soin extrême par le même Mamée qui sut le prémunir contre la corruption effrénée qui régnait à la cour d'Héliogabale, Alexandre protégea, ou du moins toléra la religion chrétienne. (2) On doit au savant archéologue romain, M. de Rossi, d'intéressantes découvertes qui prouvent que sous le règne d'Alexandre Sévère, les chrétiens formèrent à Rome un collége, une véritable corporation d'arts et métiers (3), ce qui leur donnait, dit M. de Rossi, entre autres priviléges, la pleine liberté de leurs sépultures. Ce fut sans doute leur premier pas dans la vie publique. Ce collége dut certainement être

Collége formé par les premiers chrétiens sous le règne d'Alexandre Sévère.

---

(1) Lampide nous rapporte qu'Alexandre Sévère fit frapper des tiers de pièces d'or qui représentaient la valeur de l'impôt dû par des citoyens qui, sous Héliogabale, prédécesseur d'Alexandre, payaient jusqu'à dix pièces d'or. Il espérait réduire l'impôt jusqu'au quart de pièce d'or ; mais il en fut empêché par les guerres qu'il eut à soutenir à la fin de son règne contre les Perses et les Parthes.

(2) Plusieurs historiens ont avancé que Mamée elle-même professa le christianisme. Ce qui est certain, c'est que son palais contenait beaucoup de chrétiens, qu'elle connaissait et aimait leur doctrine, et qu'elle la fit respecter par son fils.

(3) C'est d'après des inscriptions trouvées dans les catacombes, que M. de Rossi, qui a consacré sa vie entière à les étudier, a pu affirmer l'existence du collége chrétien sous Alexandre Sévère. Voyez ses ouvrages sur les catacombes.

autorisé par l'empereur qui n'en ignorait pas le but
et la composition. Les chrétiens, en effet, ne se
fussent pas exposés aux peines sévères édictées par
les premiers empereurs contre les associations illi-
cites, peines qui n'avaient pas été abrogées. Le fait
suivant, cité par Lampride, semble du reste supposer
cette autorisation. On sait que les colléges reconnus
avaient à Rome la jouissance d'un édifice public qui
leur servait de lieu de réunion. « Les chrétiens, dit
« Lampride, s'étant emparés d'un endroit public
« qui avait appartenu autrefois aux cabaretiers,
« ceux-ci le revendiquèrent; mais Alexandre décida
« qu'il valait mieux de toute manière le consacrer
« au culte d'un Dieu, quel qu'il fût, que de le laisser
« à des cabaretiers. » (1).

Ce fait n'est pas le seul que rapporte Lampride et
qui nous montre la tolérance d'Alexandre envers les
chrétiens. J'en citerai ici quelques-uns, qui se rattachant sans doute moins directement à mon sujet,
mais qui expliquent néanmoins l'autorisation accordée par l'empereur au collége chrétien. « Il avait,
« dit Lampride, l'image du Christ dans son Lararium,

(1) Voici le texte de Lampride, *Hist. Aug.*, *Vie d'Alex. Sév.*, chap.
XLVIII. « Quum christiani quemdam locum, qui publicus fuerat, occu-
passent, contra popinarii dicerent sibi eum deberi, inscripsit, melius
esse ut quomodocumque illic deus colatur, quam popinariis dedatur. »
— C'est sur l'emplacement occupé par ce lieu de réunion des
chrétiens, qui était un ancien hôpital militaire de Rome, qui s'élève
actuellement la vénérable basilique de Sainte Marie in Transtevere,
l'une des plus antiques de Rome. (Mgr Gerbet, *Esquisse de Rome
chrétienne.*)

« avec celles d'Abraham, d'Apollonius, de Thyane
« et d'Orphée (1)..... Il voulut même élever un
« temple à Jésus-Christ et le faire placer par le sénat
« au nombre des dieux protecteurs de l'empire ;
« mais il lui fut fait par les oracles la réponse déjà
« donnée, dit-on, à Adrien qui avait eu le même
« projet : que, si ce temple était élevé, les autres
« seraient déserts, et que tout le peuple se ferait
« chrétien »(2). Cet aveu dans la bouche d'un historien païen mérite bien d'être rapporté. « La vie
privée du prince, ajoute M. Laurentie (3), se ressentit
aussi du christianisme ; ses actes comme ses discours en portèrent la trace visible. Il répétait souvent cette parole qu'il avait, dit encore Lampride,
apprise de quelque juif ou de quelque chrétien : (4)

(1) Lampride, id. chap. XXVIII.... In larario suo, in quo et divos
principes, sed optimos, electos et animas sanctiores in quas Apollo-
nium et quantum scriptor suorum temporum dicit, Christum, Abra-
hamum, et Orphæum, et hujusmodi cæteros habebat.

(2) Id. chap. XLII. Christo templum facere voluit cumque inter
deos recipere, quod et Hadrianus cogitasse fertur, qui templa in
omnibus civitatibus suis sine simulacris jusserat fieri ; quæ hodie
idcirco, quia non habent numina, dicuntur Adriani, quæ ille ad hoc
parasse dicebatur, sed prohibitus est ab iis qui consulentes sacra
repererant, omnes christianos futuros si id optato evenisset et templa reliqua descrenda.

(3) *Histoire de l'Empire romain*, t. IV, page 122.

(4) Lampride, ouv. cité, chap. L. Clamabat que sæpius quod a
quibusdam, sive judæis, sive christianis audierat et tenebat ; idque
per præconem, cum aliquem emendaret, dici jubebat : « quod tibi
« fieri non vis, alteri ne feceris. » Quam sententiam usque adeo
dilexit, ut in palatio et in publicis operibus præscribi juberet.

« Ne faisons pas à autrui ce que nous ne voulons
« pas qui nous soit fait »; il la faisait inscrire sur
les murs de son palais et sur les monuments de la
ville ; il la faisait proclamer dans la punition des
criminels. « Ainsi, remarque M. de Chateaubriant,
dans ses Études historiques, une seule maxime de
l'Évangile créait un prince juste au milieu de tant
de princes iniques. »

Désordre de l'empire sous les successeurs d'Alexandre. Souffrances des artisans. Alexandre Sévère apparaît en effet dans l'histoire
de l'Empire romain comme une noble exception.
Son règne procura à Rome quelques années de repos,
mais la corruption était trop profonde ; elle ne se
dissimula quelque temps que pour se produire plus
éhontée, plus universelle, sous les règnes suivants.
Après lui, l'empire perdit le peu d'ordre qu'il avait
réussi à y maintenir : « guerres civiles, invasion générale des barbares, territoire démembré, provinces
saccagées, plus de cinquante princes élevés et pré-
cipités en moins d'un demi-siècle : tel est le spectacle qu'on a sous les yeux jusqu'au règne de Dioclétien. » (1).

Au milieu de cette perturbation générale, le désordre qui régnait partout s'introduisit dans l'administration des villes et gagna les colléges.

Ecrasés d'impôts de tout genre par les nombreux
tyrans qui se partageaient ou se disputaient l'empire,
les artisans voyaient l'industrie et le commerce ruinés par des guerres continuelles et des bouleversements politiques incessants. La population des

(1) Chateaubriant, *Etudes historiques.*

campagnes dévastées par les armées romaines et les barbares, refluait vers les villes et y augmentait encore le nombre des malheureux. L'influence sociale qu'exerçait déjà le christianisme sur la société romaine avait déterminé l'affranchissement d'un grand nombre d'esclaves qui vinrent, eux aussi, grossir le nombre des ouvriers libres (1). Toutes ces causes réunies amenèrent dans l'empire, vers le commencement du quatrième siècle, une misère effroyable contre laquelle l'Église naissante et encore persécutée chercha en vain à lutter. « Hospices pour les voyageurs, refuges pour les vieillards, asiles pour les enfants abandonnés, ateliers de travail pour les ouvriers sans ouvrage, rachat des captifs, tout ce que la charité chrétienne peut inspirer fut multiplié par les fidèles sous la direction des évêques » (2). Bien des misères individuelles furent soulagées, mais rien ne put arrêter la société romaine dans sa rapide décadence.

De son côté, Dioclétien qui avait réussi à rétablir un calme passager et avait réuni tout l'empire sous son sceptre, demanda aux légistes qui dominaient à sa cour un moyen d'entraver les progrès du mal

(1) Un préfet de la ville, nommé Hermès, qui fut ensuite martyr chrétien, affranchit 1200 esclaves le jour de Pâques. Un autre martyr, Ovinius des Gaules, en affranchit 5000. La seconde Mélanie en affranchit 8000. On pourrait multiplier les exemples.

(2) Alexis Chevalier. *Essai sur les corporations d'arts et métiers.* Ce travail, que nous avons souvent consulté avec profit, a paru en plusieurs livraisons, dans la *Revue d'Économie chrétienne*, 1861, nouv. série, tome 2, page 98 et suivantes.

sans cesse grandissant. Ceux-ci « crurent avoir trouvé la solution du problème en détruisant la liberté du travail sans toucher à la liberté civile de l'ouvrier. Comme on avait enchaîné le colon à sa terre pour assurer la production du blé, on attacha l'artisan à son métier pour assurer la production industrielle. Dioclétien décréta l'incorporation obligatoire de tous les ouvriers dans les colléges d'artisans. » (1)

« Tout homme qui exerçait un métier fut, même contre son gré, incorporé au collége de sa profession et ses enfants furent destinés d'avance à lui succéder. L'homme libre, sans état déterminé, fut, ainsi que le vagabond, poursuivi par la loi et obligé de se choisir un métier, s'il ne voulait pas être embrigadé parmi les esclaves publics chargés des travaux les plus pénibles de la cité. Les obligations de l'ouvrier devinrent en même temps beaucoup plus rigoureuses. La discipline des ateliers impériaux (2) fut imposée à tous les colléges. Le collégiat fut attaché à son service comme le soldat. Tant qu'il était valide, il devait y rester et ne pouvait se faire remplacer, à moins qu'il ne fut assez riche pour entrer dans un collége supérieur. Marqué au bras de caractères indélébiles, il était ramené de force s'il parvenait à s'échapper. Enfin, tous les biens qu'il possédait

---

(1) Al. Chevalier, page 98.

(2) Les ateliers impériaux étaient le siége de certaines industries dont l'État s'était réservé le monopole, comme les mines, le commerce de la soie, la teinture en pourpre, etc.

ou pouvait acquérir entraient dans son apport social. Il continuait à jouir du revenu, mais il ne pouvait jouir du capital, ni le transmettre d'aucune manière que ce fût, à titre onéreux ou gratuit, si ce n'est à un membre du même collége. A sa mort, le collége recueillait sa succession, s'il ne laissait pas d'héritier qui pût prendre sa place. » (1)

Ce tableau tracé par un historien fidèle, laisse assez voir à quelle dure servitude furent soumis les artisans; les peines sévères portées contre ceux qui fuyaient indiquent aussi combien il y eut de tentatives de désertion ; et pourtant, cette législation rigoureuse n'arrêta pas le mal, elle l'aggrava. En 302, une disette générale vint ajouter encore à la misère déjà si horrible. L'Égypte, cette terre nourricière de Rome, manqua elle-même de blé. Dioclétien tenta un moyen extrême et rendit une ordonnance célèbre dont voici le préambule : « Le prix des denrées, dit-il, a tellement dépassé toutes les bornes, que le désir effréné des gains n'est modéré ni par l'abondance des récoltes, ni par l'affluence des produits. C'est pourquoi nous ordonnons que dans notre empire on se contente désormais du prix fixé dans le tableau suivant » : Vient ensuite une longue liste où l'on indique le prix dès objets de première nécessité, des denrées, du pain, du vin, de l'huile, de la viande, du poisson, etc.; la journée du maçon, du menuisier, du forgeron, le salaire de toutes les

(1) Ducellier, *Histoire des classes laborieuses en France*, p. 37.

3.

professions s'y trouve déterminé dans ses moindres détails ; on tarifia jusqu'au travail du barbier. (1) La peine de mort est prononcée contre quiconque contrevient à l'ordonnance impériale. Celle-ci, faite dans l'intérêt du peuple, atteignit un résultat tout opposé : elle ne réussit qu'à augmenter la misère et le désordre. Les marchands ruinés cessèrent le commerce, les marchés ne furent plus approvisionnés, les vivres manquèrent et la cherté devint excessive. De toutes parts on contrevenait à l'édit, le peuple se soulevait ; il y eut des batailles et des massacres dans plusieurs villes. De nombreuses exécutions eurent lieu : ce fut en vain. L'empereur dut reculer devant l'opposition générale et abroger l'odieuse loi « du maximum. » (2)

Fin prochaine de l'Empire. L'empire romain se dissolvait. Constantin lui-même, à qui l'Église dut la liberté, ne put que retarder de peu d'années sa chûte imminente : les provinces épuisées étaient incapables de nouveaux sacrifices, et elles étaient de toutes parts envahies par les peuples barbares.

Ainsi le châtiment divin ne se fit pas longtemps attendre. L'homme avait rejeté le travail libre, expiatoire et volontaire qui pouvait lui procurer le bien-être et assurer la stabilité et la richesse de la société ; il se vit condamné à un travail forcé et stérile dont la société appauvrie par son indolence recueillait seule les tristes fruits. Dans les dernières années de l'empire, le monde entier marchait par corvées ; c'était

(1) Alexis Chevalier, page 99.

(2)   Id.

un grand atelier, ou pour mieux dire, une grande
chiourme où personne n'avait la liberté de son labeur ou de ses bras, ni le choix de son industrie.
La culture, les colléges d'artisans, la curie, le sénat
même, manquaient de gens propres à faire le service
et on en vint à les recruter de délinquants. On condamna au travail comme à une peine. Mais ce travail
imposé par la force ne pouvait relever les caractères,
ni sauver l'empire. Il tomba, et couvrit le monde
de ses débris vermoulus. « Après Constantin, à
l'histoire de l'empire romain, succéde l'histoire des
diverses nations sorties de cette vaste unité rom-
pue. » (1)

La Gaule était l'une des plus riches provinces de
l'empire, et l'une des plus exposées à toutes les
convoitises. Après avoir longtemps résisté à la domination romaine, elle avait dû subir le joug et
adopter les lois et les mœurs de ses conquérants.
Le territoire de la Gaule était fertile et bien cultivé,
ses cités étaient nombreuses et florissantes. Les
Romains, qui les avaient ornées de vastes édifices
publics imités des monuments de Rome, y avaient
établi le régime municipal dont faisait partie, comme
nous l'avons dit déjà, l'organisation des artisans en
colléges ou corporations d'arts et métiers. L'existence de ces colléges en Gaule remonte aux premiers
temps de l'empire. D'anciens monuments romains,
trouvés sous le sol de Paris prouvent que les « nautæ
parisiaci », collége célèbre qui fut continué au

La Gaule sous
la domination
romaine.

(1) Laurentie, *Histoire de l'empire romain*, t. IV, p. 504.

moyen-âge par les « marchands de l'eau de Paris », exploitaient la navigation de la Seine dès le règne de Tibère. (1)

La Gaule passa par toutes les vicissitudes que subit l'empire, et elle dut se soumettre, comme les autres provinces, aux lois tyranniques de Dioclétien. Néanmoins, grâce au César Constance, elle eut moins à souffrir que le reste de l'empire et fut en partie préservée de la persécution terrible que l'empereur ordonna contre les chrétiens. (2) La religion chrétienne comptait déjà à cette époque dans les Gaules de nombreux disciples ; et les évêques se montraient en toute circonstance les intrépides défenseurs des

(1) En 1711, en creusant sous le chœur de Notre-Dame de Paris pour y construire le caveau des archevêques de Paris et y élever l'autel du vœu de Louis XIII, on découvrit cinq autels en pierre tendre couverts de bas-reliefs. L'un d'eux porte l'inscription suivante :

TIB. CAESARE.
AVG. IOVI. OPTVMO.
MAXSVMO. (hanc. ara)M.
NAVTAE. PARISIACI.
PVBLICE. POSVERVNT.

Sous le règne de Tibère César Auguste, les *nautæ parisiaci* ont élevé publiquement cet autel à Jupiter très-bon et très-grand.

(2) La Gaule avait déjà donné à l'Église un nombre immense de martyrs. Je tiens à citer, entre tant de noms illustres, saint Crépin et saint Crépinien, patriciens romains, qui, pour exercer leur zèle apostolique, se cachaient à Soissons sous l'humble profession de cordonnier. Ils furent mis à mort par ordre de Rictius Varus, préfet des Gaules sous Maximien Hercule.

opprimés et des malheureux. La doctrine nouvelle qu'ils prêchaient aux peuples enseignait le respect de l'autorité, le mérite de la souffrance et du travail, et soutenait les courages abattus, par l'annonce d'un monde meilleur. Un vaste champ était ouvert au zèle des évêques du IVe siècle ; les misères à soulager étaient immenses, le despotisme impérial avait tout envahi, et le monde semblait la propriété d'un seul homme. La tyrannie insatiable du fisc romain avait rendu l'empire un objet d'horreur : « le nom de citoyen romain, disait Salvien, autrefois si estimé et si cher, aujourd'hui on le fuit, on le répudie, il n'a plus de prix, il est presque infâme. »

Aussi les barbares trouvèrent-ils peu de résistance ; les Gaules, en particulier, ne pouvaient que gagner à changer de maîtres. La Providence allait se servir des armes de ces nouveaux venus pour accomplir ses desseins. Il fallait au monde païen un baptême de sang pour effacer les souillures de la corruption romaine : puis, de la terrible convulsion qu'allait éprouver l'Europe, sortirait une société nouvelle que l'Église formerait de ses mains divines à la pratique du travail et des vertus chrétiennes.

CHAPITRE II.

Action sociale du Christianisme sous les deux premières races des rois Francs.

Sommaire. — *État de la Gaule au moment de l'invasion des barbares. — Mission sociale de l'Église. — I. Action des évêques : 1° par leur enseignement ; 2° comme défenseurs des cités ; 3° ils sont les alliés naturels du peuple par leur origine plébéienne comme par leur élection ; 4° leurs efforts pour l'abolition de l'esclavage, surtout dans les conciles. — II. Action des moines : 1° par l'égalité de tous dans les monastères ; 2° par l'exemple du travail — pratique des métiers par les moines — les artisans se réunissent autour des monastères ; 3° par la charité.*

L'action de l'Église est facilitée par les barbares. 1° Amélioration de la condition des esclaves, — le servage remplace l'esclavage ; 2° préférence des Francs pour les campagnes, — ouvriers ruraux ; 3° dans les villes, ils maintiennent en général le régime municipal romain, en augmentant le pouvoir civil des évêques ; — certains collèges d'artisans subsistent donc aussi ; 4° l'association est dans les mœurs des conquérants, — la Gilde germanique.

État des artisans après la conquête. Au VIIe siècle, saint Éloi modèle de l'ouvrier chrétien ; crédit de saint Éloi à la cour de Dagobert ; ses fondations. L'influence du clergé grandit sous les carlovingiens. Capitulaires de Charlemagne. Splendeur du règne de Charlemagne.

C'est un spectacle étrange dans l'histoire que l'état de la Gaule pendant les invasions des barbares. Durant plus d'un siècle, les hordes germaniques la traversent en tous sens, semant la mort et la dévastation sur leur passage : non-seulement la Gaule ne soutient pas le gouvernement impérial, mais elle ne tente rien pour sa propre défense, et seules, les voix de quelques évêques s'élèvent çà et là pour rendre témoignage des souffrances et des larmes de la nation. Dans ses *Essais sur l'Histoire de France*, M. Guizot indique la raison de ce « phénomène singulier et sans exemple ». Le despotisme impérial avait avili les peuples, amolli les caractères, et le régime municipal mis au service des exactions du fisc avait amené « la dissolution, la destruction, la disparition de la classe moyenne dans le monde romain. A l'arrivée des barbares, cette classe n'existait plus, c'est pourquoi il n'y avait plus de nation. » (1) La classe riche était trop amoindrie (2) et trop habituée aux jouissances, les artisans et les pauvres trop accoutumés à la servitude pour prendre la moindre initiative.

A l'Église incombait la difficile mission de reconstituer la nation qui devait être la France. Rome avait détruit la classe moyenne en la faisant descendre au niveau de la plèbe et des esclaves, l'Église tenta de relever la classe infime de la société gallo-

romaine et de refaire la classe moyenne en la formant des artisans et des affranchis. Rome, tout en
accordant aux colléges quelques priviléges indispensables pour assurer la production industrielle, Rome
avait écrasé les artisans sous les impôts et les charges et les avait, quant aux droits politiques, assi-
milés pour ainsi dire aux esclaves; d'un autre côté,
« la corruption païenne avait aussi gagné les colléges
et beaucoup d'entre eux n'étaient plus qu'un prétexte à des banquets et à des réunions de plaisir :
leur ruine était prochaine. Il fallait, dit Ozanam, le
christianisme pour les sauver et les régénérer par
des principes nouveaux. Il y réussit. » (1) Grâce à
lui, les colléges d'artisans de l'empire romain ne
furent pas détruits dans la Gaule par l'invasion,
mais, sous la double action de l'Église et des nouveaux conquérants, ils se transformèrent peu à peu
et devinrent, avec les siècles, ces *Corporations d'arts
et métiers,* si florissantes au moyen-âge. L'Église
éleva par degrés la condition sociale des classes laborieuses : grâce à son action et à son influence,
l'artisan, si méprisé sous l'empire romain, forma
l'élément principal de la bourgeoisie des communes,
si puissante au moyen-âge.

Telle fut la mission sociale de l'Église et le but
constant de ses efforts du V⁰ au XII⁰ siècle. La chûte
de la domination romaine facilita cette immense
entreprise : il fallait un grand bouleversement po-

(1) *La civilisation au V⁰ siècle.*

litique pour rendre possible une révolution sociale aussi profonde. Les barbares apportaient avec eux une vie et une énergie nouvelles ; ils venaient affranchir les campagnes de la domination des cités, améliorer le sort des esclaves, et du jour où ils courbèrent le front sous la main des évêques et reçurent le baptême, le succès de la mission sociale de l'Église fut assuré pour l'avenir.

Mais n'anticipons point sur les événements et étudions avec quelque détail les moyens mis en œuvre par l'Église : nous verrons ensuite comment les mœurs des nations conquérantes facilitèrent son action.

L'Église employa à cette renovation de la Gaule les évêques et les moines. *I. Action des Évêques.*

Dès que la conversion de Constantin eût donné la paix au christianisme, les évêques cherchèrent à mettre à profit leur influence naissante pour améliorer le sort du peuple et des malheureux. Jusqu'alors ils avaient bien pu offrir aux indigents les secours matériels que la charité chrétienne mettait à leur disposition, soutenir les courages par les dogmes consolants de l'immortalité de l'âme et du mérite des souffrances, proposer aux opprimés l'exemple des saints et de Jésus-Christ lui-même : en un mot, prêcher au peuple la patience et la résignation, mais leurs efforts avaient été impuissants à améliorer sa condition malheureuse. *1º Par leur enseignement.*

En 365, l'empereur Valentinien I, très-zélé pour le christianisme, créa dans les villes, en faveur des *2º Comme défenseurs des cités.*

pauvres une magistrature nouvelle dont l'action bienfaisante se fit promptement sentir. J'emprunte à M. Guizot, dont le témoignage a une valeur incontestable, l'exposé des motifs et des résultats de l'institution des défenseurs. « Dans les derniers temps, lorsque la décadence du régime municipal fut évidente, lorsque la ruine des curiales et l'impuissance de tous ces magistrats municipaux pour protéger la population des cités contre les vexations de l'administration impériale se firent sentir du despotisme lui-même qui, portant enfin la peine de ses propres œuvres, voyait la société lui manquer de toutes parts, il essaya, par la création d'une magistrature nouvelle, de procurer aux municipes quelque sûreté et quelque indépendance. Un défenseur fut donné à chaque cité. (1) Sa mission primitive était de défendre le peuple et surtout les pauvres (2) contre les vexations et l'injustice des officiers impériaux et de leurs employés. Son importance et ses attributions dépassèrent bientôt celles de tous les autres magistrats municipaux. Justinien accorda aux défenseurs le droit de remplir, quant à chaque cité, les fonctions du gouverneur

(1) Il ne pouvait être choisi parmi les décurions ni parmi les principes. Les candidats devaient donc être pris dans le clergé ou le peuple.

(2) Loi de Valentinien adressé à Probus, préfet du prétoire des Gaules. Cette institution des défenseurs se retrouve dans les antiques formules de l'Arvernie et de l'Anjou, dans le code d'Alaric, etc..

de la province; en son absence, il leur attribua la juridiction dans tous les procès dont la valeur ne s'élevait pas au-dessus de 300 aurei. Ils eurent même une certaine compétence en matière criminelle et deux appariteurs furent attachés à leur personne. Pour donner quelque garantie de leur force et de leur indépendance, on eut recours à deux moyens : d'une part, ils eurent le droit de franchir les divers degrés de l'administration et de porter directement leurs plaintes au profit du prétoire : on voulut ainsi les élever en les affranchissant des autorités provinciales; d'autre part, ils furent élus non-seulement par la curie, mais par la généralité des habitants du municipe auxquels furent adjoints l'évêque et tous les clercs. Et comme le clergé possédait seul alors quelque énergie et quelque crédit, ce fut entre ses mains que tomba presque partout cette institution nouvelle, et par conséquent tout ce qui subsistait encore du régime municipal. C'était trop peu pour relever les municipes sous la domination de l'empire, c'était assez pour procurer au clergé une grande influence légale dans les villes après l'établissement des barbares. Le résultat le plus important de l'institution des défenseurs fut donc de placer les évêques à la tête du régime municipal qui d'ailleurs s'était dissous de lui-même par la ruine des citoyens et la nullité des institutions. » (1)

La puissance civile de l'évêque et du clergé

(1) Guizot. *Essais sur l'Histoire de France*, page 35.

augmentait donc en raison de l'affaiblissement progressif de la domination romaine (1) ; et quand, attaqué sans relâche par tous les peuples germaniques, l'empire d'Occident disparut, abandonnant à elles-mêmes les provinces, le clergé avait pris dans les cités la place des anciens magistrats impériaux. « L'évêque, dit encore M. Guizot, était devenu dans chaque ville le chef naturel des habitants, le véritable maire ; son élection et la part qu'y prenaient les habitants devenaient l'affaire importante de la cité. C'est par le clergé surtout que furent conservées dans les villes les lois et les coutumes romaines pour passer plus tard dans la législation générale de l'État. Entre le régime municipal des romains et le régime municipal des communes du moyen-âge, le régime municipal ecclésiastique est placé comme transition. Cette transition eut plusieurs siècles de durée. » (2)

On voit à chaque page de l'histoire combien ce pouvoir civil des évêques fut profitable aux pauvres, aux artisans, aux malheureux qui formaient alors presque toute la population. Après avoir défendu le peuple contre l'incroyable rapacité du fisc romain (3), les évêques protégèrent leurs cités contre

---

(1) En 530, Justinien *sanctionna* l'usage par lequel l'évêque était membre de l'administration municipale. *Sancimus*, dit le texte de l'édit.

(2) Guizot, id. page 44.

(3) Sous Constantin, la Gaule payait 550 millions pour le seul impôt foncier. On peut juger des autres par comparaison.

lès invasions. Les seules villes de la Gaule que les barbares respectèrent furent celles qu'un grand, un saint évêque animait à la résistance et défendait au besoin par d'éclatants miracles. Orléans dut à saint Aignan sa préservation ; Toulouse son salut à saint Exupère ; Clermont la gloire de sa défense à Sidoine Apollinaire; Lyon la vie de ses habitants à la charité de saint Patient : et combien d'autres villes furent sauvées du fer des barbares ou des horreurs de la famine par leurs évêques, pasteurs et protecteurs des cités! « Bien plus, les reliques des grands évêques qui les avaient autrefois gouvernées, furent pour beaucoup de villes leur plus efficace protection. Saint Martin à Tours, saint Hilaire à Poitiers, saint Remi à Reims, défendaient encore après la conquête des Francs les habitants de ces villes contre l'arbitraire des rois mérovingiens, et les successeurs de ces saints veillaient aux premières immunités épiscopales des cités. » (1)

Cet amour du pauvre et du malheureux, cette protection accordée à tout ce qui est opprimé ou souffrant, fut partout et toujours un des caractères dominants de la religion chrétienne, et cela s'explique aisément. Son divin fondateur s'était fait pauvre, et habitant la maison d'un artisan, avait voulu être artisan lui-même. C'était aux pauvres surtout qu'il avait adressé la divine parole et c'était parmi eux qu'il avait choisi de préférence les premiers apôtres de sa religion toute de charité. C'était

3° Les évêques sont les alliés naturels du peuple par leur origine plébéienne comme par leur élection.

(1) Ozanam. *Civilisation au Ve siècle.*

aussi parmi les artisans et même parmi les esclaves que le christianisme avait recruté ses premiers fidèles, et Celse qui assistait à ces humbles débuts prenait en grande pitié « ces cardeurs de laine, ces foulons, ces cordonniers, tourbe ignorante et grossière ». Ils étaient méprisables sans doute aux yeux du paganisme, mais le christianisme s'honorait de les compter pour disciples et se vantait d'avoir appris à philosopher aux artisans et aux laboureurs.

Quand elle fut sortie des catacombes et que la croix brilla sur le diadème des Césars, l'Église mit à profit son triomphe pour soulager plus efficacement les misères ; elle chercha à étendre son action sur les rois et sur les classes élevées de la société, mais le pauvre eut toujours ses prédilections. Elle le protégea avec d'autant plus de soin qu'il était plus abandonné de la société civile et officielle. Dans ces temps d'égoïsme, on ne s'occupait de l'artisan et de l'esclave que pour en tirer la plus grande somme possible de travail et de profit. L'Église seule compatissait à leurs misères, parce que seule elle les connaissait.

Ce n'était point, en effet, des classes élevées de la société que sortaient, pour la plupart, ces grands évêques qui gouvernaient l'église des Gaules au IVe et au Ve siècles, c'était des rangs du peuple : ils avaient partagé son oppression, ses travaux ; beaucoup d'entre eux avaient été ouvriers avant d'être élevés à l'épiscopat et connaissaient par expérience les maux qu'ils avaient à soulager. Le

clergé tout entier partageait cette origine plébéienne
et les affranchis étaient eux-mêmes admis au sacerdoce aussi bien que les plus illustres seigneurs.
Saint Martin, Pannonien d'origine, avait servi dans
les légions romaines avant d'être le grand évêque
de Tours ; sous les Francs, saint Éloi, simple ouvrier ciseleur, devint, grâce à son génie et à ses
vertus, ministre favori de Dagobert et évêque de
Noyon. « A la cour de Charlemagne, dit Ozanam,
ne faut-il pas reconnaître l'enfant du peuple dans
ces évêques, ces abbés, maîtres et conseillers du
prince, qui siégent autour de lui à côté des ducs et
des comtes. Ils représentent le peuple dans ces
assemblées où se décident les lois de la monarchie.
Ils y gardent et y préparent la place qu'occupera
cinq siècles plus tard le tiers-état dans les conseils
de la nation. » (1)

Ainsi, seule à cette époque, l'Église préparait les
voies à l'émancipation politique des classes ouvrières ; seule, elle possédait alors les principes de
la véritable liberté et les appliquait aux élections
épiscopales. « Tandis que dans l'ordre civil, le pouvoir a confisqué à son profit les moindres droits de
ses sujets, et qu'à peine il leur a laissé, au sein de
la curie esclave, le mensonge de l'élection municipale, dans l'Église, l'élection véritable, l'élection
indépendante est en pleine vigueur. Il n'y a pas
jusqu'au petit peuple, artisans ou colons, à demi
serfs dans l'étroite enceinte de leur corporations ou

(1) Ozanam. *Études germaniques.*

sur le domaine auquel ils sont attachés, qui n'aient le droit de cité et par suite celui de libre suffrage dans la société religieuse. Jamais l'axiôme « Vox populi, vox Dei » n'eut plus de réalité : il suffisait qu'un homme eût le renom de saint personnage, pour que, malgré clergé et noblesse, souvent malgré lui-même, il fût fait évêque en vertu de l'acclamation populaire. » (1) Les colléges d'artisans avaient nécessairement une grande part dans ces élections des évêques ; ils sentaient trop le prix de la protection épiscopale pour ne pas chercher à s'assurer dans le nouvel élu un appui efficace. Dès le IVe siècle, les corporations s'alliant à l'évêque, défenseur des cités et gardien de leurs priviléges, prennent une forme et des habitudes religieuses, se placent sous le patronage des saints et des martyrs, et unissent leurs bannières à celle de la croix ; mais leurs membres restent encore liés par les lois au métier dont ils font profession et ne peuvent entrer ni dans les ordres, ni dans les monastères (2).

4° Leurs efforts pour l'abolition de l'esclavage. Pour parvenir à l'émancipation politique du peuple, l'Église devait travailler d'abord à l'affranchissement de l'individu. Peupler la Gaule, le monde d'hommes libres, tel fut le premier but de ses efforts. Toute l'organisation sociale du monde païen

(1) *Fragment sur l'Histoire de France*, par le président A. Trognon, publié dans le premier volume des *Mémoires sur l'Histoire de France*. (Collection Guizot.)

(2) Novelle de Valentinien, en 452, citée par Laferrière. *Histoire du Droit français.*

reposait sur l'esclavage et sur l'asservissement de l'artisan : L'Église, au contraire, voulait réhabiliter le travail libre et faire prévaloir le principe de l'égalité des hommes devant Dieu. Entre ces deux doctrines opposées il y eut une lutte sourde d'abord, puis ouverte après la conversion de Constantin ; mais l'Église vint se heurter à un système de servitude si enraciné que, malgré ses efforts, malgré le concours des empereurs convertis, elle ne fût peut-être pas venue à bout de régénérer la vieille société romaine. La Providence y pourvut : elle envoya les barbares, et nous montrerons plus loin comment ils vinrent faciliter l'action sociale de l'Église dans sa lutte contre l'esclavage.

Il suffit de parcourir la vie des évêques du IVe et du Ve siècle pour voir quels furent les efforts de l'Église en faveur des esclaves et plus tard des serfs. Les trésors des églises furent consacrés à leur rachat, et ceux qui étaient attachés aux domaines qui tombaient en la possession du clergé furent en maintes circonstances, rendus à la liberté (1). Tous les historiens du reste s'accordent à constater le bien-être relatif dont jouissaient les serfs des églises et des abbayes. Non-seulement leur dignité humaine était respectée, mais en échange des services qu'ils étaient tenus de rendre, on veillait à leur instruction, à celle de leurs enfants et à tous leurs intérêts matériels et spirituels.

---

(1) M. Guérard *Polyptique d'Irminon* donne de nombreux exemples d'affranchissements par l'Église.

L'Église chercha aussi à établir un usage que les barbares respectèrent en maintes circonstances : c'était le droit d'asile accordé, dans l'enceinte des églises et des demeures des évêques, aux serfs fugitifs et condamnés. Ce droit d'asile fut défendu dans les nombreux conciles tenus par les évêques des Gaules dans les IVe et Ve siècles. Ce dernier siècle seul en vit se réunir vingt-cinq. Dans ces assemblées, dont les décisions étaient sanctionnées par le pouvoir civil et avaient force de loi, les intérêts matériels des peuples tenaient une grande place par suite des magistratures civiles dont étaient revêtus les évêques; les mesures qui y étaient adoptées étaient toujours en faveur des pauvres et des artisans que les évêques défendaient de tout leur pouvoir contre l'oppression et l'injustice.

II. Action des moines. L'épiscopat des Gaules était fortement constitué dès le IVe siècle : chaque cité qui avait son sénat curial et son défenseur du peuple, avait aussi un évêque. Sauf de rares exceptions, les cent quinze cités de la Gaule étaient autant de siéges épiscopaux; et, à cette époque, les candidats à l'épiscopat n'apportaient au choix du clergé et du peuple d'autre recommandation que leurs vertus. Mais, dans la suite, quand les barbares eurent pris possession de la Gaule, l'élection des évêques ne fut pas toujours respectée ; parfois la faveur royale plaçait sur un siége épiscopal, en dépit du clergé et du peuple, des hommes incapables ou indignes ; et le clergé séculier perdait ainsi en partie son influence moralisatrice. Mais alors déjà, les moines répandus dans toute la Gaule continuaient l'œuvre des premiers siècles et propageaient dans toutes les classes et spécialement dans les campagnes l'esprit du Christianisme.

« La terre propre de la vie cénobitique, dit Ozanam, c'est la Gaule. C'est là que dès l'an 260, saint Martin, ayant passé quelque temps à Milan dans un monastère où il s'était formé, en établit un autre à Ligugé près de Poitiers, et un peu plus tard, le grand monastère de Marmoutiers près de Tours. Il y résidait étant évêque de Tours avec quatre-vingt et quelques moines ; lorsque vint l'heure de ses funérailles, il fut suivi par plus de deux mille. Je ne m'étonne plus alors de voir se fonder, en 410, cette grande abbaye de Lérins d'où sortirent tant d'hommes illustres, de voir Saint-Victor en fonder une autre à Marseille où Cassien apporta les traditions de la Thébaïde, puis une autre encore dans l'île Barbe près de Lyon, tandis que Vitricius peuplait de moines les dunes et les sables de la Flandre. Dès le commencement du Vᵉ siècle, je vois toutes les frontières que les milices romaines avaient abandonnées et que menaçait la barbarie, je les vois gardées par les colonies d'une autre milice, d'une autre Rome, par des colonies de moines qui arrêteront les barbares, les fixeront, et c'était beaucoup pour commencer à les civiliser. » (1)

(1) Ozanam, *La Civilisation au Vᵉ siècle*, t. II, page 33.

1º L'égalité dans les monastères. Quelle influence considérable ne dût pas exercer sur cette société gallo-romaine qui se dissolvait, l'exemple des moines ! Dans les monastères, toutes les classes, tous les rangs de la société se trouvent confondus. A côté des princes et des nobles, quelquefois leurs supérieurs, sont ceux qui, dans le monde, étaient des esclaves, des serfs, les derniers des pauvres ; ils vivent de la même vie, sont astreints à la même règle, aux mêmes travaux. Aux pauvres qui n'entraient pas dans ses rangs, l'ordre monastique présentait un spectacle plus propre qu'aucun autre à les consoler et à les relever à leurs propres yeux, celui de l'humiliation et de la pauvreté volontaire des grands de la terre qui s'enrôlaient en foule sous le froc. « Dès le berceau de l'institut, les Pères, les docteurs de l'Église constataient déjà la consolation qu'éprouvaient les pauvres en voyant les fils des plus grands familles revêtus de ces misérables habits de moines que les plus indigents auraient dédaignés, et le laboureur assis sur la même paille que le seigneur ou le chef d'armée, les uns comme les autres libres de la même liberté, nobles de la même noblesse, serfs de la même servitude, tous confondus dans la sainte égalité de la pauvreté volontaire. » (1)

2º Le travail des moines. Et cet exemple admirable n'était pas le seul que les moines donnaient au monde païen : à l'égalité dans la pauvreté, ils ajoutaient l'égalité dans le travail et l'opposaient au travail servile qui était,

______

(1) Montalembert. *Les Moines d'Occident*, t. II, page 26.

nous l'avons montré, l'une des grandes plaies sociales du paganisme. M. Michelet, en constatant ce fait historique, a rendu aux moines un magnifique hommage : « L'ordre de Saint-Benoit, écrit-il dans « son histoire de France (1), donna au monde païen « usé par l'esclavage, l'exemple du travail accompli « par des hommes libres. Pour la première fois, le « citoyen, humilié par la ruine de la cité, abaissa « ses regards sur cette terre qu'il avait méprisée. « Il se souvint du travail ordonné au commence- « ment du monde dans l'arrêt porté sur Adam. *« Cette grande innovation du travail libre et volontaire « sera la base de l'existence moderne »*. Ne peut-on pas revendiquer cette révolution sociale opérée par le christianisme, comme l'un de ses plus beaux titres de gloire !

Dans les ordres religieux, le travail est de précepte fondamental, non-seulement le travail de l'esprit, mais aussi le travail des mains. Tous les grands législateurs de la vie monastique en ont fait à leurs moines une stricte obligation. La vie des solitaires de l'Égypte, ces pères de la vie monastique, était partagée entre la prière et le travail. Les cellules réunies dans le désert étaient, suivant la comparaison de saint Épiphane, comme une ruche d'abeilles; chacun y avait dans ses mains la cire du travail, dans sa bouche le miel des psaumes et des oraisons. Le travail se partageait entre le labourage et l'exercice de divers métiers, surtout la fabrication de ces nattes dont

(1) Tome Ier, page 112.

l'usage est encore si universel dans les pays du midi.
« Il y avait parmi ces religieux des familles entières
de tisserands, de charpentiers, de corroyeurs, de
tailleurs, de foulons, et même de constructeurs de
navires. Toutes les règles des patriarches du désert
prescrivent l'obligation du travail et toutes ces
saintes vies l'imposaient encore mieux par leur
exemple. » (1)

Dans l'Occident et en particulier dans les Gaules,
règne le même esprit de travail et de pénitence. Les
œuvres les plus difficiles étaient choisies de préférence
par les moines et tous s'y appliquaient également ;
les plus élevés en dignité ne se distinguaient souvent
que par une plus grande ardeur à participer à la
tâche commune. Que de villes actuellement florissantes s'élèvent à la place des déserts que les bé-
nédictins (2) ont défrichés ! Dans nos pays, presque
toutes les villes doivent leur origine ou leur accroissement à des monastères. Mabillon énumère avec
complaisance dans ses œuvres toutes les villes
fondées en Allemagne par les moines et toutes les
contrées conquises par eux à la culture.(3) Les plus
grandes difficultés ne les rebutaient pas.

(1) Montalembert. *Moines d'Occident*, t. Ier, page 73.

(2) Le mot bénédictin n'a pas ici le sens restreint que nous lui
donnons aujourd'hui ; presque tous les monastères d'Occident suivaient alors la règle de Saint-Benoit.

(3) Sous Charlemagne, la seule abbaye de Fulda, la plus considérable d'outre-Rhin, avait fondé en Allemagne 15000 métairies,
bâti et fortifié un grand nombre de villes et de bourgs.

Citeaux nous offre un exemple remarquable de leur persévérance. Le nouveau monastère fut construit en bois et en osier dans un marécage que lui céda un duc de Bourgogne. « Dans l'origine, dit M. Hurter (1), il n'était pas permis à l'ordre de Citeaux de posséder des rentes ou autres revenus. Quand il s'agissait de fonder un couvent, on lui donnait ordinairement un terrain vague encore en friche, ou qui, ayant été dévasté par les invasions de l'ennemi, était devenu inutile à son propriétaire. Parfois aussi, c'était une lande boisée ou sous l'eau où le couvent devait tout d'abord transporter du terreau. Les moines défrichaient alors les forêts, détournaient les torrents et élevaient des demeures dans un pays hanté seulement par les bêtes fauves. L'amour de la solitude, le désir de mettre par tous les moyens possibles un frein aux passions humaines, les portaient à rechercher les sites les plus malsains et les plus incultes pour les défricher et les assainir. » (2)

« Le monastère, dit encore M. de Montalembert, — auquel je ne puis mieux faire que de céder souvent la parole dans un sujet qu'il a traité avec tant

Pratique des métiers par les moines.

---

(1) *Tableau des institutions et des mœurs de l'Église au moyen-âge.*

(2) N'est-ce pas ce que font de nos jours encore un grand nombre d'ordres religieux, et tout particulièrement les Trappistes ? L'Algérie les a choisis pour modèles de ses colons. J'ai visité, aux portes de Rome, dans les marais Pontins, le couvent de Saint Paul aux Trois-Fontaines où les Trappistes appelés par Pie IX sacrifient leur santé et leur vie pour assainir au moyen de la culture la campagne romaine rendue inhabitable par la malaria.

de cœur et de talent, — le monastère, comme une
citadelle sans cesse assiégée, devait renfermer dans
son enceinte des jardins, un moulin, une boulangerie, des ateliers divers, afin qu'aucun besoin de
la vie matérielle ne fournit aux moines l'occasion de
sortir. C'était tout à la fois une ferme modèle et un
atelier général de toutes les professions. » (1) Il y
avait là des exemples d'activité et d'industrie pour
le laboureur, l'ouvrier et le propriétaire. Pendant
cette longue période de transition entre la civilisation païenne de Rome et la civilisation chrétienne
du moyen-âge, les moines sauvèrent non-seulement
les lettres et les sciences en multipliant les copies
des œuvres du génie antique, mais ils conservèrent
la culture, les arts libéraux et manuels. M. Hurter,
dans l'ouvrage cité ci-dessus, donne d'intéressants
détails sur l'état d'avancement, dans les monastères,
de certaines branches du travail manufacturier, notamment de la tannerie, du tissage de la laine et du
lin, et des procédés employés pour la teinture. Les
ornements nécessaires au culte, la décoration des
autels et des châsses des saints, l'entretien et la
construction des églises et des monastères, sauvèrent la fabrication des étoffes riches, l'orfévrerie et
tous les métiers du bâtiment.

Quelques abbayes même se livraient au commerce.
Jumièges, fondé par saint Philibert sur les bords
de la Seine, devint l'entrepôt des mariniers bretons
et irlandais qui remontaient le fleuve et apportaient

(1) *Moines d'Occident*, t. II, page 57.

aux religieux de quoi fournir à leur vêtement et à leur chaussure en échange de leur blé et de leurs bestiaux. « Philibert exigeait que, dans tous les échanges avec les voisins ou les étrangers, on leur fît toujours des conditions plus favorables que n'avaient coutume de le faire les laïques. Les moines se livraient aussi avec succès à la pêche des cétacés qui remontaient la Seine et dont ils tiraient de l'huile pour éclairer leurs veilles ; ils équipaient même des navires sur lesquels ils s'embarquaient pour aller au loin racheter les captifs et les esclaves. » (1)

Ceux des monastères qui n'étaient pas situés sur les bords d'un fleuve ou de la mer, travaillèrent à restaurer les anciennes routes ou en construisirent de nouvelles. Producteurs, ils devaient chercher des débouchés, et ils servirent ainsi les intérêts généraux du commerce.

Ce qui donnait au travail des moines une fécondité particulière, c'est que le moine ne travaillait pas par intérêt ni par besoin, il travaillait par devoir et consacrait à son œuvre non-seulement ses bras, mais son esprit et son cœur. Dans une société où l'orgueilleuse paresse des vainqueurs et la corruption des vaincus détournaient également les uns et les autres du travail des mains, cultiver la terre, exercer des métiers était un des renoncements qui devaient coûter le plus à la volonté. Pour cette raison, l'héroïsme chrétien des moines s'y porta d'enthousiasme,

(1) Id., page 583.

et, comme toujours, l'héroïsme d'un petit nombre entraîna les masses.

Groupés d'abord autour du monastère, quelquefois même à l'abri dans ses murs protecteurs, les travailleurs apprirent des religieux ce qu'il y a d'honneur, de félicité, de puissance dans le travail accompli par l'inspiration de la foi. De l'admiration, ils passèrent à l'imitation. Devenus les coadjuteurs volontaires de ces moines, ils les aidèrent à défricher leurs solitudes et à construire leurs demeures. Plus libres sur les terres des monastères qu'en aucun autre lieu, ils s'y réunirent en grand nombre, et nul doute, qu'à l'exemple des moines, ils ne s'y associèrent pour exécuter leurs travaux sous la protection de la religion. Bien des villes, nous l'avons dit, n'eurent pas d'autre origine.

Un autre motif encore que l'entraînement de l'exemple ou le désir d'une liberté plus grande attirait les populations autour des murs naissants des abbayes : c'était la charité des moines. Ils avaient des secours pour tous et, près d'eux, aucune misère ne se produisait qui ne fût soulagée dans la mesure du possible; tous les besoins religieux et matériels trouvaient là leur légitime satisfaction. Les enfants gratuitement élevés, les malheureux secourus, les vieillards et les malades soignés dans des hôpitaux ou dans l'abbaye elle-même, l'hospitalité la plus large exercée envers les étrangers et les voyageurs : telles étaient les pratiques de charité que leur règle imposait aux monastères, et, à défaut de la reconnaissance des peuples, l'histoire serait là pour attester que cette règle fut toujours fidèlement suivie.

Citons en terminant ce qui a trait à l'action civilisatrice du christianisme le témoignage d'un écrivain contemporain qui s'est beaucoup occupé des classes ouvrières. « Les deux clergés, dit M. le Play, (1) initièrent (en Gaule) les classes dirigeantes à l'esprit de charité que les anciens avaient peu connu, et ils continuèrent jusque dans les derniers rangs de la société l'œuvre des apôtres. Ils propagèrent dans tous les cœurs les sentiments d'égalité et de fraternité indiqués par la raison et la justice et ils concilièrent ainsi les intérêts généraux de toutes les classes. Ils amenèrent sans secousse, à l'insu des Gallo-romains et des Francs, des riches et des pauvres, des maîtres et des serviteurs, la plus grande révolution qui se fût encore accomplie au sein de l'humanité. Ils créèrent véritablement au moyen-âge le nouvel ordre social et l'esprit moderne, dont l'origine est injustement attribuée par plusieurs contemporains à l'époque actuelle. »

L'action de l'Église dans la civilisation et la moralisation par le travail fut facilitée par les barbares. Le monde romain trop corrompu ne pouvait être guéri ; la société ruinée et épurée par l'épreuve se

L'action de l'Église est facilitée par les barbares.

____

(1) *Organisation du travail*, page 75. — Sans partager d'une manière absolue toutes les opinions du savant auteur, il faut reconnaître ses excellentes intentions et les services déjà rendus par lui aux classes ouvrières.

jeta dans les bras de l'Église et entreprit plus facilement la pratique du renoncement et des vertus chrétiennes. Instruments visibles de la justice divine, les barbares viennent à leur insu venger les peuples opprimés et les martyrs égorgés. Ils détruiront, mais ce sera pour remplacer ce qu'ils auront détruit (1). « A travers mille forfaits et mille maux, ils font apparaître, sous une forme encore confuse, deux choses que la société romaine ne connaissait plus, la dignité de l'homme et le respect de la femme. C'était chez eux des instincts plutôt que des principes, mais quand ces instincts auront été fécondés et purifiés par le christianisme, il en sortira un sentiment inconnu dans l'empire romain, peut-être même étranger aux plus illustres païens, et toujours incompatible avec le despotisme, le sentiment de l'honneur, ce ressort secret et profond de la société moderne et qui n'est autre chose que l'indépendance et l'inviolabilité de la conscience humaine, supérieure à tous les pouvoirs, à toutes les tyrannies, à toutes les forces du dehors. » (2)

Les barbares apportent aussi la liberté aux esclaves, non pas encore la liberté du travail, mais la liberté de la personne, le respect de l'individu que

le Adoucissement de la condition des esclaves. Le servage remplace l'esclavage.

(1) Les découvertes de l'érudition moderne ont établi que les Francs avaient généralement respecté la propriété privée. Les compagnons de Clovis étaient du reste relativement peu nombreux. M. Henri Martin a cru pouvoir affirmer que le peuple avait plus d'horreur pour la fiscalité romaine que pour le régime brutal et capricieux des barbares.

(2) Montalembert, *Moines d'Occident*, t. Ier, p. 33. — Ozanam, *Études germaniques*.

la civilisation païenne avait toujours méconnu. Ce fut un des changements les plus importants opérés par les invasions : l'habitude qu'avaient les Germains de confier les services domestiques à des hommes libres y contribua beaucoup. La situation des esclaves fut sensiblement améliorée ; l'abaissement des maîtres aida aussi à leur soulagement. Le barbare arrivant dans une maison, s'établissait à la table du maître et se faisait au besoin servir par lui, car il ne distinguait pas la toge de la tunique. Les esclaves virent ces maîtres si durs descendus à leur niveau et ce fut pour eux une consolation. De plus, le barbare respectait peu les lois romaines, et le maître ne trouvait en lui aucun appui pour faire rentrer sous son joug ses esclaves insoumis ou révoltés. « Le maître n'ayant plus en main la force, le lien de l'esclavage dut nécessairement se détendre, car il faut une grande force d'oppression pour maintenir un état contre nature. Les barbares qui désorganisèrent tout l'ordre social, désorganisèrent aussi l'esclavage. Ainsi se fit la transition de l'esclavage au servage. » (1)

On ne peut nier que le christianisme n'ait aussi beaucoup contribué à cet adoucissement de la condition des esclaves. Les barbares convertis imitèrent l'exemple que leur donnaient les évêques et les moines en multipliant les affranchissements. L'esclavage fut virtuellement supprimé en 814, sous le règne de Clotaire II, par la constitution perpétuelle

(1) Th. Le Bas, membre de l'Institut.

rédigée dans l'assemblée mixte tenue à Paris sous le nom de concile.

2o Préférence des Francs pour les campagnes, ouvriers ruraux. Méprisant, suivant la coutume de leur race le séjour des villes, les Francs rétablirent par le seul fait de leur résidence, les libertés locales des campagnes et mirent fin à la domination oppressive des cités. En venant conquérir la Gaule, ils créérent le village, la commune rurale et libre et y constituèrent l'élément principal de la nouvelle nationalité. La vie qu'ils rendirent à l'agriculture retint dans les campagnes les populations qui trop souvent alors émigraient dans les villes (1), enlevant ainsi aux travaux des champs des bras nécessaires et augmentant dans les centres le nombre des ouvriers nécessiteux et inoccupés.

Ils attirèrent aussi dans leurs domaines ruraux les ouvriers nombreux auxquels le séjour dans les villes ruinées par l'invasion n'offrait plus de ressource pour la pratique de leur métier. M. Aug. Thierry, en méditant la chronique de Grégoire de Tours, s'est familiarisé avec l'esprit et les mœurs de cette époque. Il a décrit en termes charmants les résidences rurales des rois francs et en particulier la manse royale de Braine, près de Soissons. « C'était,

(2) Cette émigration de la population des campagnes dans les villes est un fait qui caractérise toutes les époques de décadence. Elle est aussi nuisible à l'agriculture qu'au commerce et à l'industrie des villes qu'elle encombre d'un surcroît d'habitants nécessiteux. C'est ainsi que se forme dans les villes une classe de gens sans aveu, composée de la lie de la population rurale, et qui se révèle surtout dans les jours de troubles politiques.

dit l'intéressant historien, une de ces immenses fermes où les rois francs tenaient leur cour, et qu'ils préféraient aux plus belles villes de la Gaule. L'habitation royale n'avait rien de l'aspect militaire des châteaux du moyen-âge; c'était un vaste bâtiment entouré de portiques d'architecture romaine, quelquefois construit en bois poli avec soin et orné de sculptures qui ne manquaient pas d'élégance. Autour du principal corps de logis, se trouvaient disposés par ordre les logements des officiers du palais, soit barbares, soit romains d'origine, et ceux des chefs de bande qui, selon la coutume germanique, s'étaient mis avec leurs guerriers dans la truste du roi, c'est-à-dire, sous un engagement spécial de vasselage et de fidélité. D'autres maisons de moindre apparence étaient occupées par un grand nombre de familles qui exerçaient, hommes et femmes, toutes sortes de métiers, depuis l'orfévrerie et la fabrique des armes, jusqu'à l'état de tisserand et de corroyeur, depuis la broderie en soie et en or jusqu'à la plus grossière préparation de la laine et du lin. La plupart de ces familles étaient gauloises, nées sur la portion du sol que le roi s'était adjugée comme part de conquête, ou transportées de quelque ville voisine pour coloniser le domaine royal; mais si l'on en juge par la physionomie des noms propres, il y avait aussi parmi elles des Germains ou d'autres barbares, dont les pères étaient venus en Gaule comme ouvriers ou gens de services à la suite des bandes conquérantes; d'ailleurs, quelque fût leur origine ou leur genre

d'industrie, ces familles étaient placées au même
rang et désignées par le même nom, par celui de
lites en langue tudesque, et en langue latine, par
celui de fiscalins, c'est-à-dire, attachés au fisc. Des
bâtiments d'exploitation agricole, des haras, des
étables, des bergeries et des granges complétaient
le village royal, qui ressemblait parfaitement, quoique sur une plus grande échelle, aux villages de
l'ancienne Germanie. » (1)

Les autres résidences des rois et des seigneurs
francs étaient construites sur le modèle de celle
dont nous venons de citer la description. La situation des artisans qui les habitaient n'est pas nettement définie dans les historiens de l'époque. Leur
sort était certainement préférable à celui des esclaves
sous l'empire romain ; tout porte à croire que suivant l'importance de la profession qu'ils exerçaient,
ils jouissaient d'une liberté plus ou moins complète ;
rien n'empêche même de penser qu'à côté des serfs
dont le travail était entièrement la propriété de leur
maître, il n'y eût des artisans libres qui achetaient
le droit d'exercer leur profession sur le domaine du
roi ou du seigneur, moyennant une redevance en
argent ou en nature. Les principaux officiers de la
cour dont s'entouraient le roi et les grands seigneurs
francs, le grand pannetier, le maréchal et autres,
exerçaient alors en réalité, auprès de leur maître, la
profession dont ils avaient la charge et ils devaient

(1) Aug. Thierry. *Dix ans d'Études historiques.* XVII, page 654.
Œuvres complètes en un volume. *(Edition de la Société belge.)*

surveiller les gens du même métier habitant sur le domaine du roi ou du seigneur et travaillant pour lui. Les institutions féodales dont nous étudierons plus loin le développement commençaient dès lors à se mêler aux coutumes romaines, et ce fut dans les campagnes qu'elles se manifestèrent tout d'abord.

Dans les villes, les Francs avaient laissé presque partout aux peuples conquis leurs vieilles lois et leur régime municipal, tandis qu'eux-mêmes continuaient à y suivre la loi salique et toutes les coutumes de leurs ancêtres. Les autres nations barbares qui s'étaient emparées du midi de la Gaule, les Visigoths et les Burgundes, (1) plus civilisés en général que les conquérants du nord, avaient au contraire adopté en partie la loi romaine et conservé en particulier les dispositions qui avaient trait aux colléges d'artisans. Dans l'interprétation qu'Anien fit du code Théodosien par ordre d'Alaric, un titre entier leur est consacré : on y lit le passage suivant qui rappelle entièrement les anciennes dispositions de la loi romaine : « Les collégiats qui ont quitté » leurs cités doivent être ramenés vers leurs cités » ou les lieux qu'ils ont abandonnés avec tout ce » qu'ils ont emporté pour y reprendre leur emploi.

Dans les villes, ils maintiennent en général le régime municipal en augmentant le pouvoir civil des évêques.

(1) « Avant leur établissement à l'ouest du Jura, presque tous les Burgundes étaient gens de métier, ouvriers en charpente ou en menuiserie. Ils gagnaient leur vie à ce travail pendant les intervalles de paix et étaient ainsi étrangers au double orgueil des guerriers et du propriétaire qui nourrissait l'insolence des autres conquérants barbares. » (Aug. Thierry, *Lettres sur l'Histoire de France*, même édition, page 439.)

» Les fils des collégiats doivent être classés de la
» manière suivante : s'ils naissent d'une mère libre
» et d'un père collégiat, ils suivront la condition de
» leur père ; si leur mère est *colona* ou *ancilla*, ils
» suivront la condition de leur mère. » (1) Cette
interprétation d'Anien eut longtemps force de loi
dans le midi de la Gaule.

Les barbares, en respectant dans certaines villes
le régime municipal romain, laissèrent une grande
partie de l'autorité civile entre les mains des évêques, et ceux-ci continuèrent à exercer la charge de
défenseur qui, vers la fin de l'empire romain, avait
été si profitable au peuple et aux artisans. Le
clergé servait nécessairement d'intermédiaire entre
les conquérants et les vaincus, et comme les uns et
les autres avaient un intérêt presque égal à ce
qu'une entente s'établît, l'influence du clergé ne
cessa de s'accroître. « C'était, dit M. Guizot (2) dont
j'ai déjà cité le témoignage, c'était aux évêques que
s'adressaient les provinces, les cités, toute la population romaine pour traiter avec les barbares ; ils
passaient leur vie à correspondre, à négocier, à voya-
ger, seuls actifs et capables de se faire entendre
dans les intérêts soit de l'Église, soit du pays.
C'était à eux aussi que s'adressaient les barbares

(1) *L. I. Cod. Théodosien. De collegiatis.* Collegiati, si forte de
civitatibus suis discesserint, revocentur. De quorum filiis hæc ser-
vanda conditio est ut, si de colona vel ancilla nascuntur, matrem
sequatur agnatio, si vero de ingenua et collegiato, collegiati nascuntur.

(2) *Essais sur l'Histoire de France.*

pour rédiger leurs propres lois, conduire les affaires importantes, donner enfin à leur domination quelque ombre de régularité..... Une querelle s'élevait-elle entre le roi et les leudes, les évêques servaient de médiateurs. De jour en jour, leur activité s'ouvrait quelque carrière nouvelle, et leur pouvoir recevait quelque nouvelle sanction. Des progrès si étendus et si rapides ne sont pas l'œuvre de la seule ambition des hommes qui en profitent, ni de la simple volonté de ceux qui les acceptent, il faut y reconnaître la force de la nécessité. » (1)

Le maintien dans plusieurs villes du régime municipal romain et de l'autorité civile des évêques, eut pour conséquence d'y laisser subsister un certain nombre de colléges d'artisans; mais leur situation n'a pas été jusqu'ici nettement établie, au milieu des obscurités de l'histoire à cette époque. Les calamités qui accablèrent la Gaule dévastée portèrent à l'industrie et au commerce une très-grave atteinte; le nombre des artisans libres diminua; les conquérants en employèrent un certain nombre à la culture de leurs domaines; les propriétés de ceux qui restèrent dans les cités furent grevées d'impôts écrasants. Dans certaines villes même, qui formaient l'apanage de quelque seigneur

(1) La nécessité ne fut pas, comme le dit M. Guizot, la cause principale de l'influence des évêques et du clergé, pas plus que l'ambition épiscopale : il faut y voir le prestige que la religion chrétienne exerçait sur les peuples et une preuve de plus de sa divine origine et des ressources qu'elle offre à tous les besoins de l'humanité.

franc, les conquérants « virent dans les collégiats une dépendance de leurs domaines urbains, comme ils voyaient dans les colons des dépendances de leurs domaines ruraux, et les réduisirent comme ceux-ci à un état voisin de la servitude, les forçant à travailler, prélevant une part plus ou moins large sur les fruits de leur travail. » (1) Ainsi, — et j'aime à le remarquer une fois de plus, — ce fut dans les villes où les évêques restèrent investis de l'autorité civile, que les colléges se maintinrent le plus librement, abritant leurs priviléges et leur travail sous la protection du clergé. J'ai déjà dit aussi comment un certain nombre de métiers furent conservés par les monastères et grâce aux besoins du culte catholique, comment d'autres se groupèrent autour des habitations rurales des rois et des seigneurs francs; il me reste à montrer maintenant comment les mœurs des nouveaux conquérants, favorables aux associations, durent contribuer au maintien ou au développement d'un certain nombre de corporations.

Dans les coutumes primitives de la Scandinavie, la *gilde* était le repas solennel qui, trois fois dans l'année, réunissait tous les hommes libres d'un même canton. C'était à table, après avoir invoqué les dieux, que se traitaient les affaires les plus importantes. Dans la suite, le mot *gilde* prit un sens plus étendu : il fut donné par les Germains à toute association quelqu'en fût le but. On distingua bientôt les gildes ecclésiastiques, composées de laïques

(1) Ducellier. *Histoire des Classes ouvrières*, t. Ier, p. 157.

autant que de clercs, mais ayant une tendance essentiellement religieuse ; les gildes de protection mutuelle, formées entre les habitants d'un même pays qui veillaient réciproquement à défendre leurs propriétés et leur indépendance (1) ; les gildes marchandes qui garantissaient le commerce, et enfin, les gildes ouvrières qui protégeaient et annoblissaient le travail.

Les peuples d'origine germanique portèrent ces idées chez les nations conquises. Les Saxons, maîtres des côtes de la mer du Nord, établissent leurs gildes dans la Gaule Belgique (2) : ils préludent ainsi à la prospérité commerciale de la Flandre en envoyant au loin leurs flottes aventureuses ; et quand plus tard ils prirent possession de l'Angleterre, ils y développèrent cet esprit d'association qui devait faire un jour la grandeur et la fortune de ce pays essentiellement commerçant. Londres dut sa première prospérité à une gilde marchande et le palais de la grande commune porte encore aujourd'hui le nom de Guild'Hall. (3)

Les Francs, issus de la même souche que les

(1) Elles furent l'origine de beaucoup de communes, comme je le dirai au chapitre suivant.

(2) Les associations ouvrières et marchandes ont gardé longtemps en Belgique le nom de Gildes.

(3) Ces détails sur les gildes sont tirés d'une *Dissertation sur l'esprit d'association chez les Germains*, par M. Stecher, professeur agrégé à l'Université de Gand, publiée dans l'ouvrage de M. Félix de Vigne. *Les Corporations de métiers.* — Confer. Le Glay. *Histoire des Comtes de Flandre.* Introduction, pages 33 et suiv.

Saxons, durent puiser dans la communauté d'origine une certaine conformité de mœurs et de coutumes. Ils avaient été aussi plus longtemps qu'aucune autre tribu germaine en contact avec la civilisation romaine, et, dès 350, sous l'empereur Constant, les frontières de la Gaule se trouvaient gardées, le long du Rhin, par des Francs alliés de l'empire. Les colonies romaines échelonnées sur les bords du fleuve étaient dotées du même régime municipal que les cités gauloises, et les Francs, avant la conquête, y avaient vu établis des colléges d'artisans soumis aux mêmes réglements que ceux de la Gaule. (1)

État des artisans après la conquête. Les détails qui précédent nous expliquent comment certains colléges d'artisans purent se maintenir dans les cités gauloises pendant l'invasion et après la conquête du pays par les Francs. Quelque temps après leur établissement dans la Gaule, les ouvriers Francs se trouvaient partout mêlés avec les artisans gallo-romains, et la législation barbare les confondit dans une égalité presque complète. Effaçant peu à peu la différence des conditions que la loi romaine avait créée entre les diverses classes de la population les conquérants en arrivèrent bientôt à ne plus établir de distinction entre les hommes vivant du

____

(1) Une inscription romaine trouvée à Heddersheim, mentionne un *collegium lignariorum*, collége de marchands de bois. Une autre, trouvée à Ettlingen, un *contubernium nautarum*, une maison de réunion des bateliers. Plusieurs autres, découvertes à Mayence, à Clèves, nomment un *præfectus fabrorum*, des *negotiatores artis cretariæ, frumenti, ferrarii, argentarii*, etc.

travail manuel, soit à la ville, soit aux champs; ils
les assimilèrent tous aux serfs et s'approprièrent la
plus grande part des fruits de leur travail. Mais,
grâce à l'influence du clergé qui sur ses terres
protégeait les ouvriers libres, grâce à la juridiction
ecclésiastique et au droit canonique qui, depuis la
conversion de Clovis, tendaient de plus en plus à
se substituer aux lois romaines et aux coutumes
germaniques, le sort des serfs et des artisans s'amé-
liora progressivement, et l'Église, qui était parvenue
déjà à détruire l'esclavage, employa tous ses efforts
à relever sans cesse la condition commune dans
laquelle les conquérants avaient confondu toutes les
classes de la population laborieuse. Ainsi l'égalité
dans le servage prépara l'égalité civile.

Au commencement du VII siècle, l'empire des
Francs se trouvait pour la troisième fois réuni sous un
seul sceptre. Le nord de la France, il est vrai, était
encore livré à tous les désordres de la barbarie,
mais les provinces du midi conservaient encore des
restes de la civilisation romaine. La dynastie mérovingienne était parvenue à l'apogée de sa puissance;
elle dominait sur une grande partie de l'empire
d'Occident et se faisait redouter jusqu'à Constanti-
nople. Clotaire II qui régnait alors, aimait à faire
refleurir autour de lui la sage administration, les
arts, le luxe de l'antiquité. Il s'efforçait d'attirer à
sa cour les hommes instruits et les ouvriers indus-
trieux. Il distingua bientôt parmi les artistes qui
étaient venus chercher fortune à Paris un jeune

orfèvre du nom d'Éloi, qui avait fait son apprentissage à Limoges, ville réputée depuis des siècles dans le monde entier pour l'habileté de ses orfèvres et de ses émailleurs. Éloi présentait le véritable type de l'ouvrier chrétien. On sait comment sa parfaite probité lui valut la confiance du monarque; il partageait son temps entre le travail et la prière, et consacrait son talent à décorer les églises et les châsses des saints. Tout le fruit de son travail était employé au soulagement des pauvres, au rachat des captifs et des serfs et à la fondation de monastères et d'établissements charitables.

Crédit de saint Éloi à la cour de Dagobert. Ses fondations. Après la mort de Clotaire II, Éloi trouva la même faveur auprès de Dagobert qui s'arrachait à la foule de ses favoris pour s'entretenir avec le ciseleur de Limoges, lui confier la distribution de ses aumônes et quelquefois la conduite des plus graves affaires de l'État. Actuellement encore, leurs noms demeurent associés dans la mémoire du peuple comme dans les souvenirs de l'histoire.

En 631, Éloi obtint du nouveau roi la terre de Solignac près de Limoges pour y fonder un monastère. « Il voulut que ses moines, habiles dans tous les arts, se livrassent plus spécialement à l'art qu'il exerçait lui-même avec tant de talent et formassent pour ainsi dire, d'après ses enseignements, une école d'orfévrerie. Ce nouveau monastère prospéra et rivalisa de réputation avec celui de Luxeuil, qui était alors le plus considérable des Gaules. Thillon. en fut le second abbé, et sous ce maître habile, qui se souvenait des leçons du saint fondateur, la communauté de Solignac exécuta pour les églises une foule de beaux ouvrages d'or et d'argent, ornés d'émaux et de pierres de couleur. Éloi, de retour à Paris, y fonda aussi un couvent sur un grand espace de terrain que Dagobert lui avait accordé dans la cité, non loin du Palais Royal, qui est aujourd'hui remplacé par le Palais de Justice, près de la maison même où il demeurait et dans laquelle il avait son atelier d'orfèvre. Ce vaste couvent reçut trois cents religieuses de l'ordre de saint Benoît et eut pour première abbesse sainte Aure ou Aurée. Le nom, ou plutôt le surnom de cette vierge syrienne qui prêchait à Paris l'Évangile en langue hébraïque pour convertir les Juifs, ne laisse pas de doute sur la destination de la communauté, qui était comme une succursale de Solignac et qui s'occupait certainement de l'orfèvrerie en tissus, de la broderie des étoffes destinées aux ornements sacrés. » (1)

Saint Éloi prenait soin aussi des orfèvres laïques déjà probablement formés en corporation à Paris à cette époque (2). Il bâtit pour eux et pour le collége des monnayeurs dont il devint le chef sous Dagobert

(1) Voyez l'*Histoire des orfèvres* (*Livre d'or des métiers*) de M. Paul Lacroix et autres.

(2) Les orfèvres parisiens restèrent probablement toujours formés en colléges comme les *nautæ parisiaci* dont l'histoire n'a pas d'interruption depuis la domination romaine jusqu'au moyen-âge. L'ancien collége, devenu la corporation des orfèvres parisiens, vit ses priviléges confirmés d'abord en 768, puis en 846 par un capitulaire de Charles-le-Chauve.

comme monétaire royal (1), plusieurs ateliers autour d'une église qu'il avait construite sur la rive droite de la Seine sous le vocable de Saint-Paul-des-Champs. Tous les artisans dont la profession avait quelque analogie avec celle des orfèvres vinrent successivement se fixer à cet endroit qu'on appela longtemps la culture saint Éloi. Le monastère de sainte Aure, qui prit plus tard le nom de saint Martial de Limoges, possédait le village de Gentilly (Gentilliacus) tout entier. Saint Éloi, à qui Dagobert avait donné ce village et les terres de sa manse, y établit une colonie d'orfèvres étrangers (gentiles, gentils ou païens), qu'il convertit à la foi catholique. (2) Je ne puis citer ici toutes les autres fondations du saint orfèvre qui mourut évêque de Noyon, laissant aux artisans un modèle accompli de toutes les vertus de leur état. Les ouvriers attachés au travail des métaux le choisirent peu après pour leur patron et la charité du saint leur inspira plusieurs de leurs réglements de métier.

C'est en grande partie sans doute aux conseils de saint Éloi que nous devons attribuer les encouragements et la protection accordés par Dagobert au commerce et à l'industrie. Sous le règne de ce prince, des caravanes de marchands francs, escortées de bandes armées, pénétraient par la vallée du Danube jusqu'à la mer Noire et rapportaient de Cons-

(1) Le musée du Louvre garde précieusement cinq tiers de sol d'or frappés à l'effigie de Dagobert par saint Éloi qui les a signés.
(2) *Histoire des orfèvres*, page 19.

tantinople les produits des manufactures grecques et les denrées de l'Inde. Dagobert, pour attirer en Gaule les négociants étrangers, institua deux foires concédées à l'abbaye de Saint-Denis, dont l'une surtout, celle du Landit, (1) ne tarda pas à devenir célèbre.

Les monarques mérovingiens qui succédèrent à Dagobert n'eurent de roi que le nom et laissèrent toute l'autorité entre les mains du palais. Aussi la race mérovingienne s'éteignit-elle bientôt dans l'oisiveté et dans l'oubli, et Pépin n'eut qu'un pas à faire pour monter sur le trône. Accepté par les grands, acclamé par le peuple que ces impuissants monarques ne pouvaient protéger, Pépin voulut faire consacrer par l'Église son avénement au trône, afin de lui donner, aux yeux de tous, un caractère sacré. Il trouva dans le clergé un grand appui pour la réalisation de ses desseins, et par suite, une harmonie parfaite s'établit entre le sacerdoce et le pouvoir royal sous les princes Carlovingiens. L'influence du clergé grandit sous les Carlovingiens.

Charlemagne, un des plus grands rois dont la France s'honore, gouverna son peuple d'après les maximes évangéliques et laissa dominer dans tous ses conseils l'influence des évêques et des abbés, influence toujours favorable aux intérêts du peuple. Capitulaires de Charlemagne.

Charlemagne fut un grand guerrier et il étendit son empire sur tout l'Occident, mais ce qui est un titre plus durable à la reconnaissance des peuples,

(1) Landit vient de l'*Indict*, abréviation populaire de *forum indictum*, le champ désigné.

il fut un sage législateur. Ses capitulaires imposè-
rent à tous l'obligation de respecter les lois chrétiennes et la discipline ecclésiastique qui protégeait
les serfs et les artisans. Il interdit en particulier le
travail du dimanche et des fêtes, comme aussi le
travail de nuit afin de prévenir la fraude ; il chercha
aussi à mettre un peu d'ordre dans les monnaies
et dans les poids et mesures dont la variété et l'altération troublaient le commerce et favorisaient
l'usure.

Un capitulaire, daté de Francfort en 779, (1) défendit sévèrement aux serfs de Flandre, et spécialement à ceux qui exerçaient la même profession, de
s'unir par des gildes ou conjurations armées, qui
étaient devenues des sociétés secrètes extrémement
puissantes. (2) « Chacune de ces associations, dit
M. Augustin Thierry, avait une bourse commune
alimentée par des cotisations annuelles, et des
statuts obligatoires pour tous ses membres ; elle
formait ainsi une société à part au milieu de la
nation. La gilde était sans limites d'aucun genre ;
elle se propageait au loin et réunissait toutes es-
pèces de personnes, depuis le prince et le noble
jusqu'au laboureur et à l'artisan. C'était une sorte

(1) Baluze, CXXIX. T, 1er, col. 268.

(2) Les gildes sont de dignes ancêtres du compagnonnage que
nous retrouverons presque à chaque page de l'histoire des Corporations. Leur action était un grand obstacle aux progrès du christianisme dans la Flandre ; aussi se convertit-elle plus tard que les
autres parties de la Gaule. — L'empereur imposa aux maîtres
l'obligation de surveiller leurs serfs pour les empêcher d'entrer
dans les gildes, il condamna les maîtres négligents à 60 sous
d'amende,

de communion païenne qui entretenait, par de grossiers symboles et par la foi du serment, une sorte de charité toute exclusive entre les associés qui prenaient les titres de conjurés, convives, frère de banquet. » (1) Ceci nous prouve combien l'esprit Saxon, dont j'ai parlé plus haut, avait fait de progrès dans la Flandre. Charlemagne craignait avec raison que cette union des serfs dans les gildes, ne finît par créer des difficultés politiques sérieuses à son gouvernement. Il avait pu apprécier dans ses guerres de Saxe, si fréquentes et si acharnées, combien l'union rend un peuple fort pour résister à un envahisseur ou pour secouer un joug étranger. Il ne put jamais du reste parvenir à détruire complétement les gildes en Flandre.

Poursuivant avec rigueur les associations capables de troubler la paix publique, Charlemagne favorisait celles qui, formées entre les artisans d'une même profession pouvaient faire prospérer l'industrie. Un capitulaire de l'an 800 prescrit aux comtes de compléter dans les provinces les colléges de boulangers. Un autre capitulaire, donné à Pistes en 804, confirme l'existence de plusieurs colléges d'orfèvres-monnayeurs. (2) D'autres professions encore reçurent

---

(1) *Considérations sur l'histoire de France*, chap. V.

(2) A l'époque de Charlemagne, les corporations ou colléges d'arts et métiers existaient déjà en Italie. Gruter, *Inscriptiones antiquæ*, Muratori, *Reliquæ mss codicum*, Ludwig, *Monumente Ravennatj*, Desiderio Spreti, *Iscrizioni Ravennati*, rapportent des inscriptions qui font mention des statuts d'arts et métiers dans les villes d'Italie au VIIIe siècle. (*Action du clergé*, t. II, p. 232.)

de Charlemagne des réglements; mais ces réglements regardaient plutôt l'ordre public que les détails du métier, car au IXe siècle, la coutume est la grande règle du travail, et dès cette époque, aux anciennes traditions des colléges établis par les Romains, viennent se mêler des pratiques empruntées à la féodalité et aux mœurs germaniques.

Prospérité de quelques villes dépendant des abbayes au IXe siècle. Les artisans qui s'étaient durant l'invasion des barbares et la période de troubles qui la suivit, groupés autour des abbayes, avaient formé des villes dont quelques-unes prirent de grands développements. La ville de Saint-Riquier, qui dépendait de l'abbaye de Centule, (1) dans le Ponthieu, comptait au commencement du IXe siècle 14000 habitants : elle mérite à peine actuellement le nom de bourgade. Les annales de l'ordre de saint Benoit (2) nous fournissent de curieux détails sur la situation de la ville de Saint-Riquier sous le règne de Charlemagne et sur les *censives* (impôts en nature) que les divers corps de métier devaient fournir aux moines. « Lorsque la ville de Saint-Riquier, parvenue à l'apogée de sa splendeur, comptait 2500 manses de séculiers, chaque manse payait 12 deniers, 3 setiers de froment, de fèves et d'avoine, 4 poulets et 30 œufs. Quatre moulins devaient 600 muids de grain mêlé,

(1) Cette abbaye fondée par saint Riquier au VIIe siècle était une des plus importantes du nord de la France. Elle tirait son nom des cent tours qui, dit-on, défendaient ses murailles.

(2) Citées par Chateaubriand. *Études historiques,* tome III, et Bouthors, *Coutumes de Picardie.*

8 porcs, 12 vaches; douze fours produisaient chacun par an 10 sols d'or, 300 pains et 30 gâteaux dans le temps des Litanies.... A cette époque aussi, où la ville de Saint-Riquier donnait à ses rues le nom de la profession qui s'y exerçait, la censive payée par chacune d'elles se rapporte aux produits et aux habitudes de chaque état. La rue des marchands payait tous les ans une pièce de tapisserie de la valeur de cent sols d'or; la rue des ouvriers en fer fournissait tous les ferrements nécessaires à l'abbaye; la rue des fabricants de boucliers était chargée de la couverture des livres, de les coudre et de les relier, travail évalué chaque année à 30 sols d'or et dont l'importance prouve l'activité intellectuelle des moines, et la persévérante ardeur de ceux qui copiaient les livres. La rue des selliers procurait des selles à l'abbé et aux pères; la rue des boulangers livrait 100 pains toutes les semaines; la rue des écuyers était exempte de toute charge; la rue des cordonniers munissait de souliers les valets et les cuisiniers de l'abbaye; la rue des bouchers était taxée chaque année à 15 setiers de graisse; la rue des foulons confectionnait les sommiers de laine pour les moines; la rue des pelletiers, les peaux qui leur étaient nécessaires; la rue des vignerons leur donnait par semaine 16 setiers de vin et 1 setier d'huile; la rue des taverniers, 30 setiers de bière par jour.

Enfin, la rue des 110 milites (1) devait entretenir, pour chacun d'eux, un cheval, un bouclier, une épée, une lance et les autres armes. Ces censives ont une analogie frappante avec les prestations des colléges d'artisans sous l'empire romain ; elles existaient encore au XIVe siècle au profit de l'évêque d'Amiens, devenu seigneur de Saint-Riquier.

Splendeur du règne de Charlemagne. Le règne de Charlemagne fit refleurir pour un temps les arts, les sciences, le culte du beau qui semblait oublié depuis plusieurs siècles. Charlemagne fit faire des travaux utiles au commerce ; des routes furent ouvertes ; on tenta même, mais sans succès, d'unir la mer du nord à la mer noire en joignant le Danube au Rhin par un large canal. Les champs de mai devinrent l'occasion de nombreuses foires où se donnaient rendez-vous les négociants de tout l'empire et même du monde entier. Charlemagne avait une cour luxueuse, bien que vivant lui-même dans une grande simplicité. Il fit construire des palais somptueux, des églises, des monastères et employa à leur décoration de nombreux

---

(1) Ces 110 milites, chevaliers attachés au monastère, et formant à l'abbé les jours de fête une cour presque royale, étaient les seigneurs, vassaux de l'abbaye, qui possédaient en fief les 14 villes, les 30 villages et le nombre immense de métairies qui formaient le domaine de Centule et lui procuraient des revenus considérables. On en jugera par ce fait, que les offrandes seules déposées sur le tombeau du saint fondateur s'élevaient annuellement à une somme équivalente à deux millions de notre monnaie. On sait l'emploi que les abbayes faisaient de ces richesses : après dix siècles nous en ressentons encore les bienfaits.

artistes formés dans les écoles qu'il avait fondées. Mais cette prospérité due au génie de Charlemagne cessa presque aussitôt que son règne ; après la mort du grand empereur, de terribles calamités vinrent fondre sur la Gaule et en la replongeant dans une nouvelle ère de misères, suspendirent l'essor donné à la civilisation. Cependant la condition des classes laborieuses subit sous les successeurs de Charlemagne des modifications profondes; l'action persévérante du clergé porta ses fruits, et dès la fin du X⁰ siècle, de nombreux symptômes d'affranchissements se manifestèrent, faisant pressentir le rôle politique qu'allaient bientôt jouer les artisans, autrefois esclaves ou serfs, devenus la bourgeoisie des communes.

CHAPITRE III.

Oppression du travail sous le régime féodal.
L'émancipation de la classe laborieuse commencée,
grâce à l'influence de l'Église, par la Paix de
Dieu et les Croisades, est achevée par la révolution
communale du XIIe siècle. Développement et rôle
politique des Corporations à cette époque.

Sommaire. — *La France sous les successeurs de
Charlemagne. — Régime féodal. — Misères des
artisans sous le régime féodal. — Les métiers dans
quelques villes d'abbayes. — Abus des guerres privées. — L'Église institue la Paix de Dieu. — Trève
de Dieu. — Associations armées pour le maintien
de la Paix et de la Trève de Dieu. — Intervention
de la royauté. — Résultats sociaux des Croisades.
— Les communes. — Rôle des artisans dans la
révolution communale. — Développement des Corporations au XIIe siècle. — Droits politiques des
corps de métiers dans la commune. — Exemple
d'Amiens. — Les métiers forment la milice communale. — Querelles armées des métiers entre eux. —
Luttes de la commune contre ses anciens seigneurs.
— Part de la royauté. — Attitude du clergé. —
Conclusion.*

Dans toute la suite de son histoire, la France a traversé peu de périodes aussi désastreuses que celle qui s'étend entre la mort de Charlemagne et le milieu du XI⁰ siècle. La main de fer du grand monarque qui avait restauré l'empire d'Occident avait contraint pour un temps à l'obéissance et à l'uniformité les différentes nations réunies sous son sceptre ; mais son fils, héritier de sa couronne sans l'être de son génie, vit de son vivant se désagréger ce vaste ensemble de peuples. Les guerres de famille qui désolèrent le règne de Louis-le-Débonnaire hâtèrent cette dissolution sociale que vinrent encore précipiter la sanglante journée de Fontenay et les dernières années du règne de Charles-le-Chauve. Chacune des races qui peuplaient la Gaule aspirait à vivre de sa vie propre, à obéir à un chef particulier qui représentât sa nationalité. Les concessions faites par Charles-le-Chauve dans l'assemblée de Kiersy-sur-Oise, (1) enlevèrent au pouvoir royal, avec ses dernières prérogatives, la considération qui l'élevait jusqu'alors au-dessus de la noblesse française ; la royauté devint un vain mot, le roi descendit au niveau des autres seigneurs et le royaume ne fut plus qu'un simple fief, moins puissant parfois que celui des comtes et des barons, ses voisins. Cette révolution sociale acheva l'établissement en France

(1) Charles, pour s'assurer l'appui des grands dans sa lutte projetée contre l'Allemagne, consentit à reconnaître l'hérédité de leurs bénéfices. La guerre n'eut pas lieu, mais les concessions restèrent : c'était l'abdication de la royauté.

du *régime féodal* dont nous devons esquisser les traits principaux en indiquant surtout son influence sur la condition sociale des artisans et des serfs.

Régime féodal. Le régime féodal reposait tout entier sur le principe de la propriété territoriale, sur le fief, dont le château féodal formait le centre et, pour ainsi dire, le cœur. Lorsque les assemblées générales, que Charlemagne avait conservées des coutumes germaniques, tombèrent en désuétude par suite des guerres civiles et de la division de l'empire, les possesseurs des terres, profitant de la faiblesse du pouvoir royal, s'attribuèrent insensiblement un droit absolu, une souveraineté politique sans contrôle sur toute l'étendue de leurs domaines. Une hiérarchie de convention s'établit aussi à la longue entre les possesseurs de fiefs, entre les suzerains et leurs vassaux, suzerains à leur tour de vassaux plus faibles. Les incursions des Normands, les guerres qui s'élevaient à chaque instant entre les seigneurs voisins exposaient les petits propriétaires au pillage et à la dévastation : la nécessité de se ménager un appui et une défense les ralliait autour d'un suzerain puissant auquel ils rendaient hommage en lui prêtant un serment de fidélité. Le suzerain, à son tour, pour mieux marquer la dépendance de son vassal, lui donnait l'investiture de son fief, et il était tenu dès lors de lui accorder en toute circonstance aide efficace et protection.

Placée au sommet de la société féodale, la royauté devait naturellement servir de tête et de lien à ces membres divers, mais les derniers Carlovingiens furent trop faibles pour remplir un rôle aussi considérable. La dynastie capétienne comprit mieux sa mission. Sans ôter aux grands vassaux leur autorité locale, elle se fit à la longue accepter et reconnaître par eux comme un pouvoir supérieur; elle rendit sa suzeraineté effective; et, en aidant l'Église dans l'affranchissement de la bourgeoisie, elle fonda véritablement au XII° et au XIII° siècles l'unité française. Ces résultats immenses ne furent pas l'œuvre d'une année, ni d'un siècle; l'organisation régulière de la société du moyen-âge fut lente et pénible, et l'heure où, grâce à elle, la France se trouva grande et glorieuse, fut précédée d'une période douloureuse dont nous allons raconter les luttes et les nombreuses misères.

Tous les historiens contemporains nous font le plus sombre tableau des souffrances du peuple au X° siècle. Les rois, alors plus que jamais, étaient sans force et sans puissance; la noblesse s'épuisait en luttes privées et stériles; les hommes libres avaient cessé de former une classe; les villes étaient pillées, démantelées, à demi détruites, et leur population amoindrie se composait d'artisans, de gens de métier, réduits à la misère par la ruine de l'industrie et le manque presque absolu de travail. Les guerres continuelles amenaient des famines, des pestes fréquentes et la dépopulation faisait des progrès effrayants.

La situation des campagnes, ravagées par les

Misères des artisans sous le régime féodal.

incursions des Normands, des Hongrois, des Sarrasins, ou par les guerres privées, n'était pas moins affligeante. Les bourgs et les villes ouvertes étaient désertés par leurs habitants ; les campagnes n'étaient plus peuplées que de serfs attachés à la glèbe et faisant partie du domaine de leur maître; enfin, les petits propriétaires et les rares artisans, vassaux des nobles ou des abbayes, qui avaient conservé leur liberté individuelle, se réfugiaient autour des églises, des châteaux, des monastères transformés en forteresses, pour y chercher un abri et du travail. La sûreté des routes ayant disparu, le commerce avait cessé d'exister et était remplacé par un système misérable de colportage. Le clergé, intrépide défenseur des malheureux, cherchait en vain à rassembler les débris épars de l'ordre social, et, par ses prédications aussi bien que par ses exemples, rappelait sans cesse aux seigneurs le grand devoir, alors si méconnu, de la charité chrétienne. (1)

Le régime essentiellement militaire de la féodalité, qui seul pouvait préserver la France d'une ruine complète au moment des invasions normandes, fut donc, à son origine, entièrement défavorable aux développements du travail industriel. « Sans s'apercevoir qu'elle remettait en honneur un des préjugés les plus odieux du paganisme, l'aristocratie féodale laissa partout éclater son mépris pour le travail et réserva ses faveurs pour ceux de ces sujets qui se distinguaient dans ses occupations favorites, la chasse

____

(1) Amédée Gabourg. *Histoire de France* t. IV.

et la guerre. Aussi tous les historiens s'accordent-ils à reconnaître que la condition matérielle et morale de l'agriculteur et de l'artisan devint fort dure dans les premiers temps de la féodalité. » (1)

Dans les campagnes, tout homme qui n'était pas noble, noble de franc alleu, c'est-à-dire possesseur de terre salique, ou noble bénéficier, était serf. Dans cette humiliante condition, bien supérieure cependant à l'esclavage antique du paganisme, il devait à son maître son travail et tous les fruits de son travail, en échange d'une protection souvent illusoire parce que, dans l'ordre civil, aucune sanction ne pouvait atteindre le maître qui manquait à protéger ses serfs. L'Église seule, qui consolait cette immense population de malheureux par sa doctrine pleine d'espérance et par sa charité agissante, l'Église, par ses exemples et par ses avis, s'efforçait de ramener les maîtres à la pratique de leurs devoirs envers leurs sujets. Fidèle à l'esprit qui lui avait fait multiplier les affranchissements des esclaves sous l'empire romain, elle mettait au nombre des œuvres pies, qui rachetaient les pénitences canoniques, toutes les mesures qui pouvaient améliorer le sort des serfs et des artisans : non contente d'employer les conseils, elle menaçait et frappait de ses foudres spirituelles ceux qui négligeaient d'obtempérer à ses avis.

La situation des artisans qui formaient presque

(1) Alexis Chevalier, ouv. cité, page 106, t. II, nouv. série 1861. *Revue d'Économie chrétienne.*

toute la population des villes n'était guère plus heureuse que celle des habitants des campagnes. Les guerres continuelles, l'absence de toute police qui veillât à la sécurité publique, (1) les taxes et les impôts sans nombre qui pesaient sur le travail et sur le commerce, réduisaient à un état très-précaire tous les genres d'industrie. « La tendance générale, l'esprit même, on peut le dire, de la puissance féodale était de s'approprier toute chose, de tout convertir en fief. En vertu de cette appropriation, le métier, disons mieux, le droit de travailler devint un fief, c'est-à-dire, une sorte de propriété appartenant au seigneur. Aussi, durant toute la durée de la féodalité, voit-on les seigneurs tant clercs que laïcs réglementer le travail à leur volonté, le soumettre à toutes les obligations, à toutes les redevances qu'il leur plaisait d'imposer, et vendre le métier à qui leur plaisait. » (2)

Nous étudierons plus en détail, en développant l'organisation du travail au XIIIᵉ siècle, l'influence de la féodalité sur la condition sociale de l'artisan ; ce qu'il convient de faire remarquer ici, c'est que cette servitude du travail était indépendante de la position civile des ouvriers et des marchands, et qu'un seigneur vendait un métier aussi bien à des

(1) Les rues des villes étaient alors tout aussi dangereuses que les bois écartés. Celui qui s'y aventurait le soir courait risque d'être pris, volé ou tué. Les seigneurs retenaient les bourgeois, ceux-ci capturaient les paysans pour en soutirer quelque rançon.

(2) Al. Chevalier, id. page 107.

serfs et à des vilains qu'à des hommes libres, à des bourgeois.

Dans le domaine royal, la situation faite à l'industrie était la même ; la vente des métiers était un des revenus du roi qui l'aliénait parfois en l'abandonnant à des gens de cour ou à ceux qu'il voulait favoriser : il leur faisait don ou cession du métier. La juridiction sur les artisans rentrait ordinairement dans les attributions de celui qui percevait les taxes du métier, mais cette juridiction ne s'exerçait pas d'une manière arbitraire : la coutume, cette grande loi du moyen-âge, terminait tous les différents, et le juge appelait les anciens du métier ou prud'hommes pour la constater et l'établir d'une manière solennelle. Leur déposition dictait la sentence.

Le régime féodal qui pesait sur le travail par des servitudes personnelles aux travailleurs, se faisait également sentir aux artisans réunis en corporations. Le seigneur pouvait limiter le droit d'association et l'assujétir à son gré à certaines entraves. A l'époque malheureuse où nous sommes parvenus, le commerce et l'industrie étaient tellement en souffrance, que les associations industrielles n'avaient plus, pour ainsi dire, de raison d'être. Bien qu'existant encore en principe, elles étaient devenues en fait dans la plupart des villes totalement impuissantes par suite de la ruine générale de ceux qui en faisaient partie.

Comme au temps de la grande invasion des barbares, au Ve siècle, les abbayes semblaient de nouveau le seul refuge où l'artisan pût trouver quelque sécurité et quelque protection pour l'exercice de son industrie. Les cartulaires des abbayes nous montrent en effet, qu'au milieu du trouble général, il existait des villes situées autour des monastères qui jouissaient de quelque tranquillité. Les gens de métier en formaient presque toute la population, et partout nous les voyons organisés en corporations suivant leur genre d'industrie. J'ai déjà cité l'exemple de Saint-Riquier dont la prospérité dura jusqu'au XVI° siècle. La ville de Redon, en Bretagne, qui s'était formée autour du monastère de ce nom, comptait au milieu du XI° siècle des corporations d'artisans de presque tous les métiers connus à cette époque. Les habitants de Rédon se soulevèrent en 1060, pour se soustraire à toute espèce d'impôt envers l'abbaye, ou plutôt, comme le disent quelques auteurs, pour obtenir de remplacer les tailles arbitraires par une redevance fixe et annuelle. (1) Les moines en appelèrent à la justice ducale : « Dans le jugement rendu par le prince, il est fait mention du corps des drapiers, lesquels devaient en acquittant certaines redevances le jour de Noël, offrir en même temps une tunique à l'abbé. Des cordonniers en divers genres, des selliers et des bourreliers sont aussi désignés dans le même document avec indication des redevances auxquelles ils étaient assujettis. Dans des chartes de la même époque on parle d'ouvriers en fer, de charpentiers, de charrons, de maçons, etc.; de personnes vouées

(1) C'était peut-être un premier essai de commune.

aux professions libérales, de grammairiens, de médecins et d'un mime. Nous ferons observer, ajoute M. Aurélien de Courson, que les artisans ou gens de profession cités dans ces documents étaient de condition libre et qu'ils figurent comme témoins dans les chartes. » (1) Ils avaient pour la plupart acheté leur liberté à prix d'argent, ce qui prouve que dès le XI⁰ siècle, les artisans pouvaient disposer librement d'une bonne part des fruits de leur travail, et que leurs épargnes devenaient souvent assez importantes pour leur permettre de s'affranchir. C'est ainsi que se formait dans les villes la classe moyenne et libre qui devait constituer la bourgeoisie.

A part ces quelques villes privilégiées, le reste de la France était plongé dans la plus profonde misère, et ceci nous explique pourquoi l'histoire est presque muette à l'endroit des corporations d'artisans durant cette période. Ces associations n'attendaient du reste pour se réveiller plus fortes et plus nombreuses que le retour d'une ère plus prospère et les premiers effets d'une révolution qui allait créer en France un nouvel ordre social, et par l'affranchissement des artisans, élever à côté de l'aristocratie féodale, la bourgeoisie, véritable aristocratie du travail.

De toutes les calamités qui désolaient la France au X⁰ siècle et au commencement du XI⁰ et perpétuaient les souffrances des artisans, l'abus des

Abus des guerres privées.

(1) *Cartulaire de l'abbaye de Redon*, publié par les soins du gouvernement. Prolégomènes, par M. Aurélien de Courson, page CCLXXXVIII.

guerres privées, désastreuse conséquence de l'abaissement du pouvoir royal, incapable de faire contrepoids à la puissance des seigneurs, était certainement l'une des plus funestes. La guerre était devenue en France un état pour ainsi dire permanent. Elle s'allumait, pour le plus futile prétexte, entre les provinces, entre les villes, les châteaux, les villages, parfois même entre les quartiers et les rues d'une même ville. (1) Les routes sans cesse parcourues par des bandes de pillards n'offraient aucune sécurité aux transports du commerce; et les seigneurs, loin de les protéger, ne se faisaient aucun scrupule de rançonner les marchands qui s'aventuraient sur leurs terres. En un mot, le désordre était partout. Les maux qui résultaient de cet état de choses, la famine, la peste, les fléaux de tout genre, sont décrits par des historiens contemporains avec des détails si affreux que l'on serait tenté de récuser leur témoignage , sans la parfaite conformité de leurs récits. Le roi n'avait aucun droit hors de ses domaines pour juger les contestations des seigneurs, et quand ce droit lui eût été reconnu en principe, la force, seul pouvoir respecté en ces temps de luttes barbares, la force lui eût manqué pour faire exécuter ses décisions. L'Église seule, ferme et constant appui des faibles et des opprimés, l'Église, conti-

(1) Glaber. *Recueil des histoires de France*, t. X, page 23, cite un village ou deux factions opposées se firent la guerre pendant plus de 30 ans. — En Corse, malgré tous les efforts, la barbare coutume des vendettas ne subsiste-t-elle pas encore?

nuant la mission civilisatrice que nous avons déve-
loppée dans le chapitre qui précède, entreprit de
détruire les guerres privées, ou du moins, d'en
diminuer les abus. Elle y parvint à force de cou-
rage et de persévérance, et les moyens qu'elle
employa contribuèrent puissamment à l'émancipation de la classe ouvrière, à la formation de la classe
moyenne, de la bourgeoisie. C'est à ce titre surtout
qu'il est intéressant pour nous de les étudier en
détail.

« Il y a, dit M. Sémichon, (1) dans l'histoire des
X^e et XIe siècles, un grand fait dont on a, soit à
dessein, soit par inattention, trop détourné les re-
gards ; nos historiens, même les plus récents, lui
accordent à peine quelques pages, et cependant ce
fait, *la Paix et la Trève de Dieu,* fut la seule digue
opposée au plus terrible fléau de ces temps. Elle
apprit aux peuples à s'associer pour résister à
l'oppression, pour protéger leur commerce, leurs
biens et leur industrie, pour maintenir leurs droits
et leurs coutumes. Elle fut ainsi la véritable source
de l'étonnante prospérité de la France aux temps
de Louis-le-Gros, de Philippe-Auguste et de Saint-
Louis, et de toutes les merveilles des XIIe et XIIIe
siècles, que l'on admire, sans les bien comprendre,

L'Église institue la Paix de Dieu.

(1) *La Paix et la Trève de Dieu,* 2e édit., 2 vol. in-12, Paris,
Albanel 1869. — C'est dans cet ouvrage, fruit de savantes recher-
ches et écrit avec une raison et une impartialité bien rares de nos
jours que nous avons puisé la plupart des faits rapportés ici sur
cette importante question historique.

parce qu'on ne connait pas assez leurs origines. » (1)

Il faut remonter jusqu'aux dernières années du Xe siècle pour trouver les premiers vestiges de l'institution de la *Paix de Dieu*. Dans un concile tenu en 988, au monastère de Charroux, en Poitou, l'anathème fut lancé contre les ravisseurs des biens des églises et contre ceux qui pillaient les biens des pauvres. Un concile tenu deux ans après à Narbonne prononça les mêmes excommunications. Ces premiers essais de résistance à la toute puissance et à la barbarie des seigneurs n'eurent qu'un succès douteux et des effets limités. Mais quand des fléaux du ciel, des maladies ou des disettes frappaient les peuples, la religion reprenait son empire, et la voix du clergé était mieux écoutée. Vers 994, à la suite d'une peste qui désola le Limousin, un concile fût tenu à Limoges, et, sur le conseil des évêques, un pacte de paix et de justice fut consacré par le duc et les principaux seigneurs du pays. Au dire du chroniqueur contemporain, le mal cessa aussitôt après ce serment solennel. « C'est la première fois que nous trouvons dans les actes d'un concile ce mot de paix, qui fut pendant les deux siècles suivants le mot d'ordre du peuple, et qui demeura, jusqu'à la fin du XIIe siècle le titre d'un grand nombre de chartes communales. » (2)

Nous avons le texte d'un pacte de paix juré dans un concile tenu au Puy quatre ans après, en 998. (3)

(1) Id., tome I, page 71.
(2) Id., tome I, page 12.
(3) Cité par Du Cange comme tiré d'un ancien cartulaire de l'abbaye de Soucilanges (Celsianensis), en Auvergne.

Ce document, d'une antiquité si respectable, nous donnera une idée complète du but que poursuivait l'Église, aussi le citerai-je presque en son entier.

« Au nom de la divine, souveraine et indivisible Trinité, Widon, évêque du Puy, à tous ceux qui attendent la miséricorde divine, salut et paix. Nous voulons que tous les fidèles sachent que, voyant les malheurs qui frappent constamment le peuple, nous avons réuni les évêques, celui de Viviers, Wigon de Valence, etc., et beaucoup d'évêques, de princes et de nobles dont le nombre n'a pas été compté. Comme nous savons que personne sans la paix ne verra le Seigneur, nous donnons aux fidèles cet avertissement au nom de Dieu, afin qu'ils soient les enfants de la paix ; que dorénavant, dans les évêchés gouvernés par des évêques et dans les comtés, aucun homme ne fasse irruption dans une église ; que personne ne ravisse dans ces diocèses ou dans ces comtés, des chevaux, des poulains, des bœufs, des vaches, des ânes, des ânesses, ni leurs fardeaux, ni les moutons, ni les chèvres et les porcs, ni les tue, si ce n'est pour sa nourriture et celle de ses gens : qu'il ne les porte pas à sa maison, ne les emploie pas à bâtir un château ou à en assiéger, si ce n'est dans sa terre et dans son alleu ; que les clercs ne portent pas les armes du siècle ; que personne ne moleste ou injurie les moines ou leurs compagnons qui ne portent point d'armes, à moins qu'il n'en ait reçu la permission de l'évêque ou de l'archidiacre ; qu'aucun n'ose prendre un paysan ou une paysanne ; *que nul n'arrête les marchands ou ne pille leurs marchandises.....* Si quelque mauvais ravisseur rompt cette paix, et ne veut pas l'observer, qu'il soit excommunié, anathématisé et chassé de l'enceinte de l'église, jusqu'à ce qu'il vienne à satisfaction ; s'il ne le fait, que le prêtre ne lui chante pas la messe, ne lui célèbre pas l'office, ne l'ensevelisse point ; qu'il n'aît pas la sépulture chrétienne, qu'on ne lui donne pas la communion. Si un prêtre manque à observer ces décrets, qu'il soit déposé. Nous vous appelons tous à la mi-octobre à prendre ces engagements, pour la rémission de vos péchés, par l'intercession de N. S. J.-C..... etc.. » (1)

Trève de Dieu.

Ainsi l'Église, par l'institution de la Paix, prenait sous sa protection les faibles, les laboureurs et les marchands ; elle les défendait, eux et leurs biens, contre les agresseurs injustes, et convoquait les seigneurs à prendre librement, pardevant les évêques, l'engagement de les respecter et au besoin de les protéger eux-mêmes. Nous trouvons ces mêmes caractères dans une paix jurée en 1021, à Amiens, entre les habitants de cette ville et ceux de Corbie réunis au clergé et à la noblesse du pays, à la suite d'une famine qui désola toute la contrée. Ce pacte inviolable de paix devait être renouvelé tous les ans à la fête de saint Firmin : il avait ceci de particulier que la paix jurée était complète, c'est-à-dire, qu'elle comprenait tous les jours de la semaine. D'après les canons d'un grand nombre de conciles, la Paix

---

(1) Sémichon, ouv. cité. T. Ier, page 15.

de Dieu perpétuelle ne s'appliquait qu'aux églises, aux clercs, aux religieux, aux religieuses, aux cimetières, aux monastères, aux enfants, aux femmes, aux pèlerins, aux laboureurs, à leurs bestiaux et à instruments de travail, *aux marchands et à leurs marchandises.* Entre les seigneurs, l'Église n'eût pu établir une paix perpétuelle, c'eût été trop exiger de gens qui n'avaient d'autre métier que celui des armes, et s'exposer sûrement à voir les plus justes lois constamment méconnues; mais elle avait voulu limiter au moins les désastres qui résultaient de leurs querelles et elle avait dans ce but établi la *Trève de Dieu.*

Certains jours de la semaine, certaines époques de l'année, déterminés dans les pactes de paix, devaient être respectés par tous, et, durant ces temps, la guerre était sévèrement interdite. (1) L'Église avait aussi institué, dans l'intérêt des faibles, des lieux d'asile ou de refuge qui demeuraient toujours inviolables. C'étaient les églises (2) et les

(1) Au célèbre concile de Clermont, en 1095, le pape Urbain II décréta que la trève durerait chaque semaine du mercredi soir au lundi matin, et chaque année 1º de l'avent à l'octave de l'Épiphanie, et 2º de la quinquagésime à l'octave de la Pentecôte. Ce concile ne fit que généraliser des coutumes déjà en vigueur dans beaucoup de localités.

(2) Nous lisons dans les *Chroniques* d'Orderic Vital qu'en 1106, le roi d'Angleterre Henri Ier, étant venu dans le duché de Normandie alors livré au fléau des guerres privées par suite du faible gouvernement du duc Robert, voulut entrer en compagnie de Serlon, évêque de Séez, dans l'église de Carentan, bourg situé sur les grés de la Dive. Ils trouvèrent l'église encombrée de meubles et de toutes sortes d'ustensiles et d'effets que les paysans d'alentour y avaient entassés pour les soustraire au pillage et à l'incendie. L'évêque en prit occasion d'un appel chaleureux et touchant aux bonnes dispositions du monarque.

maisons situées à trente pas alentour, les croix placées le long des routes, etc..... Une vieille charte du XIe siècle citée par du Cange porte que, pendant la célébration des foires et des marchés francs qui se tenaient dans les villes aux époques des fêtes solennelles et surtout des fêtes patronales, une trève ferme et inviolable devait être observée par toute la ville en faveur de ceux qui s'y rendaient, soit pour assister aux cérémonies religieuses, soit pour y faire le négoce. Cette trève devait commencer huit jours avant la fête, et ne se terminer que huit jours après. Ainsi l'Église protégeait le commerce aussi bien que la prière et cherchait à étendre sur tous son inflence salutaire.

Associations armées pour le maintien de la Paix et de la Trève de Dieu. Au début de sa lutte contre l'abus des guerres privées, à la fin du Xe siècle, l'Église n'eut recours pour faire respecter ses décisions qu'aux armes spirituelles, à l'excommunication et, dans les cas plus graves, à l'interdit qui privait tout un pays de la célébration du culte public et de la participation aux sacrements. Au commencement du XIe siècle, (1) l'Église sentit la nécessité d'élever en face du pouvoir capricieux et brutal de la noblesse féodale une autre puissance, une autre force qui pût contre-balancer la première, et la contraindre au besoin à tenir compte des décrets portés par les conciles en faveur des faibles et des artisans. Qui

(1) C'est en 1038, au concile provincial de Bourges que prirent naissance les confréries armées en faveur de la paix. Elles furent généralisées au concile de Clermont, en 1095.

donc, dans la France féodale du XIe siècle, l'Église pouvait-elle opposer à ces grands feudataires qui avaient réduit le roi lui-même à n'être qu'un de leurs égaux! Le problème semblait insoluble : l'Église le résolut. Elle trouva dans l'association de ses enfants de toute condition, dans l'union des hommes de bonne volonté, une force immense et redoutable : la force du nombre. Elle leur promit l'assistance divine qui ne fait jamais défaut à ceux qui combattent pour une cause juste, et elle les arma, non pour attaquer, mais pour se défendre; non pour battre en brèche les institutions féodales, mais pour résister à ceux qui menaçaient sans cesse leurs vies et leurs biens. L'Église usa donc d'un d'un droit incontestable, du droit de légitime défense; elle employa le seul moyen alors possible et sema au milieu de la tempête des germes féconds qui devaient produire avec le temps des fruits précieux de civilisation et de progrès. Quand sous Louis VI, la royauté comprit sa mission et unit ses efforts à ceux du clergé, le résultat obtenu fut complet et l'on vit surgir du chaos dans lequel était plongée la société française des institutions qui durèrent huit siècles et procurèrent à notre pays une incomparable grandeur.

Le célèbre concile de Clermont qui, tenu vers la fin du XIe siècle, devait exercer une si grande influence sur le siècle suivant, rendit d'importants décrets touchant la Paix et la Trève de Dieu. D'après le nombre et l'étendue des canons qui la concernent, nous voyons que cette question fut, avec la guerre sainte, une des principales que traita cette imposante assemblée, dans laquelle les princes et les seigneurs siégeaient à côté des évêques et des abbés, en présence du peuple. Le fait de l'association générale pour la paix y est clairement établi. Tout homme, fut, *dès l'âge de douze ans*, obligé de jurer sa soumission à la Trève de Dieu, et son obéissance aux réglements de l'association instituée pour la faire respecter. (1) Tous entraient donc dans cette milice pacifique, le seigneur et ses serfs, l'habitant des villes et celui des campagnes ; tous devaient, sans chercher à s'y soustraire, se lever à la voix de l'évêque ou de l'archidiacre, (2) pour réduire par les armes à l'observance des décrets de l'Église ceux qui avaient violé la paix et que l'excommunication lancée d'abord contre eux n'avait pas suffi à ramener. Véritable chevalerie populaire et universelle, l'association pour la paix doit prendre, comme le noble dont l'épée a été bénie par l'Église, la défense de l'opprimé et du malheureux. Elle le protége en toutes circonstances et contre tous les agresseurs injustes. Le plus fier des barons, le plus puissant

(1) On pouvait obtenir, en certains cas prévus, l'autorisation de ne pas porter les armes ; mais tous devaient contribuer au *pazagium*, impôt minime et gradué suivant les fortunes, que l'on percevait pour alimenter la caisse de la confrérie avec les amendes imposées pour les manquements légers aux statuts.

(2) L'archidiacre paraît, d'après les documents du temps, avoir été spécialement chargé d'aider et de suppléer l'évêque dans tout ce qui concernait la Paix et la Trève de Dieu.

des seigneurs qui refuse de vider ses querelles suivant la justice et le droit et fait appel à la force et à la violence, voit se lever contre lui cette ligue générale dans laquelle se rangent ses propres vassaux, aux yeux desquels il n'est plus qu'un parjure, un ennemi de Dieu et de la société. Un diocèse entier, parfois toute une province s'arme à la voix des évêques; dans chaque église on prêche la guerre sainte, la croisade du droit contre la force, de la justice contre la violence. Les prêtres portent la croix et les reliques des saints et marchent à la tête de leurs paroisses. (1) Les chroniqueurs nous citent plusieurs exemples de châteaux détruits par les armées diocésaines à la suite de violations de la paix commises par leurs possesseurs. (2)

Lorsque Louis VI, docile aux conseils de son ministre Suger, abbé de saint Denis, voulut abaisser l'orgueil des seigneurs et reprendre sa prépondérance royale en l'exerçant pour la protection des

Intervention
de la
royauté.

---

(1) Chaque bourgeois ou homme devant le service militaire était inscrit sur un registre conservé dans la paroisse sous la bannière de laquelle il marchait : on pouvait ainsi facilement rassembler tous les membres de la paroisse soit pour l'armée, soit pour les délibérations publiques.

Je tiens à faire remarquer que les prêtres ne devaient jamais porter les armes et ne jamais s'exposer à donner ni à recevoir la mort. Les exemples contraires que l'on pourrait citer ont toujours été désapprouvés par les autorités ecclésiastiques, sauf de très-rares exceptions.

(2) Voyez Orderic Vital, *Histoire de Normandie*. Raynal, *Histoire de Berry*, etc,

faibles, il trouva dans les associations armées pour le maintien de la paix un secours puissant dont il sut profiter. Il se déclara leur protecteur et leur donna ainsi une unité d'action qui doubla leur force. C'est sous le règne de ce prince que l'on voit en effet se former cette alliance entre la royauté et le peuple qui devait assurer la grandeur de la France. En 1117, Louis VI luttait contre la Normandie et avait essuyé un échéc à Brémule, (1) où grand nombre de chevaliers avaient perdu la liberté ou la vie. A son retour à Paris, sur l'avis d'Amaury de Montfort, il fit appel, dit Orderic Vital, aux évêques du royaume, les priant de convoquer *les clercs de leurs diocèses avec tous leurs paroissiens* « afin de former l'armée commune (cœtus communis) pour exercer une commune vengeance contre les ennemis publics. » (2) Les évêques s'empressèrent d'exécuter les ordres du roi et Louis VI put reprendre peu après la campagne à la tête de milices nombreuses venues « de Pérone et de Nesle, de Noyon et de Lille, de Tournai et d'Arras, de Gournai et de Clermont (en Beauvaisis), et de toutes les provinces de la France et de la Flandre. » (3) « *Les communautés des paroisses du pays*, dit l'abbé Suger dans son histoire de Louis le Gros, aidèrent aussi le roi dans sa lutte contre Hugues, seigneur du Puiset, devenu par sa cruauté la terreur de ses voisins et des marchands

(1) Dans l'arrondissement des Andelys. (Seine-Inférieure.)
(2) Orderic Vital, ouv. cité. Livre XII.
(3)   Id.

qui devaient traverser ses terres. Après la prise et la destruction du château où ce seigneur accumulait les produits de ses rapines, le roi établit sur son emplacement une foire perpétuelle pour bien marquer la protection dont il voulait entourer le commerce et la sévérité dont il était disposé à user envers les seigneurs dont l'occupation principale était le brigandage.

Ces confréries armées pour le maintien de la paix eurent une influence immense sur l'état social de la France au moyen-âge. C'est par l'association que furent sauvées à l'époque de la barbarie féodale les lois, les arts, tous les principes d'ordre et de liberté; et l'Église, en organisant et en prenant sous son patronage cette ligue de la paix dans laquelle tous, seigneurs et vassaux, nobles et serfs, prêtaient le même serment et étaient soumis aux mêmes devoirs, l'Église fit faire au peuple le premier pas vers l'égalité civile et elle prépara le mouvement social qui devait se terminer par l'émancipation des communes et l'affranchissement des classes laborieuses. Par l'institution de la Paix de Dieu, non-seulement elle mit un terme aux horreurs qu'entraînaient les guerres privées, mais elle remédia aux principaux abus du régime féodal en rendant à la royauté son ancien prestige et son ancienne autorité. C'est en effet du jour où le roi prit la direction des milices paroissiales qu'il se trouva en mesure de contenir les grands vassaux et put travailler à fonder l'unité française. (1)

Au commencement du XIIᵉ siècle, nous assistons en France à une véritable renaissance, l'industrie reprenait un essor nouveau et ramenait une prospérité inconnue depuis des siècles. La culture des lettres et des sciences, naguère apanage exclusif des moines et de quelques rares érudits, se répandait dans toutes les classes de la société et l'on voyait se fonder à Paris des écoles publiques que la jeunesse du monde entier se ferait bientôt gloire de fréquenter. L'art chrétien, revêtant des formes nouvelles, élevait ces cathédrales gothiques que notre siècle, si fier de ses progrès, ne réussit pas toujours à imiter. Après une période si longue de luttes et de misères, la France semblait reprendre dans le monde le rang glorieux que la divine Providence lui a réservé. Lorsqu'au concile de Clermont, dont nous avons parlé plus haut, Urbain II poussa le cri d'alarme et appela les peuples chrétiens à la délivrance du tombeau du Christ, la France se trouva prête la première, et elle prit la tête du mouvement qui entraîna vers l'Orient toutes les nations de l'Europe.

(1) On peut, pour s'en convaincre, recourir aux lettres de saint Yves de Chartres et de quelques évêques contemporains, non moins respectables par leur science que par leur vertu. C'est dans cette correspondance que l'on verra les vrais desseins de l'Église et toute l'influence de ces saints personnages qui la représentaient en France au XIᵉ siècle. On serait, après cela, mal avisé d'opposer l'exemple de quelques prélats qui, en défendant les abus de la féodalité, n'avaient en vue que leur intérêt personnel.

En prêchant la guerre sainte, l'Église n'avait pas seulement en vue la conquête de Jérusalem, pré-occupée de ramener la paix perpétuellement troublée, elle voyait dans ces lointaines expéditions entre-prises dans un but religieux, un aliment donné à l'humeur belliqueuse des seigneurs. (1) Son attente ne fut pas trompée et les croisades l'aidèrent puis-samment à atteindre le but qu'elle s'était proposé par l'institution de la Paix et de la Trève de Dieu.

Les croisades favorisèrent l'établissement des communes et les développements de la bourgeoisie en plaçant les seigneurs dans la nécessité d'affran-chir les serfs de leurs domaines pour se procurer l'argent indispensable à ces lointaines expéditions. Elles mirent les armes à la main aux nombreux vassaux, serfs ou artisans, qui se croisèrent à la suite de leurs seigneurs, et la confraternité d'armes qui naquit entre eux de la communauté des dangers et des victoires amena entre les uns et les autres un rapprochement qui fit disparaître en partie les divi-sions profondes que le régime féodal avait creusées entre les classes. Enfin, les croisades ramenèrent aux sentiments chrétiens bon nombre de seigneurs, oublieux de leurs devoirs au milieu du faste dont ils s'entouraient pendant la paix. Ils revinrent plus dociles aux enseignements de l'Église et plus disposés dès lors à améliorer le sort de leurs vassaux et à rendre la liberté à leurs serfs. A aucune époque de l'histoire, en effet, on ne remontre dans les recueils

(1) Ce but est clairement indiqué dans le discours d'Urbain II.

d'actes plus de chartes d'affranchissement que dans le cours du XII⁰ siècle. La classe moyenne grandissait chaque jour, elle s'unissait et allait se trouver en mesure de réclamer sa place et son rôle dans l'organisation politique du pays.

Ces résultats sociaux ne sont pas les seuls qui découlèrent des croisades; le commerce et l'industrie en retirèrent d'immenses avantages. L'art nautique fit des progrès importants dus à la fréquence des voyages, et aux pratiques empruntées aux pilotes levantins. En ouvrant une carrière plus vaste aux spéculations et en facilitant les échanges, la navigation fit participer le commerce aux avantages qu'elle retirait elle-même des expéditions d'outre-mer. Des produits de l'art et de la nature jusque là inconnus à l'Occident y apportèrent de nouvelles richesses et de nouvelles industries. Les villes maritimes qui s'emparèrent du commerce de l'Orient devinrent l'entrepôt de toute l'Europe. De là, la prospérité des républiques italiennes, de Venise, de Gênes, de Pise; le développement de Barcelone et de Marseille; de là, par une conséquence moins immédiate, mais tout aussi réelle, la richesse et l'activité des villes flamandes, à la fois marchandes et manufacturières qui servaient d'intermédiaires entre le nord et le midi, entre les ports de la méditerrannée et les villes de la hanse teutonique. Ces résultats des croisades, dont nous profitons encore après six siècles, devraient, ce me semble, suffire à les justifier aux yeux mêmes de ceux qui n'en comprennent pas le but religieux.

L'affranchissement de la classe laborieuse, commencée par les associations de la paix, favorisé par Les communes. les croisades, fut achevé par la révolution communale qui donna naissance à la bourgeoisie. Ce fut dans le cours du XIIe siècle que se propagea parmi les villes de France ce mouvement appelé à mettre un terme à l'oppression féodale et à changer la face politique de l'Europe. Déjà de faibles essais d'émancipation avaient eu lieu dans quelques villes pendant le XIe siècle, (1) mais l'opiniâtre résistance que la féodalité encore toute puissante leur avait opposée avait localisé ces premières aspirations vers la liberté et retardé d'un siècle leur réalisation.

Sous le règne de Louis-le-Gros, lorsque la politique royale se montra favorable au peuple et disposée à aider les développements de la bourgeoisie pour contrebalancer la puissance des seigneurs, le mouvement communal se manifesta de nouveau avec une grande énergie : des villes, il gagna les campagnes, et presque partout la féodalité dut reculer devant cet élan général et partager avec la bourgeoisie naissante ses prérogatives jusque là incontestées. « Dans toute l'étendue de la France actuelle, pas une ville qui n'aît eu sa loi propre et sa juridiction municipale, pas un bourg ou un simple village qui n'aît eu sa charte de franchises ou de priviléges. » (2) Les seigneurs, appauvris par les guerres privées et par les dépenses considérables que nécessitaient les

(1) le Mans, Cambrai.
(2) Aug. Thierry, *Lettres sur l'Histoire de France.*

croisades, se montrèrent plus disposés par là même à octroyer à leurs sujets des libertés que ceux-ci achetaient à beaux deniers comptants.

Dans les villes du midi, où l'organisation municipale de Rome avait jeté de si profondes racines qu'elle n'avait pas complètement disparue pendant la période féodale, on retrouve au moyen-âge quelque souvenir du municipe, et l'administration de la cité reste entre les mains d'un petit nombre de familles privilégiées qui rappellent les décurions. Dans le nord, au contraire, les idées d'égalité, de liberté pour tous dominent dans les chartes communales ; la commune y a son principe dans l'association pour protéger le travail, dans l'assurance mutuelle de tous les citoyens sous la garantie du serment. Tous concourent à l'élection des magistrats et tous peuvent aspirer aux charges publiques. Dans le nord aussi, la révolution communale revêt plus généralement un caractère de violence, de revendication que le peuple poursuit à main armée contre son seigneur. Ces luttes ne cessèrent même pas complètement après l'émancipation des communes ; ce fut pour le pouvoir royal une occasion fréquente d'intervenir et chaque fois, sous le prétexte spécieux de pacification, le roi enlevait à son profit quelque parcelle de la liberté si chèrement conquise.

Rôle des artisans dans la révolution communale.

Il n'entre pas dans mon sujet, ni dans les limites du cadre que je me suis tracé, de décrire dans tous ses détails la révolution communale du XII⁰ siècle. Cette question si importante et si complexe exigerait des développements que je ne puis lui donner ici ; elle a fait dans ces derniers temps l'objet d'études approfondies et de controverses qui ont porté la lumière sur une page longtemps obscure de notre histoire nationale. Je dois me borner ici à indiquer le rôle qu'ont joué dans l'affranchissement des communes les associations d'artisans et de marchands, et à montrer les avantages nombreux que ceux-ci en ont retiré pour l'exercice de leur industrie ou de leur commerce.

« L'histoire est là, dit M. Aug. Thierry, pour attester que dans le grand mouvement d'où sortirent les communes et les républiques du moyen-âge, pensée, exécution, tout fut l'ouvrage des artisans et des marchands qui formaient la population des villes. » (1) Au milieu des mille variétés de forme qu'affecte suivant les régions la révolution communale, « qu'elle soit le produit de la lutte ou du bon accord entre les seigneurs et les sujets, de l'insurrection populaire ou de la médiation royale, d'une politique généreuse ou de calculs d'intérêts, d'antiques usages rajeunis ou d'une création neuve et spontanée, — car il y a de tout cela dans l'histoire des communes, — » (2) un but unique, poursuivi avec

(1) Aug. Thierry. *Lettres sur l'Histoire de France,* pag. 476. Ed. des œuvres complètes en un vol. — J'ai déjà fait remarquer comment, dès le XIe siècle, les habitants des villes achetèrent leur liberté personnelle au moyen de la part des produits de leur travail que leur système féodal laissait à l'ouvrier. Au XIIe siècle, les villes étaient peuplées d'artisans libres.

(2) A. Thierry. *Documents pour servir à l'histoire du Tiers-État.* T. II. Introduction.

patience et résolution se retrouve partout : partout, c'est la classe laborieuse, l'artisan, le marchand et l'agriculteur qui, fatigués du joug féodal et se ressouvenant peut-être de l'antique liberté civile, réclament leur indépendance personnelle au nom du droit naturel, au nom de l'égalité originelle de l'homme. (1) Ils bravent tous les dangers et toutes les misères pour acquérir une liberté encore bien restreinte, la liberté d'aller et de venir, de vendre et d'acheter, d'être maître chez soi ; le droit enfin de posséder pleinement le fruit de leur travail et de le transmettre à leurs enfants. On se dévouait alors pour obtenir à force de peines ce qui constitue actuellement la vie commune, ce que la simple police des états modernes assure à toutes les classes de sujets. (2)

Au XIIe siècle, ces concessions arrachées à la féodalité renfermaient toute une révolution sociale ; elles font des hommes là où il n'y avait que des serfs. La classe moyenne disparue depuis le déclin de l'empire romain reprend sa place dans la société : la bourgeoisie apparaît, nation nouvelle, entre la noblesse et le servage, fière de son industrie et de ses ressources, heureuse de ses premiers succès et

---

(1) Le roman *du Rou*, œuvre du XIIe siècle, se fait l'écho du cri de la conscience populaire. On y trouve les vers suivants qui l'expriment avec une naïve énergie :

nos sumes homes cum il sunt,

tex membres avuns cum il unt

et altresi granz cors avum.

(2) A. Thierry. *Lettres*, pag. 480.

disposée à les poursuivre. La charte communale
était en réalité l'abolition du fief : les bourgeois
amortissaient les droits acquis par inféodation ; ils
cessaient d'être corvéables et taillables à merci, et
payaient au seigneur une redevance fixe et annuelle.
En matière de délits, la charte déterminait à l'avance
l'amende proportionnée à leur nature et à leur gravité qui remplaçait la justice arbitraire que trop
souvent le seigneur se rendait à lui-même. Le corps
municipal, considéré comme être moral et collectif,
tout en restant vassal du seigneur, se substituait à
lui dans l'exercice des droits féodaux vis-à-vis de
chacun des membres de l'association. Comme le
seigneur dépossédé, la commune eut ses tenans,
ses censitaires, sa milice armée, son sceau, ses ar-
moiries, ses jours de plaids et sa fourche patibulaire;
comme lui, elle fut soumise à la prestation de foi
et d'hommage, au service militaire ; elle siégea aux
États généraux, paya les aides et jouit du privilége
de ne pouvoir être assujétie à aucune redevance
sans son consentement. Spectacle étrange et bien
digne de notre attention! Au sein de la société
féodale encore toute puissance, dans les plus humbles bourgades comme dans les plus grandes villes,
on voit s'élever par la puissance de l'association de
petites républiques se gouvernant elles-mêmes,
ayant leur justice, leur beffroi, leur donjon, leurs
magistrats, leur conseil exécutif (échevinage), leur
police, leur législation, leurs coutumes particulières,
et jouissant dans l'ordre civil et politique d'une

indépendance dont elles étaient fières parce qu'elle était leur conquête.

La création des communes eut pour résultat immédiat de faire affluer dans les villes les artisans disséminés jusque là dans les campagnes : toute l'industrie s'y concentra et procura aux cités affranchies un accroissement considérable de population en même temps qu'une source abondante de richesses. Les communes multiplièrent les priviléges en faveur de ceux qui importaient dans leurs murs quelque industrie nouvelle ; elles accordaient aussi le droit de bourgeoisie aux agriculteurs voisins qui, dès lors, pouvaient introduire leurs denrées en franchise et s'approvisionnaient en échange des produits du commerce local.

Si les artisans ont eu, comme nous venons de le dire, la grande part dans la révolution communale du XIIe siècle, ce fut leur organisation en corps de métiers qui leur permit d'arriver à un résultat que, laissés à eux-mêmes et privés de la force que donne l'association, ils n'eussent jamais pu atteindre. Ils comprirent mieux dès lors eux-mêmes les avantages qui pouvaient résulter pour eux des corporations et le premier usage qu'ils firent de leur liberté fut de les multiplier et de s'en servir comme moyen de gouvernement dans la commune. « Vers la fin du XIIe siècle, dit M. Aug. Thierry, un mouvement qui se propagea de pays en pays dans les grandes communes accrut d'une manière considérable l'influence des corps d'arts et métiers et les rendit prépondérants. Ces corporations entreprirent de faire tomber sous leur dépendance le gouvernement municipal par un changement dans le principe comme dans la forme des élections. A Amiens, comme à Florence et à Gand, tous les chefs de famille, pour exercer leurs droits politiques, furent contraints de se faire inscrire sur les rôles de quelque confrérie ou bannière. » (1)

Ces développements considérables que prirent, au XII⁰ siècle, les corporations d'arts et métiers ont fait penser à quelques historiens que leur origine ne remontait qu'à cette époque. Je crois avoir, par tout ce qui précède, suffisamment démontré qu'il n'y eut pas, au contraire, d'interruption complète entre les colléges d'artisans établis en Gaule par les Romains et les corporations si florissantes au moyen-âge. Les associations ouvrières subirent, il est vrai, durant ces huit siècles d'intervalle les mêmes vissicitudes que le pays lui-même; prospères, quand il était dans l'abondance et la paix, elles étaient pauvres et presque effacées quand la France était ruinée par l'invasion et la guerre ou désolée par quelque grand fléau. Leur prodigieuse diffusion au XII⁰ siècle n'a pas les caractères d'une institution nouvelle; elles étaient depuis longtemps dans les mœurs du peuple; aussi, quand les entraves dont la féodalité embarrassait leur action disparurent par suite de l'émancipation des artisans et de l'affranchissement des communes, on les vit arriver en peu de temps

(1) *Mémoires pour servir à l'histoire du Tiers-État.* T. Ier, page 511.

8

à une prospérité et à une influence qu'elles n'avaient jamais atteintes dans les siècles antérieurs. En résumé donc, bien loin que les corps de métiers soient une création de la commune, c'est celle-ci au contraire qui, en s'organisant, modela sa constitution sur celle des corporations ; ce qui s'explique par ce fait, qu'en bien des cas, la commune ne fut que la combinaison de ces associations particulières en une association générale.

Rôle politique des corps de métiers dans la commune. Exemple d'Amiens.

Dans les corporations, les prud'hommes ou gardes du métier étaient élus par tous les membres du métier, et ils choisissaient à leur tour les chefs ou mayeurs de la corporation. Cette élection a deux degrés se retrouve dans les coutumes d'un assez grand nombre de communes du nord de la France qui avaient modelé leur charte d'affranchissement sur celle d'Amiens. Dans cette dernière ville, très-florissante au XIIe siècle, tous les artisans, c'est-à-dire, la presque totalité des habitants de la ville, étaient enrôlés dans les diverses corporations. Comme nous l'avons fait remarquer déjà, ceux des bourgeois qui n'exerçaient pas en réalité une profession commerciale ou industrielle, se faisaient néanmoins inscrire dans l'un des corps de métier, formalité indispensable pour leur assurer l'usage de leurs droits électoraux et leur permettre d'arriver aux fonctions de l'échevinage. Dans certaines villes où les citoyens influents s'aggrégèrent ainsi à un corps de métier qui n'exigeait ni connaissances spéciales, ni apprentissage, la corporation qui les comptait parmi ses membres prit à la longue une certaine prépondérance sur les autres associations du même genre ; elle devint une sorte de patriciat pour les familles destinées aux fonctions de l'échevinage. C'est ce qui arriva à Florence et aussi à Gand, comme nous aurons occasion de le faire remarquer plus loin.

A Amiens, chaque corps de métier organisé en communauté civile ou en confrérie, se nommait bannière, parce qu'il se trouvait placé sous le patronage d'un saint dont la bannière se déployait à sa tête dans les cérémonies publiques. Chaque bannière avait, comme le porte la coutume d'Amiens, écrite en 1280, le droit d'élire librement ses chefs au nombre de deux qui se nommaient mayeurs. (1) Il n'y avait d'exception que pour deux métiers, celui des waidiers (teinturiers en guède ou pastel), et celui des mesureurs (jurés pour le jaugeage du vin chez les cabaretiers), pour lesquels la nomination des mayeurs appartenait à l'échevinage. (2) Indépen-

(1) Voici le texte de cette coutume. « Cascune banière fait sen maïeur fors li waides et li mesureurs ; et li maires et li esquevins d'Amienz font de ches 2 bannières maïeur. » (Coutume de 1280 citée par M. Bouthors, *Coutumes de Picardie*. T. I, pag. 78, et Aug. Thierry, *Mémoires pour servir à l'histoire du Tiers-Etat*.) — C'est dans ces deux ouvrages que nous avons puisé la plupart des détails relatifs à Amiens.

(2) Il est difficile de se rendre un compte exact de la raison qui justifie cette exception ; peut-être venait-elle de l'importance même de ces deux métiers. — Voyez Bouthors, ouv. cité. Notes, t. Ier, pag. 116.

damment des mayeurs, chaque bannière nommait des eswards ou gardes du métier qui étaient pour la corporation ce que l'échevinage était pour la cité. C'étaient les mayeurs de bannières qui devenaient à leur tour les électeurs du corps de ville et qui nommaient le maire de la commune ou grand mayeur sur une liste de trois candidats choisis par les échevins sortants soit dans l'échevinage, soit hors de l'échevinage. Ce mode de candidature était encore en usage au XVIᵉ siècle.

Renouvelés chaque année par les corps de métiers, les mayeurs de bannières formaient ainsi à eux seuls le corps électoral chargé de nommer les magistrats de l'année suivante. Ce mode d'élection à deux degrés est-il contemporain de l'institution de la commune d'Amiens (1209)? M. Aug. Thierry ne le croit pas; il lui assigne comme date probable le milieu du XIIIᵉ siècle : il n'est pas question, en effet, de l'élection du maire dans une coutume antérieure de plus d'un demi-siècle à celle de 1280 que j'ai citée plus haut. Au début sans doute, la participation aux droits politiques fut directe pour tous les bourgeois et non attachée à l'exercice réel ou fictif d'une profession industrielle.

En même temps que le maire, les mayeurs de bannières élisaient douze échevins, lesquels à leur tour en élisaient douze autres devant composer avec eux le conseil de la commune. Le partage de l'autorité entre les mayeurs de bannières et les échevins et l'élection à deux degrés qui enlevait au peuple la participation directe à la nomination des magistrats municipaux, préserva Amiens et les villes qui imitèrent sa constitution communale des troubles et des scènes de désordre qui se produisirent souvent dans d'autres villes où, comme à Florence et à Gand, la totalité des citoyens exerçait par elle-même les droits électoraux.

Enfin, les mayeurs de bannières nommaient les officiers municipaux chargés de la gestion des deniers communaux et des travaux publics. C'était devant eux, en halle, que se faisait la reddition des comptes.

Ce mode d'élection des magistrats municipaux qui donnait aux corporations une si grande influence à Amiens et faisait tomber entre leurs mains presque toute l'administration de la ville, n'était pas général aux communes du nord de la France. Dans un certain nombre d'entre elles, surtout à partir de la seconde moitié du XIIIe siècle, l'autorité royale se réserva le choix des officiers municipaux et exerça un contrôle assez étendu sur leur gestion : mais dans ces villes mêmes, qui ne jouissaient plus dans sa plénitude de la liberté communale, les corps de métiers possédaient en certaines circonstances graves le moyen de contrebalancer le pouvoir souverain. « Lorsqu'il s'agissait, dit M. Tailliar, de recourir à des mesures extraordinaires, d'établir une charge nouvelle, des contributions exorbitantes, beaucoup de villes de Flandre et de Belgique possédaient un large conseil, espèce de corps représentatif, compósé outre les magistrats en exercice, d'anciens échevins *et de tous les doyens ou chefs des corps de métiers.* » (1) L'acceptation de ce conseil était nécessaire pour donner force de loi dans la commune aux ordonnances et décrets du suzerain dans les cas que nous venons de citer.

Les métiers forment la milice communale.

L'institution des communes eut d'excellents résultats au point de vue de la pacification intérieure des villes ; les bourgeois qui avaient formé entre eux cette ligue d'assurance mutuelle, veillèrent à la sûreté publique et protégèrent la propriété. Ils instituèrent à cet effet une milice communale chargée du guet, c'est-à-dire de la police de la ville durant la nuit. L'organisation des corps de métiers servit de base à celle de la nouvelle milice ; chaque métier forma une compagnie et dut à son tour armer un certain nombre de ses membres pour la garde des tours et des portes de la ville et le maintien de la tranquillité intérieure.

Ces milices communales étaient parfois aussi appelées à combattre hors des murs de leurs cités. C'était lorsque le roi les convoquait à repousser l'étranger ou lorsqu'un allié de la commune réclamait le concours de leurs armes. L'une des circonstances les plus mémorables, comme aussi l'une des premières, où nous voyons figurer les milices communales, fut la bataille de Bouvines. Elles engagè-

(1) *Considérations sur l'affranchissement des communes du nord de la France,* par M. Taïlliar. (Mémoire couronné par la société d'Émulation de Cambrai. in-8. 1837, page 270.)

— 111 —

rent la lutte, sauvèrent le roi sur le point d'être fait prisonnier et, par leur héroïque intrépidité, décidèrent du sort de la journée et par suite du salut de la France. (1)

Une cause de troubles qui persista cependant après l'émancipation des communes, avait son germe dans l'inimitié qui existait entre certains métiers dont les professions étaient rivales, ou dont les membres étaient divisés par des antipathies, par des haines héréditaires dans les familles. L'autorité souveraine avec laquelle le conseil échevinal réglait les constitutions des corps de métiers ne suffisait pas toujours à empêcher les querelles sanglantes. La plupart des corporations avaient leurs rues, leurs quartiers séparés : certains métiers, qui comme ceux des orfèvres, des fourbisseurs et des changeurs, avaient à se mettre à l'abri du pillage, défendaient souvent leurs habitations et leurs magasins en fortifiant et en garnissant de tourelles crénelées les maisons qui formaient les extrémités de la rue ou du quartier. Aussitôt que le cri d'alarme se faisait entendre, on tendait les chaînes, on fermait les grilles, on élevait des barricades, et le métier menacé se trouvait en mesure de soutenir un véritable siége. Bien des villes du midi de la France et de l'Italie conservent encore de curieux vestiges de ces

(1) Les milices des communes de Corbie, d'Amiens, d'Arras, de Beauvais, de Compiègne, se jetèrent au plus fort de la mêlée ayant au milieu d'elles l'oriflamme de St-Denis.

forteresses privées, témoins des luttes fratricides des artisans du XIIe siècle.

Luttes de la commune contre ses anciens seigneurs.

Ce serait du reste une grave erreur de croire que la charte dressée entre le seigneur et ses anciens sujets mît fin en toute circonstance aux dissentions armées qui avaient trop souvent, nous l'avons dit, accompagné la fondation de la commune. Le pacte d'assurance mutuelle qui unissait les bourgeois des villes était sans doute une très-efficace protection pour leurs vies et leurs biens, parce que l'agresseur d'un seul d'entre eux devenait l'ennemi de tous; mais vis-à-vis du seigneur dépossédé, la commune se trouva longtemps en état de défiance, sans cesse occupée à défendre les privilèges acquis et à en obtenir de nouveaux et disposée à recourir à la violence aussitôt que le moindre dissentiment éclatait. L'histoire des communes présente à chaque page le récit de ces querelles qui furent pour le pouvoir royal une occasion fréquente d'intervenir, et pour les communes, la cause éloignée, mais réelle, qui devait nécessairement amener la perte de cette liberté si chèrement acquise et si opiniâtrément défendue.

Part de la royauté.

Le système historique longtemps en faveur qui faisait de Louis-le-Gros le fondateur des communes, est relégué aujourd'hui au nombre des préjugés. L'exiguité du domaine de la couronne, la faiblesse du pouvoir royal auraient rendu impossible l'exécution d'un aussi vaste plan; au reste, comme nous l'avons dit, parmi les communes, les unes existaient bien avant le XIIe siècle, d'autres furent établies d'un commun accord entre les seigneurs et leurs sujets, sans aucune intervention du pouvoir souverain. Ce ne fut que dans le cas d'une guerre engagée entre les bourgeois et leurs seigneurs que le roi trouva occasion de s'interposer comme médiateur ou comme allié de l'un ou de l'autre parti. Son intérêt, il faut bien le reconnaître, semble l'avoir guidé plus qu'aucune autre considération dans le choix de ses alliances et l'histoire nous montre Louis-le-Gros combattant pour la commune d'Amiens en même temps qu'il détruisait celle de Laon par une guerre pleine d'horreurs : politique habile qui laissait les deux forces rivales s'affaiblir mutuellement au profit de la prépondérance royale.

Obligés par la force des choses de ménager la féodalité encore puissante, Louis VI et son successeur Louis-le-Jeune ne pouvaient se déclarer ouvertement en faveur de la révolution communale sans provoquer une ligue qui eût mis la couronne en péril; mais il est probable, et les chroniques de l'abbé Suger, ministre et conseiller de ces princes, sont là pour le prouver, que leur préférence était pour les communes (1) que leur isolement et leur impuissance à résister longtemps à leurs anciens

(1) Il est bon de rappeler ici la protection accordée par Louis VI aux associations armées pour la paix, dont l'influence fut si grande sur les débats de la révolution communale.

seigneurs, devaient forcer tôt ou tard à recourir à l'intervention de la royauté. Ainsi le roi acquit sur elles, à la longue, des droits sans cesse augmentés, son contrôle s'exerça sur leurs affaires intérieures, et lorsqu'au XIIIe siècle l'autorité royale fut devenue prépondérante et souveraine, elle prit en main d'une manière effective l'administration des communes. (1) De ce jour, l'unité française fut fondée.

Attitude du clergé.

Il est intéressant pour nous d'étudier en terminant ce chapitre, quelle fut l'attitude du clergé en face du mouvement communal. Nous avons vu l'Église luttant depuis le IVe siècle, d'abord contre le césarisme romain, puis contre la barbarie des conquérants germains, et enfin contre la tyrannie de la féodalité et prenant en toutes circonstances la défense de l'opprimé et du malheureux. Aurait-elle donc arraché la classe laborieuse à l'état d'esclavage où la tenait réduite le paganisme ; aurait-elle travaillé durant huit siècles à son affranchissement pour l'abandonner tout-à-coup au moment même où elle allait réaliser ses espérances ? Évidemment non ! A la vérité, le mouvement communal qui portait atteinte aux droits et aux priviléges féodaux trouva de l'opposition dans beaucoup de seigneurs tant ecclésiastiques que laïcs ; mais il serait injuste de faire retomber sur le clergé tout entier ce qui n'était le fait que de quelques-uns de ses membres

(1) Voyez les réglements de saint Louis, au chapitre IV.

que leur intérêt privé guidait plutôt que leurs devoirs et qui agissaient comme souverains temporels, non comme dignitaires de l'Église.

Un consciencieux écrivain, M. J. J. Rapsaert, présente en ces termes la même pensée : « Lorsqu'on sait, dit-il, qu'après la cessation de l'anarchie du moyen-âge, nous devons à l'Église la civilisation de nos mœurs, la tranquillité publique, l'abolition des vengeances privées, l'instruction publique, le rétablissement de l'agriculture, la renaissance des arts et le retour aux véritables principes de la religion, et que tous ces avantages n'ont pu devenir stables, ni se consolider que par l'établissement des communes; il serait bien difficile de persuader à un homme sensé et impartial que le clergé eût formé le projet de s'opposer, et presque seul, à cette institution, dans la vue d'empêcher la réalisation de tant d'avantages, par le seul motif d'intérêt pécuniaire. » (1)

Sans aucun doute, le clergé dut blâmer sévèrement, combattre même de tout son pouvoir les moyens violents que les bourgeois employaient trop souvent pour arriver à leurs fins, et l'histoire nous montre qu'il ne manqua pas à ce devoir; mais nous voyons aussi que, dans certains cas où les communes exerçaient une défense légitime contre d'injustes aggressions, les évêques n'hésitaient pas à se mettre à la

(1) *Analyse de l'origine et des progrès des droits des Belges et des Gaulois.*

tête de leurs milices et à les animer à la résistance.
En 1066, lorsque les bourgeois du Mans tentèrent
pour la première fois de s'ériger en commune, ce
fut l'évêque lui-même qui, à la tête de son clergé,
avec les croix et les bannières des paroisses, les
conduisit à l'attaque du château de Sillé. (1) De
même à Amiens en 1113, tandis que les troupes
royales secondaient l'attaque des bourgeois contre
la tour de Castillon, refuge du cruel Thomas de
Marle, l'évêque Geoffroy, que l'Église a placé depuis
au rang des saints, « pour mieux exciter les com-
battants à faire leur devoir, promettait le royaume
des cieux à ceux qui périraient les armes à la
main. » (2)

Cette intervention du clergé, aidant en plusieurs
circonstances les premiers efforts de l'émancipation
des communes, n'a rien qui doive nous surprendre
si nous nous souvenons des liens intimes qui unissent le mouvement communal à ses débuts et les
associations établies par les conciles pour le maintien de la Paix et de la Trève de Dieu. Il y a, comme
le montre M. Sémichon, (3) une coïncidence remarquable de temps et de lieu, et une analogie frappante
entre les noms mêmes par lesquels sont désignés

(1) Voir les chroniques d'Orderic Vital et de l'abbé Suger.

(2) Guibert de Novion, *Chron.* — Confer. A. Thierry. *Lettres sur
l'histoire de France.*

(3) *La Paix et la Trève de Dieu*, T. 2, chap. XIV et suivants.

les principaux chefs des associations de la paix et ceux des communes. M. Aug. Thierry fait la même remarque, surtout en ce qui concerne le nord de la France. (1) « La commune, à son origine, dit aussi M. Bouthors, (2) fut la conséquence du principe qui avait fait proclamer la Paix de Dieu : pacifier la société, faire cesser les rivalités des sujets et des seigneurs, mettre un terme aux vengeances privées, aux jalousies des corps de métiers, soumettre l'esprit de faction au contrôle d'une police centrale et au cours régulier de la justice. En cela, on ne peut nier qu'elles ne se soient rencontrées avec les associations religieuses qui, peu avant, s'étaient formées pour la paix.

Ainsi, à la fin du XIIᵉ siècle, l'Église a rempli la grande mission sociale que j'indiquais au début du second chapitre de cette Étude. Elle a reconstitué, après huit siècles d'efforts, la classe moyenne que le paganisme avait réduit à néant ; elle a rendu à l'artisan une place dans la société. Il n'est plus esclave, il n'est plus serf, il est libre, libre de sa personne et de son travail. La classe laborieuse est devenue par l'association une puissance avec laquelle la féodalité doit compter, une force dont la royauté recherche l'alliance.

La classe moyenne est donc bien, comme je le disais en commençant, la fille de l'Église. Elle lui

Conclusion.

(1) *Mémoires pour servir à l'histoire du Tiers-État*, T. 2, Préface.
(2) *Coutumes de Picardie*, T. Iᵉʳ. Introduction.

doit sa liberté ; elle lui doit sa richesse, puisque c'est l'Église qui a réhabilité le travail et anobli le travailleur ; elle lui doit enfin son influence sociale pendant le moyen-âge, influence qui fut le point de départ et la cause première de sa prépondérance dans notre société moderne.

FIN DE LA PREMIÈRE PARTIE.

DEUXIÈME PARTIE.

Organisation du travail dans la Société chrétienne
du XIIIe siècle.

CHAPITRE IV.

Saint Louis & Étienne Boileau.

Sommaire. — *Grandeur du XIIIe siècle. Influence
de l'Église sur la société. — Puissance de l'association au moyen-âge.*

*Le commerce de Paris avant le XIIIe siècle. —
Confrérie des marchands de l'eau de Paris.— Hanse
de Londres. — Prévôté des marchands. — Prévôté
de Paris.—Juridictions féodales des grands officiers
de la cour. — Ordonnances des rois prédécesseurs de
saint Louis sur les métiers. — Force de la coutume
au XIIIe siècle.*

*Administration de saint Louis. — Réforme de la
prévôté de Paris.—Étienne Boileau.—Recherche des
coutumes. — Le Livre des Métiers.— On y retrouve
l'origine des corporations.— But d'Étienne Boileau.*

Il y a dans l'histoire de l'humanité des siècles
qui brillent entre tous d'une splendeur particulière ;
il semble qu'à certaines époques le génie soit dis-
pensé aux hommes dans une plus large mesure, et
qu'il se manifeste par des œuvres plus éclatantes

Grandeur du XIIIe siècle. Influence de l'Église sur la société.

9

et plus durables. Tels furent les siècles de Périclès et d'Auguste qui marquèrent les sommets des civilisations d'Athènes et de Rome ; mais ces siècles, qui produisirent les chefs-d'œuvre de la littérature et de l'art antiques, ne durent leur illustration qu'à quelques hommes de génie ; la masse du peuple y demeura étrangère. Le paganisme, en méprisant le travail, en l'abandonnant, comme nous l'avons montré, à des mains serviles, en dirigeant toutes les forces, toutes les aspirations de l'homme vers les seules jouissances matérielles, arrêtait, dans presque toutes les âmes, l'essor et le développement des plus nobles facultés.

Le XIIIe siècle présente un spectacle tout différent. La société tout entière marche dans la voie de la civilisation chrétienne : l'Évangile est inscrit en tête de tous les codes ; il sert de règle à toutes les coutumes, et les rois comme les sujets se font gloire de se soumettre à sa loi. A aucune époque, si ce n'est peut-être au temps des catacombes, l'Église n'a brillé de plus de vertus, n'a produit plus de saints, « et par une juste conséquence, à aucune époque de ses glorieuses annales, son influence sur le monde et sur la race humaine ne fut plus vaste, plus féconde, plus incontestée. Sans doute, sa victoire était loin d'être complète, et elle ne pouvait pas l'être, puisqu'elle est ici-bas pour combattre et qu'elle attend le ciel pour triompher ; mais à aucun moment de son rude combat, elle n'avait goûté dans le nombre et la ferveur de ses enfants de plus douces consolations ; jamais elle n'avait régné avec un empire si absolu sur le cœur et l'esprit des peuples. Elle voyait tous les éléments anciens , contre lesquels elle avait eu à se débattre si longtemps, enfin vaincus et transformés à ses pieds. L'Occident tout entier ployait avec un respectueux amour sous sa sainte loi. » (1)

Du haut de la chaire de saint Pierre, Innocent III, modèle accompli du Souverain Pontife, gouverne le monde chrétien et poursuit avec succès l'œuvre commencée par Grégoire VII. En même temps qu'il défend la liberté de l'Église catholique , il veille à tous les intérêts des peuples , au maintien de tous leurs droits , à l'accomplissement de tous leurs devoirs. Les rois trouvent en lui le juge le plus éclairé, l'arbitre le plus intègre, et quelques-uns même sont heureux de déposer à ses pieds leurs couronnes pour les recevoir comme vassaux de sa main. (2) Mais parmi tous les souverains du XIIIe siècle, brille, sur le trône de France , saint Louis , roi populaire s'il en fût jamais, véritable type du monarque chrétien , et qui mérita de donner son nom à ce grand siècle.

Dans les sciences aussi bien que dans les arts, le catholicisme se montre à cette époque l'inspirateur du génie ; et certes, la glorieuse phalange des hommes célèbres de ce siècle , qu'aucun autre n'égala

______

(1) Montalembert , *Histoire de sainte Élisabeth de Hongrie.* Introduction page 16.

(2) Pierre d'Aragon , Jean d'Angleterre & autres.

ou du moins ne surpassa depuis, prouve assez l'heureuse fécondité de cette inspiration. Il suffit de citer, entre tous, les noms d'Albert le Grand, de saint Thomas d'Aquin et de saint Bonaventure ; les noms tout aussi illustres de saint François d'Assise et du Dante, de Cimabué et de Giotto. Les peuples étaient dignes alors d'être gouvernés par de tels hommes, instruits par de tels maîtres.

Formée à l'école du christianisme, sortie libre, grâce à son action persévérante, de l'esclavage du paganisme et du servage féodal, la société du moyen-âge, à l'encontre de la société païenne, honore et pratique le travail. Elle se soumet avec amour et respect à cette loi, imposée par la divine Providence comme un châtiment, sans doute, mais dont l'idée du devoir entoure l'application d'une douceur et d'une fécondité merveilleuses. Aussi les chefs-d'œuvre de l'architecture chrétienne qui résument à eux seuls tous les arts, et j'ajouterai volontiers, toutes les sciences et toutes les connaissances humaines de cette époque, ces cathédrales gothiques, que chaque ville tenait à honneur d'élever dans ses murs, ne sont pas l'ouvrage d'un homme, elles sont l'œuvre d'un peuple entier. C'est là véritablement ce qui fait la gloire du XIIIe siècle, méconnu et discrédité à dessein par les historiens protestants et la philosophie incrédule, parce qu'il puise son éclat et sa grandeur dans les vertus chrétiennes de ses peuples et de ses rois.

Comme nous l'avons montré dans la première Puissance de l'association au moyen-âge.
partie de ce travail, c'est par l'association que l'Église
était parvenue à constituer la société telle qu'elle
existait au XIIIᵉ siècle : à aucune époque, en effet,
l'association n'eut plus de vitalité. « C'est surtout le
moyen-âge, dit M. le président Troplong, (1) qui fut
une époque prodigieuse d'association. C'est lui qni
donna naissance à la communauté conjugale, à ce
régime qui convient le mieux aux sentiments d'affection et de confiance sur lesquels repose le mariage ;
c'est lui qui forma ces nombreuses sociétés de serfs
et d'agriculteurs, qui couvrirent et fécondèrent le
sol de la France ; c'est lui qui multiplia ces congré-
gations religieuses dont les services ont été si grands
par leurs travaux de défrichement et leur établissement au milieu des campagnes abandonnées ; c'est
lui qui ranima l'esprit municipal, reconstitua la
commune, les confréries de toute espèce, les corporations littéraires, marchandes, manœuvrières, etc..
Probablement alors, on parlait moins qu'aujourd'hui
de l'esprit d'association, mais cet esprit agissait avec
énergie ; il obtenait des résultats proportionnés aux
besoins qui l'excitaient naturellement. »

Après avoir formé la société, c'était l'association
encore qui servait à la maintenir et à la perfectionner.
L'Église était, au milieu de la diversité des intérêts,
le centre et le symbole de l'unité. Tout se rattachait
à elle, et elle faisait pénétrer son action et son

______

(1) *Des sociétés civile & commerciale.* 1843, T. I, pages VI-VII.

influence jusque dans les moindres détails de la vie. On combattait sous la bannière de la paroisse, on travaillait sous la protection d'un saint. Chaque métier avait sa bannière, chaque boutique, son enseigne, qui souvent aussi représentait un saint. La bannière, c'est le drapeau que suit une association ou corporation d'artisans d'une même profession ; l'enseigne, c'est le blason particulier de chaque famille, blason marchand aussi respecté de ceux qui le portent que le blason nobiliaire des hauts barons.

Nous allons étudier en détail la situation faite aux artisans dans cette société chrétienne du XIIIe siècle, et nous allons pénétrer dans la vie intime du peuple à cette époque. Nous verrons ainsi un des côtés les plus intéressants et les plus instructifs de l'histoire, qu'on néglige trop souvent pour ne s'occuper que des faits militaires et de la biographie des rois. Sans doute, tout n'est pas parfait dans cette législation tant décriée ; mais combien nous serions heureux d'avoir, à l'époque actuelle, le calme et la prospérité qu'elle assura pendant de longues années aux classes laborieuses !

Disons d'abord brièvement comment s'étaient formés, avant le XIIIe siècle, le commerce et l'industrie de Paris, dont nous suivrons les progrès d'une façon toute spéciale, parce que les réglements de la capitale servirent de type à ceux des villes de province.

Nous avons signalé, au premier chapitre de cette Étude, l'existence à Paris, sous l'empire romain, d'un collége de *nautes parisiens*, qui exploitaient le commerce fluvial de la Seine dès le premier siècle de notre ère. L'excellente situation géographique de Paris, la préférence que les rois Mérovingiens montrèrent pour cette ville, dont ils firent leur résidence favorite, contribuèrent à lui donner d'importants développements ; la présence habituelle de la cour y favorisa les progrès des industries qui vivent uniquement du luxe.

Délaissée par Charlemagne et ses successeurs, ruinée par les invasions normandes, la cité parisienne se releva avec la dynastie capétienne et reprit son titre de capitale sous Hugues Capet. Elle dut au séjour des rois d'être préservée du servage que la féodalité fit peser sur la plupart des villes, et ses habitants continuèrent à jouir de certains priviléges, de certaines libertés qu'ils avaient possédés depuis les temps mérovingiens, peut-être même depuis l'occupation romaine.

Sous Louis VI, la bourgeoisie comprenait une partie très-notable de la population sans cesse croissante de la capitale. Grâce à la bonne administration du roi et de son ministre Suger, le commerce parisien devint très florissant. Un certain nombre des plus riches bourgeois formaient entre eux une association ou *hanse*, dont les membres s'appelaient

les marchands de l'eau de Paris, (1) et qui portait
elle-même le nom de *marchandise de l'eau*, ou simplement de *marchandise*. La difficulté des transports,
le mauvais entretien des routes, donnaient au commerce fluvial une très-grande importance : presque
toutes les denrées nécessaires à la subsistance de
Paris devaient être amenées par eau ; la Seine était
également la voie la plus considérable ouverte au
commerce de la Normandie et de la Bourgogne.

L'histoire ne précise pas l'époque à laquelle avait
pris naissance cette importante association ; aussi
pensons-nous que, comme d'autres corporations ou
confréries florissantes au XIIe siècle, elle se rattache
d'une manière directe aux colléges fondés en Gaule
par les Romains.

Les marchands de l'eau de Paris sont mentionnés
pour la première fois dans nos annales sous Louis VI.
Ce prince leur céda , en 1121, le droit de lever 60
sous sur chaque bateau qu'on chargeait de vin , à
Paris , pendant les vendanges. Cette faveur prouve
tout le crédit dont jouissait déjà alors leur association. En 1170 , Louis VII confirma les priviléges
considérables que possédaient les marchands de
l'eau et que la charte royale qualifie d'*antiques*. (2)
Il les autorisa en même temps à acquérir de l'abbesse
de Fontlevrault, supérieure du couvent des Hautes-

---

(1) Ce nom est la traduction littérale de celui des *nautie
parisiaci* , usité chez les Romains.

(2) La charte dit : « *Consuetudines autem illorum tales sunt
ab antiquo.* »

Brières, un emplacement situé sur la rivière au-dessous de la ville, pour y établir un port d'arrivée et de décharge des marchandises. Ce terrain avait appartenu autrefois à un bourgeois nommé Pepin; il en gardait le nom, qui devint celui du nouveau port. L'abbesse le céda aux marchands de l'eau, moyennant un droit fixe que ceux-ci s'obligèrent à payer au couvent pour chaque bateau arrivant.

En cette même année 1170, Louis le Jeune approuva par lettres patentes l'institution d'une confrérie que les marchands de l'eau venaient de fonder dans l'église du couvent des Hautes-Brières, afin d'attirer les bénédictions du ciel sur leur commerce. On l'appela *Confrérie des marchands de l'eau*, pour la distinguer d'une autre association pieuse, formée à Paris deux ans auparavant en l'honneur des 72 disciples du Sauveur, et composée du roi, de la reine, de l'évêque et des personnes, au nombre de 72, les plus rémarquables parmi les nobles et les bourgeois de la ville. Celle-ci portait le nom de *Grande confrérie des seigneurs et des dames, bourgeois et bourgeoises de Paris*. Tous les membres de l'association marchande entrèrent dans la pieuse réunion; et l'on voit souvent, même dans les actes civils, les marchands de l'eau désignés par le nom de *Confrérie des marchands*. (1)

Les priviléges que possédait la hanse parisienne étaient vraiment très-considérables et constituaient

(1) Meindre, *Histoire de Paris*, Tome 1er, page 337.

un monopole qui devait être, en certains cas, fort onéreux pour le commerce. La Seine en amont et en aval de Paris, jusqu'à une distance de six ou huit lieues de la capitale, était en quelque sorte la propriété de l'association. Tout bateau, chargé de marchandises, qui remontait la Seine, devait s'arrêter au pont de Mantes; il ne pouvait s'avancer librement ni être déchargé que s'il appartenait à un bourgeois *hansé*, c'est-à-dire faisant partie de la confrérie des marchands de l'eau. Dans le cas contraire, on adjoignait au propriétaire un compagnon de la hanse qui pouvait, ou partager le bénéfice de la vente, ou prendre, à ses risques et périls, au prix déclaré, la moitié de la cargaison. Une servitude semblable fut établie sur les bateaux qui descendaient le fleuve et apportaient à Paris les produits des riches vignobles de la Bourgogne et de la Champagne.

L'infraction à ces réglements, que l'on cherchait souvent à éluder à cause de leur rigueur, était punie de la confiscation des denrées importées, lesquelles étaient vendues au profit du roi et de la *marchandise*. Le membre de la confrérie, qui s'était rendu complice de fraude ou de contrebande, était exclu de la communauté et perdait le droit de participer à tous les priviléges de la hanse jusqu'au jour où sa réhabilitation était prononcée.

Les provinces voisines de la capitale réclamèrent en vain contre les droits abusifs que s'arrogeait la puissante association. Les rois, qui trouvaient leur profit à les maintenir, (1) donnèrent, en presqué toute circonstance, gain de cause au commerce parisien contre ses adversaires. De puissantes considérations politiques purent seules décider Philippe-Auguste à faire quelques concessions à la Normandie, lors de la réunion de cette province à la France.

La plupart des villes situées sur le cours d'un fleuve possedaient au moyen-âge des associations du même genre, qui concentraient le monopole de la navigation fluviale entre les mains de quelques-uns des plus riches habitants de la cité. Rouen, Amiens, et bien d'autres villes, avaient comme Paris, des confréries ou corporations de marchands de l'eau du fleuve sur lequel ces villes étaient assises. Souvent même, pour donner plus d'extension à leur négoce, les diverses villes placées sur un même cours d'eau, se réunissaient dans une seule ligue commerciale. En Picardie, par exemple, il existait une confrérie de *marchands de l'eau de la Somme,* dans laquelle entraient les négociants des diverses localités situées sur ce fleuve.

Hanse
de Londres.

Une association plus considérable encore reliait les principales villes industrielles et commerçantes de la Flandre et du nord de la France. (2) Elle se

____

(1) Outre que les tailles à percevoir à Paris augmentaient en raison de la richesse des négociants, les rois avaient la moitié des amendes et du produit des confiscations.

(2) Voici la liste de ces villes, citées dans l'édition de *Roisin. Franchises, lois & coutumes de la ville de Lille,* publiée par notre savant confrère, M. Brun-Lavainne, page 581.— Châlons, Reims, Saint-Quentin, Cambrai, Lille en Flandres, Ypres, Douai, Arras,

nommait *la hanse de Londres*, sans doute parce que son principal comptoir était établi dans cette ville. (1) « La hanse de Londres avait surtout pour objet le commerce de la laine, dont les riches fabriques de draps situées dans les villes associées, faisaient un emploi si important. A sa tête étaient les cités industrielles de Bruges et d'Ypres. C'était dans le sein de ces deux puissantes communes que devaient être choisis le *comte* de la hanse et son *écuyer* ou *porte-enseigne*. Pour devenir membre de la hanse, il fallait avoir le droit de bourgeoisie dans l'une des villes qui en faisaient partie, et subir l'épreuve de l'admission par le conseil dirigeant. Chaque nouveau membre payait à son entrée une cotisation de 30 sous et 3 deniers sterling. » (2)

Prévôté des marchands. On le voit par tout ce qui précède, la hanse parisienne était une association purement commerçante. « Fidèles à leur titre, ses membres ne pensaient qu'au commerce de rivière, celui de terre leur était étranger. Ils ne se livraient pas pour leur propre compte à de grandes opérations mercantiles ; accoutumés qu'ils étaient à participer aux bénéfices des

Tournai, Péronne en Vermandois, Huwy (Huy), Prouvins, Valenciennes, Gand, Bruges, Saint-Omer, Montreuil-sur-Mer, Abbeville en Ponthieu, Amiens, Beauvais, Dixmude, Bailleul en Flandres, Poperinghe en Flandres, Orchies.

(1) Voyez les *Statuts de la hanse flamande, dite de Londres*, dans *l'Histoire de Flandre*, par Warnkœnig, T. 2, pièces justificatives, page 506.

(2) Aug. Thierry, *Mémoires pour servir à l'histoire du Tiers-État*, T. I, page 177.

spéculateurs étrangers qui envoyaient des denrées à Paris. Provoquer, multiplier, combiner ces envois n'était pas leur affaire. Ils étaient là quand les bateaux arrivaient de la Bourgogne ou de la Normandie, veillant avec jalousie à ce qu'aucun étranger ne portât atteinte aux droits de la hanse. Voilà tout ce qui absorbait toute leur attention. » (1) Les membres de la confrérie des marchands pouvaient du reste exercer individuellement une profession industrielle, et faire partie à ce titre d'une corporation d'artisans. Certains d'entre eux, nous le voyons par les actes émanés de la prévôté, étaient drapiers, orfévres et même boulangers.

Il manque malheureusement bien des documents pour qu'on puisse faire l'histoire complète des marchands de l'eau de Paris ; cependant le peu qu'on en a suffit pour nous expliquer comment cette confrérie est parvenue à s'emparer de toutes les affaires de la commune et à devenir la commune elle-même.

« En comparaison des objets de son ressort, dit M. Depping, les autres affaires mercantiles n'étaient que bien peu de chose, et l'on dut arriver insensiblement à considérer les chefs de la *marchandise de l'eau* comme les prévôts de tout le commerce parisien, comme les chefs même de la bourgeoisie qui ne se composait guère que de marchands et d'artisans. Dans les chartes de la fin du XIIe et du commencement du XIIIe siècle, les rois paraissent ne

_____
(1) Depping. Introduction au *Livre des Métiers d'Étienne Boileau*, publié par les soins du gouvernement. Paris 1837, p. XXXVI.

traiter encore les chefs de la marchandise de l'eau que comme ceux d'une association particulière ; mais, dès la fin du XIII° siècle, ceux-ci sont qualifiés de *prévôt et échevins jurés des marchands de l'eau,* et, un peu plus tard, on les voit à la tête de tout le commerce, de toute l'industrie de Paris ; enfin , ils deviennent les chefs de la commune, qui, on le voit, a commencé à Paris par être une confrérie de marchands, et s'est élevé par le commerce de rivière à la considération, à la consistance municipale. Il y a des raisons de croire que c'est pour ce motif que la ville de Paris porte encore dans ses armes un vaisseau. » (1)

C'est au règne de Philippe-Auguste, qui augmenta beaucoup les priviléges de la hanse parisienne, que remonte l'origine de la *prévôté des marchands,* magistrature qui devint dans la suite l'une des premières de la capitale, joua parfois un rôle considérable dans l'histoire de Paris , et ne finit qu'avec M. de Flesselles, massacré le 14 juillet 1789 , à l'hôtel-de-ville, après la prise de la Bastille. Ce ne fut toutefois que vers le milieu du XIII° siècle , et deux ou trois ans avant la mort de saint Louis que le chef de l'association des marchands de l'eau prit officiellement le titre de *prévôt des marchands.* On lui donna alors pour l'assister quatre échevins, auxquels on ajouta dans la suite vingt-six conseillers municipaux qui formèrent ce qu'on appela le corps

(1) Depping. Introduction au *Livre des Métiers ,* page XXXV.

de ville. Le prévôt et les échevins comptaient parmi la noblesse. Pour être élu à cette magistrature, il fallait être né à Paris et avoir mené la vie la plus irréprochable. Une fois entrés en charge, les prévôts consacraient le plus souvent à l'embellissement de la ville leurs émoluments et une partie de leurs revenus. Leur élection avait lieu ordinairement le 16 août, avec une pompe importante ; toute la bourgeoisie de Paris y prenait part. Dans la série entière des prévôts des marchands, nous n'en trouvons qu'un seul qui aît manqué à ses devoirs ; quarante furent réélus : on voulait reconnaître ainsi les soins qu'ils avaient rendus au commerce et à la ville pendant leur première administration. (1)

Siégeant à la maison commune, dite *parloir aux bourgeois*, située alors près du Grand-Châtelet, sur la rive droite du fleuve, (2) le prévôt des marchands décidait de toutes les affaires relatives au commerce fluvial, ou concernant les approvisionnements en denrées qui arrivaient à Paris par la Seine. Chef de la bourgeoisie en même temps que de la hanse, il était par la force des choses le dépositaire des franchises municipales et le gardien de la bonne foi commerciale. Chef du bureau de la ville que formait le corps des échevins, il veillait à la sûreté et aux

(1) Meindre, *Histoire de Paris*, T. 1er, page 465.

(2) Plus tard, le parloir aux bourgeois eut une succursale du même nom près de l'enclos des Jacobins, situé entre la place Saint-Michel et la rue Saint-Jacques. C'est de là que le siége de la municipalité parisienne passa à l'hôtel-de-ville.

intérêts des habitants ainsi qu'au développement de l'industrie et du négoce. Il semble même, en maintes circonstances, la personnification de la bourgeoisie parisienne ; c'est lui, qui dans les grandes solennités, dans les fêtes et les cérémonies publiques, entouré des échevins et du corps de ville, porte au pied du trône les hommages et parfois aussi les doléances de la capitale. (1)

La confrérie des marchands avait sous sa dépendance les *crieurs de Paris*, corporation singulière, qui était pour elle la source d'un important revenu. C'étaient aussi les magistrats de la *marchandise* qui nommaient les *mesureurs jurés de grain et de sel*, les *jaugeurs*, en un mot les préposés subalternes au commerce des vivres et du combustible. Nous y reviendrons en analysant les réglements d'Etienne Boileau.

Prévôté de Paris. Ces métiers, fort secondaires et exercés par un petit nombre de personnes, étaient les seuls qui fussent, du moins au XIII⁰ siècle, placés sous la juridiction du prévôt et des échevins de la marchandise. Les autres professions industrielles ou commerçantes se trouvaient presque toutes sous la dépendance du prévôt de Paris, qui jugeait les procès s'élevant entre les diverses corporations et punissait les infractions aux réglements des communautés d'artisans.

Tandis que le prévôt des marchands personnifiait la bourgeoisie parisienne dans ses droits et ses

(1) Meindre, *Histoire de Paris*, T, 1ᵉʳ, pages 352-353.

priviléges , le prévôt de Paris était le représentant de l'autorité royale. Il siégeait au Châtelet , avait droit de haute, moyenne et basse justice, et dirigeait l'administration générale et la police de la ville. Il avait , à cet effet , sous ses ordres , 220 hommes d'armes que venaient renforcer pour le guet, à tour de rôle , les artisans des divers métiers.

Exerçant dans un espace si restreint des fonctions souvent peu distinctes, ces deux importantes magistratures devaient nécessairement se trouver souvent en conflit de juridiction ; aussi les rois mirent-ils un soin tout spécial à délimiter leurs attributions respectives. Le prévôt des marchands réglait sans appel tout ce qui concernait la rivière et les ports, tandis que toute l'industrie et le petit commerce dépendait du prévôt de Paris. Cependant le tribunal du Châtelet, que présidait ce dernier magistrat , se trouvait souvent entravé dans l'exercice de sa juridiction par les prétentions qu'élevaient contre sa compétence les seigneurs des bourgs et des terres enclavés dans l'enceinte nouvelle construite par Philippe-Auguste , lesquels étaient , suivant le droit féodal , les maîtres des artisans habitant sur leurs domaines. D'autres métiers échappaient encore en partie à l'autorité du prévôt de Paris : c'étaient ceux qui relevaient des grands officiers de la cour.

J'ai exposé plus haut, en parlant de l'influence de la féodalité sur la situation des artisans, comment les rois abandonnèrent aux dignitaires de leur maison la surveillance et les revenus des métiers qui

Juridictions
féodales des
grands officiers
de la cour.

10

avaient rapport aux fonctions qu'ils remplissaient auprès du prince. (1) Ils en gratifièrent même parfois des personnes étrangères à la cour, qu'ils voulaient favoriser. En 1160, par exemple, Louis VII donna cinq métiers, ceux des mégissiers, des boursiers, des baudroiers, des savetiers et des sueurs à la femme d'Yves Lacohe et à ses héritiers. (2) Les grands officiers du palais acquirent par là le droit de disposer des maîtrises du métier et de juger, dans certains cas déterminés, les différends qui s'élevaient entre les marchands ou artisans dont la profession dépendait de leur charge. Ainsi, le chambellan du roi eut quelque autorité et exerça une certaine surveillance sur les drapiers, les merciers, les pelletiers, les tailleurs, les fripiers et sur les autres marchands et fabricants de meubles et d'habits; le grand échanson, sur les marchands de vin en gros ou en détail; le grand pannetier, sur les boulangers et le commerce de farines en général; et ainsi des autres.

Ces hauts fonctionnaires du palais retiraient de ceux auxquels ils accordaient des lettres de maîtrise une rétribution proportionnée à l'importance de leur profession et fixée par les réglements. Un certain nombre de marchands suivaient la cour pendant ses voyages et obtenaient en échange de leur dé-

(1) On nommait cette juridiction féodale des *fiefs sans terre, sine gleba.*

(2) Cette charte de Louis VII fut vidimée par Philippe-le-Hardi en 1276. — En 1287, ces cinq métiers dépendaient d'une femme Marion, dite la Marcelle.

placement, quelques priviléges et des exemptions de droits.

Des ordonnances royales, qui furent toujours sévèrement maintenues pendant le XIIIe siècle, portaient qu'aucun marchand ou fabricant, soit de la cour, soit de la ville, n'obtiendrait des lettres de maîtrise, qu'après avoir passé un certain temps en apprentissage chez les maîtres de la communauté, et avoir subi des épreuves et des examens dans les formes déterminées par les réglements. Ils étaient, en outre, assujétis à l'observation des statuts et ordonnances spéciales ainsi qu'aux visites de leurs gardes et à l'inspection de leurs jurés.

Ces sages restrictions empêchaient la faveur d'être la seule règle de l'obtention des lettres de maîtrise, et elles étaient la garantie de l'industrie. Le relâchement qu'on apporta dans les siècles suivants à leur observation, fut, comme nous le dirons assez dans la suite, la cause principale de la décadence des corporations, par les abus sans nombre qui en furent la conséquence.

C'est à l'occasion de cette juridiction féodale des grands officiers du palais sur quelques métiers de la capitale, que le prévôt de Paris se trouvait parfois avec eux en conflt d'autorité. En effet, dans les cas ordinaires de police et de discipline, dans les contestations pour la fabrication et le commerce, c'est-à-dire, dans presque tous les procès, les marchands et artisans étaient soumis à la seule juridiction du prévôt de Paris. Le tribunal du Châtelet recevait en outre l'appel de toutes les affaires qui, dans certaines circonstances peu importantes, avaient pu être jugées en premier ressort par les dignitaires de la cour. Son droit allait même jusqu'à pouvoir contraindre ces derniers à faire chez les marchands les visites d'inspection et de surveillance prescrites par les ordonnances royales.

Les réglements rédigés sous saint Louis, par les soins d'Étienne Boileau, apportèrent, comme nous allons le voir, quelques réformes à cette juridiction des grands officiers de la cour : on diminua le nombre des corporations placées sous leur dépendance, et, tout en leur laissant les revenus du métier, on leur enleva presque entièrement le droit de punir les infractions aux réglements pour le donner au prévôt de Paris qui devint ainsi le chef suprême de tous les artisans de la capitale. L'unité se trouva de la sorte rétablie au grand avantage de l'industrie.

Ordonnances des rois prédécesseurs de saint Louis sur les métiers. Lorsque les corporations voulaient faire sanctionner les droits qu'elles exerçaient et les usages qui leur étaient avantageux, elles devaient s'adresser au roi. Avant le XIIIe siècle, nous trouvons peu de traces de ces confirmations royales, les mœurs étaient simples, les affaires peu compliquées ; il suffisait d'invoquer la coutume pour vider les différends et maintenir les priviléges. Dans le cours du XIIIe siècle, presque tous les métiers sentirent la nécessité de donner à leurs réglements une sanction solennelle et le besoin de fixer par l'écriture des usages que la tradition orale avait suffi jusque-là à sauvegarder.

Philippe-Auguste, à qui Paris fut redevable de son agrandissement et d'embellissements remarquables, paraît avoir approuvé les statuts de plusieurs corporations d'arts et métiers ; mais les artisans qui avaient reçu les lettres royales les laissèrent se perdre ; ils les invoquèrent dans la suite sans pouvoir les produire ; néanmoins, les registres d'Étienne Boileau font mention en plusieurs endroits de réglements donnés sous son règne à diverses industries.

Nous remarquons notamment quelques principes favorables à la liberté industrielle, dans une ordonnance du même prince relative à la boulangerie. Avant lui, les *talemeliers* ou boulangers étaient tenus de cuire leurs pains à deux fours royaux, et chaque fois, ils devaient verser une certaine somme au trésor royal à titre d'indemnité. L'un de ces fours était surnommé par le peuple le « four d'enfer » à cause de sa profondeur et de l'ardeur du feu qu'on y entretenait. Philippe-Auguste abolit cette corvée, l'une des plus lourdes qu'eût introduites la féodalité, et il permit aux maîtres boulangers d'établir chez eux des fours affranchis de tout droit. Il augmenta aussi les immunités et priviléges des ouvriers monnayeurs, les exempta du service militaire et donna au chef de leur corporation le droit de juger toutes les causes qui les concernaient et n'entraînaient pas la perte de la vie ou d'un membre.

On attribue encore à Philippe-Auguste une charte donnant des statuts aux bouchers de Paris : mais cette pièce n'est pas d'une authenticité incontestable. (1) D'après **M.** Depping , fort compétent en ces matières, les premiers statuts écrits des bouchers dateraient du XVIe siècle. Dans leurs contestations devant la justice , les bouchers invoquèrent jusqu'à cette époque des usages fondés uniquement sur la tradition orale qu'ils gardaient entre eux avec un soin tout religieux.

Force de la coutume au XIIIe siècle. L'absence, dans presque toutes les corporations, de réglements écrits et authentiques, dont la simple production mît fin à tout débat, n'entraînait pas, comme on serait tenté de le croire, des contestations plus fréquentes et plus difficiles à résoudre. La *coutume,* cette loi qui demeurait gravée dans le cœur de ceux qui l'observaient et se transmettait intacte de père en fils, était, au moyen-âge, pour le maintien des institutions, une sauvegarde plus sûre peut-être que les lois écrites qu'on multiplie si volontiers de nos jours. J'oserais même affirmer qu'il était bien plus difficile alors qu'aujourd'hui d'apporter un changement quelconque à des usages dont chacun se faisait le dépositaire et le gardien.

Cet empire des coutumes, si contraire à nos idées modernes , est un des traits principaux du moyen-âge ; et il faut bien s'en rendre compte si l'on veut

(1) Meindre, *Histoire de Paris,* donne à ces statuts la date de 1182. N'a-t-il pas confondu avec l'acte de transaction passé en 1282, avec la sanction de Philippe-le-Hardi , pour terminer le différend qui divisait les bouchers de la grande boucherie et le Temple, lequel prétendait tenir sa boucherie privilégiée ? Cet acte fait en effet allusion aux *priviléges antiques* des bouchers, mais sans les expliquer en détail.

comprendre cette époque et la juger sous son véritable aspect.

Dans la France ancienne, les institutions avaient pour base et pour origine, non pas comme dans la France moderne, les lois, les titres écrits, mais la possession. La coutume avait une force que nous ne savons pas comprendre aujourd'hui ; tous s'inclinaient devant elle, et les plus hauts placés, dont les droits n'avaient pas d'autre base, étaient les plus intéressés à la respecter. L'Église fut toujours la première à en donner l'exemple. Lors donc qu'une contestation s'élevait, le point important était de bien constater quel était l'usage ; le rôle du juge se bornait à y rappeler celui qui s'en était écarté. On convoquait à cet effet un certain nombre de bourgeois notables pour dire simplement ce qui se pratiquait d'habitude et de mémoire d'homme, ou pour interroger les plus sages et les plus anciens habitants du pays. Après avoir procédé à cette enquête, ce *jury* (1) donnait son avis motivé, et cet avis

(1) **Un article de M.** Fustel de Coulanges, publié par la *Revue des Deux-Mondes*, a parfaitement mis en lumière ce grand principe de l'organisation judiciaire du moyen-âge : *le jugement par les pairs*, c'est-à-dire par les égaux. Il s'appliquait à tous les dégrés de l'échelle sociale, en matière criminelle aussi bien que dans les causes civiles. Chacun était jugé par un tribunal composé de gens de sa condition, véritable *jury*, qui appliquait à tous les coutumes et la loi du pays. La jurisprudence était simple et peu compliquée ; tous avaient intérêt à la maintenir. Le règne des légistes, au XIVe siècle, fit abolir ce mode de procédure si profitable aux classes inférieures.

acquérait force de loi par la sentence du juge qui confirmait le droit et l'usage.

Tel était aussi le mode de procédure suivi devant le prévôt de Paris pour les difficultés qui s'élevaient entre les gens de métier. Ce magistrat appelait au Châtelet les anciens du métier pour constater l'usage, et il eût manqué à tous les devoirs de sa charge en ne faisant pas en toutes circonstances respecter *la coutume*, qu'à son entrée en fonctions il avait juré de maintenir. Dans les affaires considérables ou délicates, comme dans celles qui intéressaient d'une manière générale le commerce, la navigation, les priviléges de la ville, le prévôt de Paris consultait les membres de la confrérie des marchands de l'eau. Ceux-ci donnaient leur avis sous forme de rapport, et lorsqu'ils avaient à se prononcer sur les points les plus difficiles, leur bureau ne manquait jamais d'appeler au *parloir* un certain nombre de bourgeois choisis indistinctement parmi les plus sages, les plus anciens et les plus instruits de la coutume de la ville. Vers la fin du XIIIe siècle, cet usage fut érigé en institution et l'on composa un *conseil de ville* formé de vingt-quatre bourgeois nommés à l'élection, auquel le prévôt de Paris reconnut le droit de juridiction directe dans tous les cas où il fallait appliquer la coutume particulière de la capitale.

Administration de saint Louis.

Cette façon de rendre la justice si courte et d'une application si facile, pouvait convenir à un temps où les mœurs étaient simples et l'industrie à l'état d'enfance ; mais au XIIIe siècle, par suite des grands

développements que prit le commerce et du grand
nombre de métiers qui existaient à Paris, ayant
chacun leurs usages propres à leur genre de travail,
une réforme devint nécessaire. Cet empire absolu
de la coutume pouvait sans doute empêcher l'introduction des abus, mais souvent aussi, il mettait
obstacle aux perfectionnements de tout genre que
réclamaient les progrès du commerce et de l'industrie. Au roi saint Louis était réservée la gloire de
fixer d'une manière désormais incontestable les
statuts et réglements des corporations d'arts et
métiers en les mettant en harmonie avec les besoins
de son époque. Il devait par là mériter le titre de
législateur et l'ajouter à tous ceux qu'il possédait déjà
à la vénération et à la reconnaissance des peuples.

Par la suppression du combat judiciaire, l'institution des cas royaux et l'appel direct en sa cour, saint
Louis avait porté la plus sérieuse atteinte aux justices seigneuriales et fait faire un grand pas à la
souveraineté royale. L'ordonnance rendue vers 1256,
par laquelle furent réglées les élections municipales
et l'administration financière des villes, contribua
beaucoup à placer les communes sous la dépendance
directe du roi, qui, à partir de cette époque, fit
contrôler les recettes et les dépenses municipales.
Cette atteinte portée à la liberté des communes ne
nuisit cependant pas aux développements du Tiers-
État : l'intervention de la royauté procura en effet
aux villes une sécurité dont elles étaient trop souvent privées par suite des querelles intestines, des

rivalités entre les métiers, des révoltes du peuple contre les magistrats municipaux qu'on accusait de tyrannie, luttes armées qui en ensanglantant les cités industrielles, portaient une serieuse atteinte au commerce, et auxquelles mit fin la présence des officiers du roi, représentants de son autorité. La bourgeoisie grandit aussi de toute l'importance que prit, à partir de saint Louis, la classe nombreuse des légistes, qui fut tirée de son sein et qui comprenait les divers fonctionnaires, prévôts, baillis, juges, sénéchaux et autres qui administraient au nom du roi les villes et les provinces.

Véritable type de la royauté chrétienne, saint Louis se montra toujours le père de tous ses sujets sans distinction de fortune et de rang. Il affranchit un grand nombre de serfs de ses domaines et ne cessa d'engager les grands vassaux, tous les possesseurs de fiefs, tant laïcs qu'ecclésiastiques, à leur donner l'émancipation moyennant une redevance. Ses exhortations ne restèrent pas sans effet; et, chaque année, à l'approche des fêtes de Pâques et de Noël, on voyait un bon nombre de seigneurs donner la liberté à leurs serfs, quelquefois même sans aucune condition onéreuse.

Saint Louis poussait jusqu'au scrupule l'amour de la vérité et de la justice. La délicatesse de sa conscience le porta à conclure avec le roi d'Angleterre, Henri III, le traité d'Abbeville qui restituait à ce prince une partie des provinces confisquées par Philippe-Auguste. Inflexible envers ceux qui violaient les lois de l'Église ou celles du royaume, il était envers les pauvres plein de compassion et de miséricorde. Il faisait punir sévèrement les seigneurs, fussent-ils ses propres parents, qui se rendaient coupables de meurtre ou de pillage ; et jamais un malheureux, fut-il le plus humble artisan, n'implora en vain sa protection.

Au retour de sa première croisade, saint Louis, désireux de rétablir l'ordre par tout le royaume, réforma la prévôté de Paris. Durant sa minorité, le conseil de régence s'était vu contraint, par une extrême pénurie d'argent, de mettre à ferme cette première magistrature de la capitale, à laquelle était jointe alors la recette des deniers publics. De graves abus résultèrent de cette mesure. Les bourgeois ne trouvaient plus ni justice, ni sûreté dans Paris, et grand nombre d'entre eux quittaient, au témoignage de Joinville, les terres du roi pour aller habiter dans les bourgs voisins dépendant des seigneurs et des abbayes. Louis IX voulut mettre un terme à cette émigration désastreuse en rendant à la prévôté son indépendance et son autorité premières. En conséquence, il racheta la ferme, sépara la prévôté de la recette du domaine, et assura au prévôt un traitement considérable afin de rendre la justice gratuite. Il adjoignit au prévôt un receveur, un garde des sceaux, scelleur ou inspecteur, et soixante notaires qui siégèrent avec lui et l'aidèrent dans l'expédition des affaires.

La prévôté de Paris, réduite au gouvernement et

à la police de la capitale, ainsi qu'à l'administration de la justice, gagna en considération ce qu'elle perdait en étendue. Pour assurer le succès complet de sa réforme, saint Louis nomma à la prévôté un homme recommandable à tous égards, Étienne Boileau, bourgeois notable de Paris et véritable *prudhomme*, suivant le langage du temps. Malheureusement, ses contemporains ne nous ont transmis aucun détail sur la vie de ce magistrat qui occupa pendant dix années la charge de prévôt et justifia pleinement la confiance qu'il avait inspirée à son souverain.(1) Par ses soins, la police fut réorganisée ; le guet assura le paisible repos des bourgeois pendant la nuit ; l'entretien des rues, des places, l'approvisionnement des marchés furent l'objet d'une surveillance toute spéciale. Des ordonnances sévères contre les juifs et les usuriers, de sages réglements sur les monnaies, des lois rigoureuses pour le main-

(1) « Il y avait tant de larrons et de malfaiteurs à Paris et dehors que tout le pays en était plein. Le roi, qui mettait grande diligence comment le menu peuple fût gardé, sut toute la vérité, et ne voulut plus que la prévôté de Paris fût vendue, ains donna gages bons et grands à ceux qui dès ores en avant la garderaient ; et toutes les mauvaises coutumes dont le peuple pouvait être grevé, il abattit, et fit enquerrir par tout le royaume et tout le pays où il pourrait trouver un homme qui fît bonne justice et roide. Il lui fut indiqué Étienne (Boileau), lequel maintint et garda la prévôté si bien que nul malfaiteur, ni larron, ni meurtrier, n'osa demeurer à Paris, que tantôt ne fut pendu ou détruit ; ni lignage, ni or, ni argent ne le purent garantir. La terre du roi commença à amender, et le peuple y vint pour le bon droit qu'on y faisait. » *Joinville. Histoire de saint Louis.*

tien des bonnes mœurs complétèrent l'œuvre de réforme qu'avait entreprise le saint roi dans son amour pour le peuple, malgré les obstacles de tout genre qu'il fallait surmonter. Pour soutenir Étienne Boileau dans les difficultés que lui suscitaient les seigneurs et les autres haut-justiciers avec lesquels il se trouvait en conflit de juridiction, saint Louis venait souvent s'asseoir à ses côtés tandis qu'il rendait la justice au Châtelet. « Il voulait, dit un ancien historien, l'encourager à donner l'exemple aux autres juges du royaume. » C'est là comme sous le chêne de Vincennes, qu'entouré de pauvres et de malheureux, il se montre vraiment roi ! Étienne Boileau fut aussi élevé à la dignité de chambellan du prince afin d'avoir à toute heure un libre accès auprès de sa personne.

Ce n'était pas seulement à la capitale que s'étendait la sollicitude du saint roi, la France entière en était l'objet. Pour ramener, dans toutes les provinces du royaume, le respect de l'équité et de la justice dont les juges s'écartaient trop souvent, au gré de leur caprice, il résolut de faire mettre par écrit, dans toute la France, les coutumes qui jusque-là ne se conservaient que par la tradition orale. Voici le résumé de la lettre qu'il adressa à ce sujet à ses baillis : (1)

« On fera la recherche des coutumes de la manière suivante :

« On appellera plusieurs hommes sages, à l'abri de

(1) Cité par M. Sémichon, *La Paix & la Trève de Dieu*, T. 2.

tout soupçon, et dès qu'ils seront venus, on leur présen-
tera par écrit les questions auxquelles ils ont à répondre.
Ils jureront de dire et rapporter fidèlement par la
bouche de l'un d'entre eux ce qu'ils savent touchant la
coutume de leur pays : le serment prêté, ils se retireront
à l'écart, délibéreront, et feront le rapport de leur dé-
libération; ils diront comment ils ont vu s'établir cette
coutume, aucune circonstance ne sera omise. Le tout
sera rédigé, clos du sceau des enquêteurs, et envoyé
au Parlement. »

Le livre des métiers.
Tel fut aussi le mode de procédure suivi par Étienne Boileau, chargé, comme prévôt de Paris, de rédiger les réglements des corporations d'arts et métiers de la capitale, compris comme les autres coutumes dans l'enquête générale. « Il établit au Châtelet des registres pour y inscrire les règles pratiquées habituellement pour les maîtrises des artisans, puis les tarifs des droits prélevés au nom du roi, sur l'entrée des denrées et marchandises, puis les titres sur lesquels les abbés et autres seigneurs fondaient les priviléges dont ils jouissaient dans l'intérieur de Paris. Les corporations d'artisans, représentées par leurs maîtres jurés ou prud'hommes, comparurent l'une après l'autre devant lui au Châtelet, pour déclarer *les us et coutumes pratiqués depuis un temps immémorial dans leur communauté,* et pour les faire enregistrer dans le livre qui désormais devait servir de régulateur, de cartulaire à l'industrie ouvrière. Un clerc tenait la plume et enregistrait sous les yeux du prévôt les dépositions

des traditions et pratique de chaque métier. Aussi, dans la plupart de ces réglements on déclare qu'on va exposer les us et coutumes, et plusieurs se terminent par une adresse au prévôt pour lui signaler des abus à redresser ou des vœux à exaucer. Tous ces réglements sont brefs et dégagés du verbiage qui enveloppe et embrouille les réglements des temps postérieurs. A Étienne Boileau est peut-être due la forme de ces réglements : en magistrat habile, il a dû veiller à ce qu'ils fussent rédigés d'une façon claire et précise, et à peu près uniforme. Ce type est si prononcé, qu'il n'est pas difficile de distinguer un réglement des registres d'Étienne Boileau de ceux qui ont été fait sous la prévôté de ses successeurs. » (1)

C'est pour Étienne Boileau un titre incontestable à la reconnaissance de l'histoire, que d'avoir ainsi rassemblé les us et coutumes des métiers tels qu'on les suivait à Paris sous le règne du saint roi qui, ayant inspiré ces travaux, mérite bien d'en partager la gloire. En donnant un corps, une existence matérielle à des statuts qui n'avaient jamais été recueillis avant lui, en les fixant d'une manière désormais certaine, il les a revêtus du caractère inviolable qui distingue les lois. *Le Livre des métiers d'Étienne Boileau* — c'est ainsi qu'on désigne l'œuvre du prévôt de Paris, — mérite d'autant plus d'arrêter notre attention qu'il n'est pas l'ouvrage d'un seul homme, mais le résultat des dépositions

(1) Depping, *Ouvrage cité.* Introduction, page LXXXII.

des principaux artisans de presque tous les métiers exercés dans la capitale au XIIIe siècle; qu'il ne nous indique pas seulement l'état de l'industrie au moment où il fut écrit, mais les vues, les idées, les traditions de plusieurs siècles, puisque la plupart des coutumes qui y sont relatées se trouvaient consacrées par un antique usage. Aussi, dans la suite, a-t-on conservé, malgré les changements de détail qu'on y apporta souvent, le fond de la plupart de ces réglements. Ils étaient en effet le fruit d'une longue expérience et avaient reçu la sanction du temps, sanction qui manque trop souvent à des lois inventées dans le cabinet d'un législateur, trop peu soucieux parfois de consulter la pratique.

L'étude détaillée du *Livre des métiers* que nous allons entreprendre dans le chapitre suivant, viendra confirmer le système que nous avons développé dans la première partie de cette étude sur l'origine des corporations. Nous retrouverons, en effet, dans les coutumes déclarées au prévôt de Paris par les prud'hommes des métiers, l'influence des trois éléments que nous avons indiqués comme ayant successivement concouru à former et à perfectionner les associations ouvrières du moyen-âge : *les Colléges existant sous la loi romaine, la Gilde germanique,* et surtout *l'Esprit de charité propagé par le christianisme.*

Nous avons fait ressortir suffisamment, je crois, dans les chapitres qui précèdent, l'importance relative de ces trois éléments. Peu de mots suffiront pour résumer ce que nous avons dit.

Au XIIIe siècle, bien des usages existant dans les corporations rappellent les anciennes lois romaines; tout ce qui, en particulier, a trait à la hiérarchie administrative et à la police industrielle, semble une tradition de la législation Théodosienne des colléges établis dans les municipes. Sans doute, sous l'action persévérante du christianisme, tout ce qui avilissait l'homme a disparu ; on voit que, grâce aux principes d'égalité et de charité qui prédominent dans le monde converti, l'esclave a fait place au bourgeois libre ; on sent aussi que le travail n'est plus comme autrefois une marque d'infamie pour celui qui s'y livre, et que la pauvreté, dont le paganisme se détournait avec horreur, est devenue aux yeux des peuples chrétiens, par la divine alliance que le Christ a fait avec elle, une chose sublime et sacrée.

Quant à l'action de la Gilde germanique sur l'origine des corporations, elle a été, à mon avis, bien exagérée par M. Aug. Thierry et les historiens de son école au détriment de l'influence du christianisme. Sans doute, comme nous l'avons dit plus haut, l'esprit d'association, profondément enraciné dans les mœurs des conquérants de la Gaule, dut empêcher la destruction complète des colléges fondés par les Romains et favoriser le développement des corporations, lorsque le calme et la prospérité purent renaître après les terribles secousses des invasions ; mais à l'époque de saint Louis, il restait bien peu de traces de cette influence de la Gilde ; son action ne se fait plus guère sentir que dans la

Flandre et le nord de la France, contrées qui furent moins directement soumises à la domination romaine, mais subirent davantage le contact de la Germanie.

Affirmons le donc de nouveau avec une certitude établie sur des faits incontestables. C'est à l'Église surtout que revient la gloire d'avoir formé les associations d'artisans du moyen-âge. Adoptant dans les mœurs et les habitudes des peuples tout ce qui n'était pas contraire aux maximes de l'Évangile, imprimant son sceau divin sur les traditions, sur les lois, sur la vie tout entière, l'Église donna aux corporations de métiers ce caractère de fraternité et de charité qui se manifeste par de nombreux réglements en faveur des apprentis, des veuves, des artisans que l'âge ou les infirmités rendaient impropres au travail. Tous ces soins, ces égards donnés à la pauvreté et à la faiblesse, ne pouvaient provenir que de l'influence chrétienne, puisque les lois romaines et les Gildes, également inspirées par le paganisme, y étaient diamétralement opposées. C'est donc à cette influence qu'il faut uniquement attribuer l'*esprit* des corporations du XIIIe siècle, c'est-à-dire, leur véritable titre à l'admiration de l'histoire et à la reconnaissance de ceux qui vécurent sous leur bienfaisante influence. Qu'on me permette de le dire en passant, c'est dans cet esprit seul que nous pourrons trouver, pour notre époque agitée et inquiète, la solution des grands problêmes qui, en divisant les maîtres et les ouvriers, ébranlent, jusque dans ses bases, la société tout entière.

Étienne Boileau profita de la rédaction des statuts des corporations pour redresser les abus qui s'y étaient introduits et apporter à leurs usages les réformes que réclamait le respect de l'équité et de la justice. Ce but est clairement indiqué dans le préambule suivant rédigé par le prévôt de Paris lui-même, et qui m'a semblé trop important pour ne pas être cité en entier. J'en donnerai la traduction littérale, la langue du XIIIe siècle contenant trop d'expressions et de tournures difficiles à entendre aujourd'hui.

But d'Étienne Boileau.

« *Ici commencent les Établissements des métiers de Paris.*

« *Étienne Boileau (Boiliaue), garde de la prévôté de Paris, à tous les bourgeois, à tous ceux qui résident à Paris, et à tous ceux qui dans les limites de ce même lieu viendront, auxquels il appartiendra, salut.*

« *Pour ce que nous avons vu à Paris, en notre temps, beaucoup de procès et de contestations produites par la déloyale envie qui est mère de procès, et par une convoitise effrénée qui se trompe elle-même, et par l'ignorance de gens jeunes et peu instruits, entre les étrangers et ceux de la ville qui exercent et pratiquent un métier, pour la raison qu'ils avaient vendu aux étrangers certaines choses de leur métier qui n'étaient pas si bonnes ni si loyales qu'elles eussent dû être ; et entre les péagers et les coutumiers de Paris et ceux qui doivent acquitter les péages et coutumes de Paris et ceux qui ne le doivent pas ; et mêmement, entre nous et ceux qui ont à*

Paris justice et juridiction, qui nous les demandaient et requéraient autres qu'ils ne les devaient avoir, ou qu'ils ont coutume de les avoir; parce que nous avons craint que le roi n'en éprouvât quelque dommage, et que ceux qui ont les coutumes de par le roi n'y perdissent, et que fausses œuvres ne fussent faites et vendues à Paris, et parce que le devoir d'un bon juge est de presser et de simplifier les procès qui sont portés devant lui, et de chercher à rendre tous les gens honnêtes, non seulement par la crainte des châtiments, mais aussi par la distribution des éloges, notre intention est d'éclaircir dans la première partie de cette œuvre, le mieux que nous le pourrons, tous les métiers de Paris, leurs ordonnances, les faits constituant une infraction aux coutumes de chaque métier, et les amendes qui doivent être infligées pour ces faits.

« *En la seconde partie, nous entendons traiter des chausiés, des tonlieux, des travers, des conduis, des rivages, des halages, des pois, des botages, des rouages, et de toutes les autres choses qui dépendent de la coutume. (1)* »

« *En la troisième et dernière partie, des justices et des juridictions, appartenant à tous ceux qui ont justice et juridiction dans la ville et les faubourgs de Paris.* »

« Nous avons fait ceci pour le profit de tous et spé-
» cialement pour les pauvres et pour les étrangers
» qui viennent à Paris acheter quelque marchandise,
» afin que cette marchandise soit si loyale qu'ils ne

(1) Nous expliquerons la nature de ces divers impôts pesant sur l'industrie, dans le chapitre VI qui traite des *Marchés* et des *Foires*, et au 5me paragraphe du chapitre V.

» soient pas trompés par un vice d'icelle, *et pour*
» *ceux qui à Paris doivent quelque droit de coutume,*
» *ou n'en doivent pas, et* aussi pour châtier ceux
» qui, par convoitise de gain déloyal ou par non
» sens, les demandent et prennent contre Dieu,
» contre droit et raison. »

« *Quand ce fut fait, recueilli, assemblé et ordonné,
nous le fîmes lire devant grande réunion des plus sages,
des plus loyaux et des plus anciens hommes de Paris
et de ceux qui devaient le mieux connaître ces matières,
lesquels tous ensemble louèrent beaucoup cette œuvre,
et nous avons mandé à tous les métiers de Paris, à tous
les péagers et coutumiers de ce même lieu, et à tous
ceux qui ont justice et juridiction dans les murs ou dans
la banlieue de Paris, de ne rien faire qui y fût contraire,
que s'ils le faisaient à leur tort, ils paieraient l'amende
à la volonté du Roi, et rendraient à la partie lésée tous
les coûts, tous les dépens, et tous les dommages que
celle-ci aurait subi à cette occasion, lesquels seraient loyalement appréciés par nous ou nos successeurs.* »

L'inspiration du saint Roi, secondé par un magistrat si intègre, se fait évidemment sentir dans ce
respect de la justice et de l'équité, dans cette sollicitude pour le pauvre et l'étranger, qui guidèrent
Étienne Boileau dans son œuvre difficile et soutinrent
sa persévérance. Ceux qui n'ont vu dans la réglementation des corps d'arts et métiers qu'une mesure
purement fiscale, destinée à assurer au roi la recette
des droits de toute nature qui lui étaient dûs par le
commerce et l'industrie de la capitale, ont évidem-

ment méconnu les intentions de saint Louis. Chargé par le Roi de rétablir l'ordre dans toutes les branches de l'administration, Étienne Boileau avait sans doute le devoir de veiller à ce que les impôts et redevances rentrassent exactement au trésor royal, mais les propres paroles du prévôt de Paris, que je viens de citer, prouvent assez que ce n'était pas là ce qui le préoccupait surtout. Son but principal était de ramener les artisans à la pratique loyale de leur industrie et, comme le dit un écrivain peu suspect de partialité envers l'époque de saint Louis et le système des corporations : « il voulut que chacun fît son métier, et ne fît que son métier, afin de ne tromper personne. » (1)

L'étude détaillée que nous allons faire du *Livre des métiers*, nous permettra d'apprécier parfaitement l'esprit qui présida à sa composition, et toute l'influence qu'il exerça sur le sort des artisans au XIIIe siècle.

____

(1) Blanqui , *Histoire de l'Économie politique.*

CHAPITRE V.

Législation des métiers à Paris au XIIIe siècle d'après les Registres d'Étienne Boileau.

Sommaire. *Composition du* Livre des Métiers.— *Exceptions : les bouchers, l'industrie du livre, etc. Division de ce chapitre. — Observation importante.*

§ 1er MEMBRES DES CORPORATIONS.—I *Des apprentis. — Contrat d'apprentissage. — Devoirs des maîtres envers leurs apprentis. — Conditions exigées pour l'admission à l'apprentissage. — Conditions et durée du contrat. — Droit de la confrérie et des enfants pauvres du métier. — Nombre des apprentis. — Exception en faveur des enfants de maître. — Résiliation du contrat d'apprentissage. — Vente de l'apprenti. — Rachat de l'apprenti. — Fuite de l'apprenti. — Remplacement de l'apprenti.* == II *Des compagnons (vallets).— Condition des compagnons. — Compagnons, hommes de peine. — Serment des compagnons. — Compagnons étrangers.—Nombre des compagnons.—Embauchage. — Devoirs des compagnons. — Prix des journées. — Devoirs des maîtres envers ses compagnons.—Vesprées. — Compagnons prenant apprentis.—Les compagnons, membres de la corporation.* == III *Des maîtres. — Liberté de la maîtrise. — Honorabilité exigée du maître. Autres conditions requises. — Chef-d'œuvre. — Droit d'admission. — Réception à la maîtrise chez les talemeliers (boulangers).—Métiers exercés par les femmes.*

Ce fut vers l'an 1260 qu'Étienne Boileau entreprit de recueillir, dans le livre qui porte son nom, les statuts des métiers de la capitale. Nous pouvons, par les détails contenus dans cette œuvre, véritable cartulaire de l'industrie au moyen-âge, nous faire une juste idée de la richesse et de l'importance du commerce parisien au XIIIe siècle. Plus de cent métiers comparurent devant le prévôt de Paris : nous y voyons représentées presque toutes les industries connues à cette époque pour les vivres, les

Composition du Livre des métiers.

vêtements, les constructions, le travail des métaux et du bois, les armes, etc.

Parmi les corporations, nombreuses encore, qui ne vinrent pas au Châtelet, nous devons signaler *les bouchers*. Les raisons de cette exception sont assez curieuses pour être mentionnées; les voici, telles que les donne M. Depping, dans sa savante *Introduction* au *Livre des Métiers*. « Une corporation parisienne, dit-il, qui se vantait d'une origine très ancienne, était celle des bouchers. Ce qui prouve, en effet, son antiquité, c'est qu'elle avait conservé quelque chose de l'organisation donnée sous les empereurs Romains aux corporations de bouchers dans les villes de province. Chez les Romains, les familles, une fois vouées à l'état de boucher, y demeuraient forcément affectées, et ne pouvaient plus le quitter; leur qualité se transmettait de père en fils; elles formaient donc une classe entièrement séparée du reste de la bourgeoisie. A Paris, au moyen-âge, chaque famille de bouchers avait ses étaux (près Saint-Jacques la boucherie), et elle les traitait comme une propriété immobilière. Dans un acte de 1134, Louis le Gros, qualifie ces étaux de *vieux*..... En 1162, Louis VII, ayant un moment dissous la communauté des bouchers, la rétablit en lui rendant « ses antiques coutumes, *antiquas consuetudines carnificum.* »

«.... Sous Louis IX, ajoute plus loin le même auteur, les bouchers ne vinrent pas au Châtelet faire enregistrer leurs statuts. A mon avis, la raison en est que les bouchers, formant en quelque sorte une caste particulière, ayant ses statuts d'ancienne date et même un chef spécial et choisi par elle, se regardèrent comme suffisamment constitués en corporation, et ne crurent pas nécessaire de se mettre dans la dépendance de la prévôté. Aussi leurs coutumes se transmirent par tradition dans la caste des bouchers parisiens ; le témoignage oral fut seul produit en justice ; les titres les plus anciens de la plus vieille corporation de Paris datent du XVI° siècle. Les prédécesseurs n'avaient pas prévu le temps où la postérité serait assez hardie pour attaquer la constitution d'un corps aussi ancien que la monarchie. » (1)

A côté des bouchers, l'exception la plus remarquable est celle des *écrivains, libraires, copistes, enlumineurs,* de tous les artisans, en un mot, qui s'occupaient de fabriquer et de vendre les livres. Jusqu'au XIII° siècle, la fabrication des livres fut presque le monopole exclusif des religieux : chaque abbaye employait une partie de ses moines à transcrire les auteurs sacrés et profanes. Lorsque la fondation des universités vint donner à la science un essor jusque-là inconnu, les travaux des moines ne suffirent plus à produire les livres nécessaires à la nombreuse jeunesse avide de s'instruire. Des artisans, calligraphes et miniaturistes laïques, entreprirent de remédier à cette pénurie de livres et se placèrent sous le patronage des universités.« Chacun de ces grands corps enseignants, dit M. Paul Lacroix,

2° L'industrie du livre.

(1) Page LIV.

devait, par la force même et pour le besoin de son institution, se rattacher tout ce qui tenait à la science, tout ce qui tenait au livre. Les fondateurs le comprirent, et, considérant, en effet, le livre comme la chose essentielle, l'élément vital de l'organisation enseignante qu'ils créaient, ils admirent à marcher avec eux, *sous la bannière universitaire*, tous ceux qui faisaient de sa fabrication et de sa vente, l'objet de leur industrie ou de leur commerce. Tous ces artisans eurent le droit de prendre le titre de *clercs*, perpétué surtout chez les copistes, puisque sous Louis XVI, les secrétaires du roi le portaient encore. » (1)

La prévôté de Paris n'eût donc rien à contrôler dans les réglements de l'industrie du livre, et la comparution au Châtelet des artisans qui s'y adonnaient fut jugée inutile. L'Université, acceptant *les clercs en librairie*, comme on les appelait, pour ses suppôts, se déclarait responsable des livres qui se propageaient par leurs mains. C'est d'elle, en effet, qu'émanent les plus anciens statuts donnés, dès 1275, 1316, 1323, aux *écrivains, libraires, relieurs* et *enlumineurs:* Nous voyons ces derniers, bien distincts de la *Confrérie de saint Luc,* formée des *peintres* et *imagiers* qui ont leurs réglements dans le Livre des Métiers, se grouper, dès la fin du XIIIe siècle, dans la rue d'Érembourg de Brie, (2)

(1) *Histoire de l'Imprimerie*, page 20.

(2) Le *Livre des Tailles* de 1292, les nomme tous dans cette rue et dans deux rues voisines, tandis que les membres de la confrérie de saint Luc ont leurs demeures et leur chapelle dans la rue Saint-Denis. (P. Lacroix, ouvrage cité, page 51.)

autour du collége encore nouveau de Robert Sorbon.

Il nous serait impossible, à moins de citer le *Livre des Métiers* tout entier, de donner une idée de chacun des réglements qui sont contenus dans ce recueil; nous devons nous borner à exposer ici les points généraux communs à toutes les professions, afin de montrer l'organisation du travail à Paris au moyen-âge, en faisant toutefois ressortir les principes profondément chrétiens et charitables qui en étaient la base : le respect de l'équité et de la justice, le respect de l'autorité quelle qu'elle fût, autorité du roi et de ses représentants, autorité du père, autorité du maître.Division
de ce
chapitre.

Afin de procéder avec plus d'ordre et de clarté, nous verrons dans ce chapitre, 1° les diverses catégories de membres qui composaient les corporations ; 2° la hiérarchie et l'administration des métiers ; 3° les précautions prises pour assurer la fabrication loyale des produits de chaque industrie et les dispositions qui réglaient la vie de l'artisan ; 4° la procédure suivie et les peines infligées pour les fraudes et les autres manquements aux réglements ; 5° les impôts et les charges qui pesaient sur l'industrie et sur le commerce.

Nous parlerons dans les chapitres suivants des foires et des marchés, de la Confrérie et nous dirons enfin quelle fut l'influence qu'exerça sur le sort des artisans cette organisation du travail au XIII° siècle.

Avant d'entrer dans le détail des réglements, qu'on nous permette une observation dont on saisira facilement l'importance.Observation
importante

Pour apprécier à leur juste valeur les institutions qui régissent l'industrie d'un peuple à une époque de son histoire, il faut se pénétrer de l'esprit de cette époque, avoir égard à toutes les circonstances de temps et de lieu. Vouloir juger les mœurs et les usages du moyen-âge avec les idées et les maximes qui ont cours aujourd'hui, ce serait s'exposer à porter un jugement gravement entâché d'erreur. Les économistes les plus opposés au rétablissement du système des corporations reconnaissent eux-mêmes « que ce système eut, à son origine, de très grands avantages pour notre industrie à laquelle il imprima une direction salutaire. » (1) Le régime des maîtrises et jurandes, disent-ils encore, « s'explique et se justifie par l'état politique et social de l'Europe au moyen-âge, par la condition du travail et des travailleurs à cette époque, par l'état de la législation avec lequel il eût été difficile de mettre d'accord tout autre système que le régime réglementaire, par les ressources si bornées alors des diverses nations, le commerce n'existant pas encore et l'industrie étant réduite aux procédés les plus simples, ne produisant guère que pour la consommation locale. » (2) J'ajouterai volontiers que ses résultats le justifient mieux encore, car il atteignit le but poursuivi vainement par tous les systêmes prônés et essayés de nos jours: il procura aux artisans, dont il était l'œuvre, de longues années de prospérité. Lorsque l'ensemble

(1) Dalloz. *Jurisprudence Générale*. Article ÉCONOMIE POLITIQUE, T. XX, page 17.
(2) Dalloz. Id. T. XXVII, article INDUSTRIE.

d'une organisation si vaste et si compliquée réalise un résultat si difficile à atteindre, on peut et on doit passer sur des défauts de détail, que les institutions humaines, même les plus parfaites, ne réussissent presque jamais à éviter.

§ 1er. — MEMBRES DES CORPORATIONS.

Ceci posé, commençons l'étude de l'organisation des corporations par les diverses catégories de membres qui les composaient et parlons successivement des apprentis, des compagnons et des maîtres ; nous dirons ensuite quelques mots des priviléges accordés aux enfants et aux veuves des maîtres.

I. — Des Apprentis.

L'apprentissage était le premier degré de l'éducation de l'artisan et le noviciat obligé par lequel il devait passer pour arriver à la maîtrise. Les parents ou tuteurs qui confiaient un enfant et le maître qui s'engageait à l'instruire, concluaient entre eux un contrat dont certains points étaient laissés à leur volonté, et dont d'autres points, au contraire, leur étaient imposés par les réglements des corps de métiers. (*a*)

Contrat d'apprentissage

(*a*) Il est intéressant de placer en regard des réglements industriels du moyen-âge nos lois modernes qui régissent le travail.

La dernière loi sur le *Contrat d'apprentissage* date des *20 janvier, 3-22 février, 4 mars 1851.*

Voici l'ARTICLE 1er — Le contrat d'apprentissage est celui par lequel un fabricant, un chef d'atelier ou un ouvrier s'oblige à enseigner la pratique de sa profession à une autre personne, qui s'oblige, en retour, à travailler pour lui ; le tout à des conditions et pendant un temps convenus.

Les statuts exigent, en général, que le contrat d'apprentissage soit passé pardevant deux ou trois maîtres du métier; (*a*) parfois, les jurés en charge doivent être présents; d'autres fois, on veut que des compagnons figurent parmi les témoins en nombre égal à celui des maîtres. L'omission de cette formalité ne rend pas nul le contrat, mais celui qui y manque est passible d'une amende. Dans la corporation des *filaresses* (fileuses) *de soie à petits fuseaux*, les maîtres présents au contrat reçoivent six deniers pour leur peine, « et pour ces six deniers, sont tenus de faire écrire les conditions du contrat, et de garder l'écrit par devers eux, afin que, si un désaccord s'élève entre les parties, on puisse facilement savoir la vérité. » (*b*)

Titre XXXVI,
page 83 de
l'éditᵒⁿ Depping

Devoirs des
maîtres envers
leurs apprentis.

Les maîtres qui servaient de témoins devaient examiner les termes du contrat et voir si le patron aussi bien que l'apprenti remplissaient l'un et l'autre les conditions requises de chacun d'eux. « Il convient, dit le réglement des *corroiers* (corroyeurs), que

T. LXXXVII,
page 235.

(*a*) Art. 2. — Le contrat d'apprentissage est fait par acte public ou par acte sous seing-privé : il peut aussi être fait verbalement..... Les notaires, *les secrétaires des conseils de prud'-hommes*, et les greffiers de justice de paix peuvent recevoir l'acte d'apprentissage.

(*b*) Art. 3. — L'acte d'apprentissage contiendra 1º les noms, prénoms, âge, profession et domicile du maître ; 2º les noms, prénoms, âge et domicile de l'apprenti ; 3º les noms, prénoms, profession et domicile de ses père et mère, de son tuteur, ou de la personne autorisée par les parents et, à leur défaut, par le juge de paix ; 4º la date et la durée du contrat ; 5º les conditions de logement, de nourriture, de prix, et toutes autres arrêtées entre les parties. — Il devra être signé par le maître et par les représentants de l'apprenti.

les maîtres regardent si celui qui veut prendre apprenti est suffisant d'avoir et de sens, afin que les prud'hommes (personnes honorables) qui font apprendre leurs enfants ne perdent pas leur argent, ni l'apprenti son temps. » On exigeait quelquefois du maître le serment d'avoir appris son métier et un certain nombre d'années d'exercice. Le maître devait être domicilié à Paris et ne pouvait envoyer son apprenti travailler hors de son ouvroir. Enfin, le maître était tenu à surveiller son apprenti aussi bien sous le rapport de la conduite que sous celui du travail, et les jurés qui avaient assisté au contrat pouvaient placer d'office chez un autre patron l'apprenti qui n'était pas suffisamment soigné. Le statut des *tisserands de lange* (drapiers), le dit en termes formels. « Si l'apprenti quitte son maître par la faute de celui-ci, lui ou ses amis doivent venir au maître du métier, et le maître du métier doit mander le maître de l'apprenti devant lui, le blâmer et lui dire qu'il tienne l'apprenti honorablement, comme fils de prud'homme, de vêtir et de chausser, de boire et de manger, et de toutes autres, dedans quinzaine ; et, s'il ne le fait, qu'on cherche à l'apprenti un autre maître. Si, continue le même réglement, le maître de l'apprenti ne satisfait au commandement du maître des tisserands, ce dernier doit prendre l'apprenti, le mettre ailleurs où il lui semblera bon et lui faire donner deniers, s'il les sait gagner ; et s'il est tel qu'il ne sache rien gagner, le maître des tisserands doit lui chercher un maître du commun du métier et le doit pourvoir (aux frais de la caisse

T. L, page 116

commune.) » (*a*) Le métier tout entier, on le voit, devenait en quelque sorte solidaire des devoirs que chacun de ses membres contractait envers ses apprentis et c'était pour ceux-ci une bien précieuse garantie, à laquelle il était toujours facile de recourir. (*b*)

Conditions exigées pour l'admission à l'apprentissage

L'apprenti, de son côté, devait réunir certaines conditions pour être admis à l'apprentissage : la corporation qui en prenait soin et devait le compter dans la suite parmi ses membres, lorsqu'il connaîtrait suffisamment son état, tenait à n'admettre à cette épreuve préparatoire que des sujets qui lui fissent plus tard honneur. Aussi était-on sévère pour l'admission des enfants à l'apprentissage. Sans fixer de limite d'âge bien précise, on exigeait des aspirants l'intelligence nécessaire pour apprendre le métier et une conduite exempte de reproches. (*c*)

T. XCI, page 249.

Pour éviter les discussions et maintenir l'apprenti dans l'obéissance et le respect qu'il devait à son maître, on avait décidé « que nul apprenti ne serait cru (en justice) contre son maître en chose du métier. » (Réglement des *Chapeliers de feutre* de Paris).

(*a*) ART. 8. — Le maître doit se conduire envers l'apprenti en bon père de famille, surveiller sa conduite et ses mœurs, soit dans la maison, soit au-dehors, et avertir ses parents ou leurs représentants des fautes graves qu'il pourrait commettre ou des penchants vicieux qu'il pourrait manifester.....

(*b*) ART. 18. — Toute demande à fin d'exécution ou de résolution du contrat sera jugée par le conseil des prud'hommes dont le maître sera justiciable, et, à son défaut, par le juge de paix du canton.

(*c*) ART. 11. — L'apprenti doit à son maître fidélité, obéissance et respect ; il doit l'aider, par son travail, dans la mesure de son aptitude et de ses forces.....

Celui qui ne respectait pas la famille du maître et violait les lois de l'hospitalité, était sévèrement puni et perdait ses droits à l'apprentissage.

« Aucun maître, dit le réglement des *foulons*, ne doit mettre en œuvre un vallet ou apprenti houlier, (1) ni larron, ni meurtrier, ni banni de ville pour vilain cas. Et si les vallets savent que en leur compagnie soit aucune des personnes devant dites, ils doivent le faire savoir au maître aussitôt; s'ils ne le faisaient, chaque vallet qui l'aurait su paierait une amende de 10 sous de Paris au Roy; et s'ils le faisaient savoir à leur maître, et que le maître continuât à faire travailler le susdit, il paierait au Roy une amende de 40 sous, si le malfaiteur était pris travaillant chez lui; dans le cas contraire, il ne paierait pas l'amende. » (a)

T. LIII, page 131.

Le même respect des bonnes mœurs faisait défendre à tout maître du métier des *faiseurs de clous* de prendre en apprentissage chez lui une jeune fille dont les parents n'habitaient point Paris. Cette coutume, en usage aussi dans beaucoup d'autres métiers, avait pour but de mettre un terme à l'arrivée dans la capitale de jeunes étrangères qui quittaient leurs familles sous prétexte d'apprendre un métier,

T. XXV, page 65.

(1) Mauvais sujet.

(a) ART. 16. — Le contrat peut être résolu sur la demande des parties ou de l'une d'elles ..... 3º dans le cas d'inconduite habituelle de la part de l'apprenti.

ART. 15. — Le contrat est résolu de plein droit ..... 3º si le maître ou l'apprenti est frappé par une des condamnations prévue par l'article 6 de la présente loi, c'est-à-dire, une condamnation à trois mois de prison, ou pour outrage aux mœurs.

et que l'isolement ou la misère entraînaient trop souvent dans le désordre.

Conditions et durée du contrat. Presque tous les statuts des corporations fixent pour le contrat d'apprentissage une durée minimum variant en général entre six et huit ans. (*a*) On payait en entrant chez le maître une somme d'argent déterminée aussi par le réglement et variant beaucoup suivant l'importance du métier. Cette somme d'argent dédommageait le maître qui devait nourrir et loger l'apprenti, des frais faits par lui les premières années pendant lesquelles l'apprenti ne gagnait rien ou peu de chose. Quelquefois cette somme à payer à l'entrée était remplacée par une prolongation du temps fixé pour l'apprentissage. Ainsi nous lisons **T. XXXVIII, page 88.** dans le statut des *ouvrières de tissus de soie* « nulle maîtresse de ce métier ne doit et ne peut prendre apprentie à moins de six ans et pour 4 livres, ou à huit ans et pour 40 sous, ou à dix ans sans argent »; **T. L, page 115.** et dans celui des *tisserands* « chaque tisserand ne peut avoir d'apprenti à moins de quatre ans de service et 4 livres de Paris, ou cinq ans de service et 40 sous, ou six ans de service et 20 sous, ou sept ans sans argent. » Durant les dernières années, l'apprenti, au courant du métier, n'était plus à charge à son maître qui trouvait dans son travail une compensation à ses premiers frais.

Dans le métier des *orfèvres*, l'apprenti pouvait quitter son maître avant le terme de dix ans fixé

(*a*) Art. 17. — Si le temps convenu pour la durée de l'apprentissage dépasse le maximum de la durée consacrée par les usages locaux, le temps peut être réduit ou le contrat résolu.

pour la durée de l'apprentissage, « s'il est en mesure de gagner cent sous l'an outre son dépens de boire et de manger. » C'est là une des exceptions signalées dans le *Livre des Métiers* à la durée de l'apprentissage qui est en général très longue , et qu'on ne pouvait abréger sous aucun prétexte, tant on tenait, au moyen-âge, à n'admettre à la maîtrise d'une profession que des gens qui fussent capables de l'exercer. Toutefois, l'apprenti qui se mariait avant la fin de son apprentissage et ne voulait pas continuer à être nourri chez son maître « devait avoir chaque jour ouvrable 4 deniers pour sa nourriture. » (1) (Statuts des *baudroiers*, faiseurs de baudriers).

T. XI, page 39.

T. LXXXIII, page 224.

Avant de pouvoir mettre la main au métier qu'il voulait apprendre, l'apprenti devait verser un droit, s'élevant généralement à 5 sous , dans la caisse de la confrérie du métier. Cet usage est commun à beaucoup de corporations , dans quelques-unes même, le maître chez lequel l'apprenti s'engageait, devait également verser 5 sous à la confrérie. L'argent ainsi recueilli servait, dit le statut des *boucliers* (faiseurs de boucles) *de fer*, « aux enfants pauvres du métier et à garder les droitures des apprentis envers leurs maîtres. Si fils de maître devient pauvre et veut apprendre, les prud'hommes le doivent faire apprendre des 5 sous devant dits et de leurs aumônes. » D'autres réglements contiennent des

Droit de la confrérie et des enfants pauvres du métier.

T. XXI, [page 57.

(1) Nous ne trouvons pas une seule fois dans le *Livre des Métiers* la défense, introduite plus tard dans certaines corporations, de recevoir à l'apprentissage les gens mariés, défense qu'on a justement critiquée.

dispositions analogues qui nous montrent la sollicitude qu'inspiraient au moyen-âge les enfants orphelins ou pauvres du métier. « Si aucun orphelin est pauvre, est-il dit dans le statut des *corroyeurs,* et aît été enfant de corroyeur, et qu'il veuille apprendre le métier de son père, les maîtres du métier le lui font apprendre et le pourvoient, et, pour ce, ils ont les 3 sous d'entrée (payés à la maîtrise) et les 5 sous des apprentis.

T. LXXXVII, page 234.

Nombre des apprentis.

Le nombre d'apprentis que chaque maître pouvait prendre chez lui est indiqué dans les statuts des métiers aussi soigneusement que le temps fixé pour la durée de l'apprentissage. Parmi les cent corps d'état qui firent rédiger leurs statuts sous les yeux d'Étienne Boileau, trente-quatre laissent aux maîtres le droit de prendre autant d'apprentis qu'il leur plaît; dans les autres, le nombre des apprentis est restreint à un ou deux; un seul autorise le maître à avoir trois apprentis à la fois.

La raison de cette limitation du nombre des apprentis nous est indiquée dans le réglement des *liniers* qui dit très-clairement que prendre plus d'un apprenti « ne serait pas le profit aux maîtres, ni aux apprentis eux-mêmes, car les maîtres sont bien assez chargés d'en instruire un comme il faut. » Néanmoins, ces dispositions des statuts ont été vivement critiquées par les économistes modernes qui leur reprochent d'avoir tendu trop à monopoliser chaque industrie au profit d'un petit nombre de familles.

T. LVII, page 145.

Voici la réponse que fait à cette objection, l'une des plus graves qu'on aît élevées contre l'organisation des corporations au XIIIᵉ siècle, M. Mounier, que nous avons déjà cité. « La limitation du nombre des apprentis avait, dit-il, pour motif l'intérêt général beaucoup plus que l'intérêt particulier. En effet, le jeune homme qui apprend un métier est très peu payé et, le plus souvent même, il paye pour l'apprendre. Le maître a donc un grand intérêt à prendre beaucoup d'apprentis et peu d'ouvriers. Il fait ainsi le travail à meilleur marché, s'enrichit, s'il maintient les prix, ruine ses rivaux, s'il les abaisse. D'un autre côté, lorsque le nombre des apprentis n'est pas restreint, l'ouvrier dont l'apprentissage est terminé, voit sa place prise par de nouveaux apprentis et cherche en vain à s'engager comme compagnon ouvrier au moment où il connaît son état. Ne pas limiter le nombre des apprentis, c'est tendre un leurre funeste en attirant de la campagne, dans chaque profession industrielle, plus d'ouvriers qu'elle n'en peut nourrir. » (1)

Comme nous l'avons dit, un certain nombre de métiers n'avaient pas cru nécessaire de prendre de mesure restrictive contre le trop grand nombre d'apprentis; mais il paraît que bientôt certains d'entre eux eurent lieu de s'en repentir. Nous lisons, en effet, dans les *Ordonnances* relatives aux métiers de Paris, qui font suite aux *Registres* d'Étienne Boileau, que, dès 1287, sous la prévôté de Pierre Sainniau, les seize maîtres

______
(1) *Action du clergé dans les sociétés modernes.* T. 2, Supplément.

teinturiers de Paris , par une addition faite à leurs statuts , s'obligèrent sous peine d'une forte amende Page 402. « à ne plus prendre dorénavant d'apprentis à moins de cinq ans de service , et cet accord ont-ils fait, parce qu'ils étaient chargés d'un si grand nombre de vallés (ouvriers compagnons), que souventes fois, il en demeurait la moitié sur la place, qui ne savaient où gagner, comme ils le disaient. » Inoccupés chez leurs anciens patrons , les ouvriers teinturiers allaient se gager chez les maîtres drapiers, lesquels se trouvaient tentés d'exercer une industrie rivale , au mépris des réglements de leur métier, et au grand préjudice de leurs concurrents.

Une exception , dont le motif est trop légitime pour avoir besoin d'être justifié, est celle qui accordait à chaque maître le droit d'enseigner sa profession à tous ses enfants et à ceux de sa femme « *nés de loial mariage ,* » indépendamment des apprentis étrangers dont le nombre était fixé par les réglements. Quelquefois cette faveur était étendue aux frères et aux neveux des maîtres. L'esprit de famille, si honoré au moyen-âge, maintenait les enfants dans la condition de leur père, et ce même esprit, repoussant avec énergie tout ce qui portait atteinte à ses droits , refusait de faire participer aux priviléges des enfants légitimes ceux dont la naissance était entâchée d'illégitimité. Rien n'était plus propre à maintenir les artisans dans le respect de leurs devoirs.

Citons encore une touchante coutume, inspirée par la charité chrétienne et relatée dans le statut des *selliers.* Tout maître pouvait instruire de son métier, outre les deux apprentis autorisés et ses enfants, « aucune pauvre personne à qui ils le fissent pour Dieu proprement, sans convenance d'argent ni de service. »

T. LXXVIII, page 211.

Les statuts de métiers prévoient quelques cas où la résiliation du contrat d'apprentissage était autorisée. Ainsi, lorsqu'un maître manquait à ses devoirs envers son apprenti, celui-ci pouvait le quitter, et, s'il se trouvait encore tout au début de son apprentissage, lui réclamer une partie plus ou moins considérable de l'argent qu'il lui avait versé à son entrée pour ses frais d'entretien. C'est ce que le statut des *drapiers* règle de la manière suivante : « si l'apprenti quitte son maître par la faute de celui-ci dans le quart de l'an (les trois premiers mois de la première année), le maître lui rend les trois quarts de son argent ; s'il le quitte dans le demi-an, le maître lui en rend la moitié ; s'il le quitte qu'il n'ait à faire de son service que le quart de l'an (la première année), le maître ne lui rend que le quart de son argent. Enfin, s'il a été l'année entière autour de son maître et qu'il le quitte alors par la faute de ce dernier, celui-ci ne lui rend pas d'argent car la première année l'apprenti ne gagne rien. » (*a*)

Résiliation du contrat d'apprentissage

T. L, page 116

Le même réglement prévoit ensuite le cas où le

(*a*) Art. 14. — Les deux premiers mois de l'apprentissage sont considérés comme un temps d'essai pendant lequel le contrat peut être annulé par la seule volonté de l'une des parties. Dans ce cas, aucune indemnité ne sera allouée à l'une ou à l'autre partie, à moins de conventions expresses.

maître de l'apprenti étant mort, en fuite, ou tombé dans la misère, ne pourrait plus remplir les obligations stipulées dans l'article cité ci-dessus. Le maître du métier est alors tenu d'y pourvoir aux frais communs de la corporation : nouvelle preuve que les jurés assistant au contrat d'apprentissage entendaient se déclarer solidairement tenus des devoirs que le maître contractait envers son apprenti. (a)

La veuve d'un maître non remariée pouvait conserver les apprentis de son mari et continuer à remplir envers eux les engagements pris par lui. A son défaut, c'étaient les prud'hommes jurés du métier qui réglaient la situation de l'apprenti et se chargeaient de le placer.

Vente de l'apprenti. Il était sévèrement défendu, sous peine d'une amende prévue par les statuts, d'embaucher chez un maître l'apprenti qui n'avait pas terminé son temps. (b) Mais, en certains cas, le maître pouvait céder à un de ses confrères tous ses droits sur son apprenti : c'était ce qu'on appelait la *vente de l'apprenti*. Ce dernier devait servir son nouveau patron pendant

(a) ART. 19. — Dans les divers cas de résolution prévus dans les articles 15, 16 et 17, les indemnités ou les restitutions qui pourraient être dues à l'une ou l'autre des parties seront, à défaut de stipulations expresses, réglées par le conseil des prud'hommes ou par le juge de paix dans les cantons qui ne ressortissent point à la juridiction d'un conseil de prud'hommes.

(b) ART. 13. — Tout fabricant, chef d'atelier ou ouvrier, convaincu d'avoir détourné un apprenti de chez son maître, pour l'employer en qualité d'apprenti ou d'ouvrier, pourra être passible de tout ou partie de l'indemnité à prononcer au profit du maître abandonné.

tout le temps restant à courir de son premier contrat. Voici les diverses circonstances mentionnées dans le *Registre des métiers* où la vente de l'apprenti était permise : « lorsque le maître gît en lit de langueur, ou va outremer (part pour la croisade), ou laisse le métier du tout, ou le fait par pauvreté. » (Registre des *couteliers, faiseurs de manches* et passim). La vente de l'apprenti, on le voit, était rarement autorisée ; le réglement de la corporation des *boucliers de fer* nous en donne la raison dans les termes suivants : « et ce ont établi les prud'hommes du métier dans la crainte que les apprentis ne fussent félons et orgueilleux envers leurs maîtres, ou que les voisins ne les voulussent fortraire (embaucher), par quoi les garçons ne devinssent félons envers leurs maîtres et ne donnassent matière de les vendre. »

T. XVII, page 49.

T. XXI, page 58.

La vente de l'apprenti était sujette, dans la corporation des *filaresses* (fileuses) *de soie à petits fuseaux*, à un droit de 12 deniers que payaient par moitié celle qui vendait et celle qui achetait l'apprentie ; « et ces 12 deniers, dit le statut, ont les maîtres pour la peine et pour le travail qu'ils ont du métier garder, et pour le record de la convenance qu'ils mettent par écrit. »

T. XXXVI, page 84.

Il paraît que, vers la fin du XIIIe siècle, la vente de l'apprenti donna lieu à un singulier abus que nous révèle la disposition suivante du réglement des *forcetiers* (forgerons), écrit en 1294, par le commandement du sire Guillaume de Hangest, alors prévôt de Paris. Il fut défendu de vendre son apprenti avant de l'avoir employé un an et un jour. Certains artisans, paraît-il, se faisaient recevoir à la maîtrise qui était libre dans ce métier, et prenaient un apprenti ; puis, au bout de peu de temps, le revendaient à un confrère à prix d'argent et redevenaient simples ouvriers. Ce manége, répété plusieurs fois, pouvait procurer quelque bénéfice à celui qui le pratiquait, mais il parut peu honnête au prévôt qui prit des mesures pour y mettre obstacle.

Rachat
de l'apprenti. Dans certains métiers il était permis à l'apprenti de se racheter après un certain temps d'apprentissage avec le consentement de son maître et pour une somme d'argent que celui-ci fixait. Mais cette faveur n'était que rarement accordée ; certains statuts même, celui des *corroyeurs* entre autres, exigent de l'apprenti qui se rachète, l'obligation de renoncer pour toujours au métier.

L'acte de rachat de l'apprenti se passait devant les jurés comme le contrat d'apprentissage ; et lorsqu'il était écrit, on payait pour leur peine un droit de 6 sous aux maîtres qui servaient de témoins.

Fuite
de l'apprenti.

T. XIX,
page 54. De grandes précautions étaient prises pour empêcher l'apprenti de quitter son maître avant le temps fixé par son contrat. « Si l'apprenti d'un des maîtres du métier *(des boitiers, faiseurs de serrures à boîtes),* s'enfuit par sa joliveté (légèreté) et va hors du pays, son maître doit le chercher un jour à ses frais, et le père de l'apprenti ou ses parents une autre journée à leurs frais, et s'ils ne le peuvent trouver, le maître doit se passer d'apprenti jusqu'à la dernière année de son service ; et , si l'apprenti revenait avant ce temps , son maître le devrait reprendre et l'apprenti lui devrait rendre tout le temps de service dont il l'aurait lésé , à quelque moment qu'il revînt. (a) Et si l'apprenti ne voulait pas se remettre au travail, il devrait renoncer pour toujours au métier et rembourser à son maître toutes ses dépenses et tous les dommages qu'il lui aurait causés avant de pouvoir mettre la main à aucun autre métier dans la ville de Paris. »

Dans la corporation des *couteliers, faiseurs de manches,* lorsque l'apprenti avait quitté trois fois son maître sans sa permission, il était interdit à tous les maîtres du métier, même à son premier patron, de jamais le reprendre. « Et cet établissement firent les maîtres du métier pour refréner la folie et la joliveté des apprentis , car ils font grand dommage à leurs maîtres et à eux-mêmes quand ils s'enfuient, car quand l'apprenti a commencé à apprendre et qu'il s'enfuit un mois ou deux , il oublie ce qu'il a appris ; et ainsi il perd son temps et fait dommage à son maître.»Dans la corporation des *paternôtriers* (1), (faiseurs de chapelets) *d'os et de corail,* au bout d'un an et un jour d'absence, l'apprenti fugitif était défi-

T. XVII, page 49.

T. LXVIII, page 171.

(*a*) ART 11. — ..... L'apprenti est tenu de remplacer à la fin de l'apprentissage le temps qu'il n'a pu employer par suite de maladie ou d'absence ayant duré plus de quinze jours.

(1) La dévotion du chapelet, récente encore et si répandue au XIIIᵉ siècle , suffisait à occuper plusieurs corporations de *paternôtriers* , qui durent plus tard se fondre en une seule.

nitivement exclu de la corporation et son maître pouvait le remplacer. Chez les *tabletiers*, ce terme était restreint à la moitié, « vingt-six semaines. »

T. LXXI, page 182.

La coutume suivante, empruntée aux *déiciers*, (fabricants de dés à jouer), nous montrera jusqu'où l'on poussait les précautions prises pour empêcher la fuite des apprentis, en rendant très difficile leur placement hors de Paris. « Si aucun des apprentis aux déiciers de Paris ou aucun de leurs vallés s'enfuit et part avant d'avoir fait et paraccompli son service, et qu'il se loue hors de la ville de Paris chez un homme du métier ; si cet homme apporte ou envoie à Paris quelqu'une des denrées de son métier pour les vendre, aucun déicier de Paris ne peut et ne doit acheter nulles des denrées devant dites de cet ouvrier avant qu'il aît chassé de chez lui le vallet ou l'apprenti du déicier de Paris, ou qu'il n'aît juré sur les reliques des saints et donné des gages qu'il mettra hors de chez lui, dans les trois jours qui suivront son retour, le vallet ou l'apprenti fugitif. »

Remplacement de l'apprenti.

Les raisons que nous avons développées plus haut, qui avaient porté les artisans du XIIIe siècle à restreindre le nombre des apprentis, firent aussi défendre aux maîtres de remplacer leurs apprentis avant que le temps fixé par leur contrat ne fût complètement terminé, quand bien même l'apprenti eût quitté son maître avant d'avoir achevé son apprentissage, soit en fuyant, soit en se rachetant, soit parce que son maître l'eût vendu ; dans ces divers cas, en effet, l'apprenti restait aspirant au métier. Mais, lorsque l'apprenti mourait ou renonçait pour toujours à la profession, il était loisible à son maître d'en prendre un autre. Par exception, et dans quelques corporations seulement, le maître pouvait engager un nouvel apprenti un an avant le départ de celui qui terminait son apprentissage, de peur qu'il n'en fût privé pendant quelque temps, et parce que, la première année, l'apprenti ne rendait presqu'aucun service à son maître.

Pour le même motif aussi, l'apprenti qui se rachetait et quittait son maître au gré de celui-ci, avant la fin de son contrat, n'avait pas le droit, s'il s'établissait, de prendre d'apprenti avant d'avoir complété comme compagnon ou comme maître le temps d'apprentissage fixé primitivement et déterminé par les statuts « parce que, dit le réglement des *cristalliers et des pierriers de pierres naturelles*, il ne semble pas aux prud'hommes qu'à moins de terme il puisse suffisamment savoir son métier pour l'apprendre à autrui. » Dans la corporation des *filaresses de soie à petits fuseaux*, il était même interdit de passer maître et d'ouvrir boutique à son compte avant d'avoir complété comme compagnon ce qui pouvait manquer au terme de sept années fixées pour l'apprentissage. Dans d'autres métiers dont les travaux demandaient moins d'étude, il est probable que les usages, non relatés dans les *Registres* d'Étienne Boileau, se montraient moins rigoureux.

Lorsque l'apprenti avait terminé les années exigées par son contrat et les réglements du métier, « son maître, dit le registre des *maçons, mortelliers* et *plâtriers,* doit se présenter pardevant le maître du métier, et témoigner que son apprenti a fait son terme bien et loyalement ; et alors, le maître qui garde le métier doit faire jurer à l'apprenti sur les reliques des saints, qu'il se conformera bien et loyalement aux us et aux coutumes du métier. » (a)

Dès lors, l'apprenti pouvait exercer le métier soit comme compagnon, soit comme maître, dans des conditions que nous allons étudier.

II. Des Compagnons (vallets). (1)

Lorsque l'insuffisance de sa fortune ou de son instruction ne permettait pas à l'apprenti, qui avait terminé son temps, d'aspirer de suite à la maîtrise, il prenait rang parmi les compagnons du métier. Dans cette condition intermédiaire, il ne pouvait ni tenir boutique, ni faire le commerce pour son propre compte, ni travailler pour quelqu'un d'étranger au métier ; (Statut des *corroyeurs,* T. LXXXVII, p. 239), mais il louait son travail à un maître, soit à la journée, soit pour une période de temps déterminée

(a) ART. 12. — Le maître délivrera à l'apprenti, à la fin de l'apprentissage, un congé d'acquit ou certificat, constatant l'exécution du contrat.

(1) Le nom de *vallets* est seul donné à cette classe d'artisans dans les actes du XIII⁰ siècle, ce n'est qu'au XV⁰ siècle que le nom de compagnons devint en usage ; nous l'emploierons cependant, le mot de vallet n'ayant plus le même sens aujourd'hui.

d'avance et qui était le plus ordinairement d'une année.

Le compagnon pouvait habiter chez son maître et être nourri par lui comme l'apprenti, ou bien avoir sa demeure propre, dans laquelle il était quelquefois autorisé à travailler. Ceci était réglé par des conventions qui se faisaient librement entre les parties.

Indépendamment des compagnons connaissant le métier, qui les aidaient de leur travail, les maîtres de certaines professions pouvaient aussi avoir chez eux des ouvriers, hommes de peine, remplissant des offices fatigants et invariables, comme de tourner la meule, d'entretenir le feu des forges. Ces hommes, auxquels les *Registres des Métiers,* donnent ce même nom de *vallets,* ne devaient connaître du métier que la fonction subalterne à laquelle ils étaient employés. Il était sévèrement interdit à leurs maîtres de les mettre au courant de l'ensemble des travaux de la profession, afin qu'ils ne fussent jamais aptes à l'exercer sans passer par l'apprentissage. *[Compagnons, hommes de peine.]*

En entrant au service, on exigeait que le compagnon fît serment d'avoir fait son apprentissage et d'avoir servi son précédent maître avec fidélité pendant tout le temps de son engagement. (Statut des *imagiers-tailleurs, faiseurs de crucifix*). Dans quelques métiers, celui des *chapuiseurs de selles,* (1) par exemple, le compagnon ajoutait à ce premier serment celui « de se conformer strictement à tous les établis- *[Serment des compagnons. T. LXI, page 156.]*

(1) On appelait *chapuis* la charpente en bois des selles, laquelle était alors bien plus lourde et bien plus travaillée qu'aujourd'hui.

sements du métier, et de faire connaître au maître juré qui gardait le métier, tous les manquements qui se commettraient à sa connaissance contre les dits réglements aussitôt qu'il s'en serait aperçu ou l'aurait appris. »

T. LXXIX, page 215.

Compagnons étrangers.

Les compagnons qui venaient du dehors et n'avaient point fait leur apprentissage à Paris, étaient surtout soumis à un contrôle sévère. Les *fourreurs de chapeaux* (1) exigeaient d'eux une sorte d'examen qui consistait « à savoir fourrer de tous points un chapeau. » Faute d'y satisfaire, l'artisan étranger ne devait être reçu que comme apprenti. Cette coutume a une grande analogie avec le *chef-d'œuvre*, dont nous parlerons plus loin, qui était généralement imposé pour la réception à la maîtrise.

T. XCIV, page 254.

Toutes les précautions, que nous avons rapportées plus haut, prises pour s'assurer de la bonne conduite des aspirants à l'apprentissage, étaient employées aussi à l'égard des compagnons, tant les corporations étaient jalouses de leur honneur qu'elles considéraient dépendre de la réputation de chacun de leurs membres. « Aucun *tisserand*, dit le réglement de ce métier, ne doit souffrir autour de lui, ni autour d'autre du métier, un voleur, un meurtrier ni un homme qui entretienne une concubine soit chez lui soit au dehors, et s'il y a un tel malfaiteur à Paris, les maîtres ou les vallés le doivent faire savoir aux maîtres jurés qui gardent le métier, et ceux-ci au

T.L, page 122.

---

(1) Les chapeaux de fourrures étaient une coiffure portée alors par les hommes et par les femmes.

prévôt de Paris , afin qu'il le chasse de la ville , s'il lui semble bon. Et que personne ne mette en œuvre un tel homme avant qu'il se soit corrigé· de sa faute. » On lit de même dans le statut des *boucliers* (1) *d'archal, de laiton et de cuivre :* « nul maître ne doit souffrir autour de lui vallet qui ne soit **bon et loyal** , rêveur ou mauvais garçon de quelque lieu qu'il soit , de Paris ou d'ailleurs. »

Le nombre des compagnons qu'un maîtro pouvait employer n'est pas limité par les statuts comme celui des apprentis. S'il était , en effet , utile d'empêcher qu'un trop grand nombre d'artisans n'aspirât en même temps à la pratique d'un métier, il eût étó injuste de ne pas laisser toute liberté de se placer à ceux qui avaient été admis à l'exercer et avaient terminé leurs épreuves. Du reste, la limitation du nombre des apprentis rendait peu utile celle des vallets, puisqu'elle prévenait l'encombrement. Celui-ci ne pouvait résulter que de l'arrivée à Paris d'un trop grand nombre d'ouvriers du dehors. On y avait pourvu en défendant aux maîtres d'employer les compagnons étrangers avant que tous ceux de Paris ne fussent placés.

Nombre des compagnons.

Il était sévèrement défendu, sous peine d'amende, de louer le vallet qui n'avait pas terminé ses engagements envers son patron ; le vallet qui se louait dans ces conditions était lui-même passible de l'amende et ramené à son maître.

Embauchage.

(1) Faiseurs de boucles. — On voit jusqu'où était poussée la division du travail au moyen-âge ; c'est un pcint sur lequel nous reviendrons plus loin.

Devoirs des compagnons.

T. LIII, page 132.

Les devoirs des compagnons envers leurs maîtres sont l'objet de fréquentes recommandations. Ils sont tenus au respect, à l'obéissance, à l'exactitude au travail. « Les vallés loués à l'année sont tenus d'aller à l'ouvrage chez leurs maîtres à l'heure et au point que les maçons et les charpentiers vont sur la place pour se louer. Et si les vallés ne sont point occupés, ils doivent aller en la place jurée, *à l'Aigle,* (1) au carrefour des champs pour se louer. » Il leur est cependant défendu d'y occasionner des rassemblements tumultueux sous peine de cinq sous d'amende à payer au roi. Cet article du réglement des *foulons,* qui se retrouve aussi dans plusieurs autres statuts, nous montre l'antiquité d'une coutume qui existe encore de nos jours dans bien des endroits pour certaines professions. (2)

Id page 134.

« Les vallets *foulons,* ajoute encore le même réglement, doivent déjeûner en charnage (3) chez leurs maîtres ou ailleurs à Paris, s'il leur plaît, à l'heure de prime. Après le diner, ils doivent se rendre au travail le plus tôt qu'ils le pourront, sans cris ni tumulte, et sans attendre trop longtemps les uns

(1) *L'Aigle* était sans doute l'enseigne d'une taverne ou cabaret de ce carrefour.

(2) La parabole du père de famille qui envoie des ouvriers à sa vigne nous prouve que cette coutume était en usage chez les Hébreux, peut-être aussi chez les Romains.

(3) *Charnage* indique le temps où il est permis de faire gras par opposition au Carême.— Nous pouvons conclure de cet article, que le jeûne était bien général au XIIIe siècle et que tous les artisans l'observaient, puisque le réglement ne prévoit de déjeûner qu'en charnage.

après les autres. Celui qui y manquera , payera chaque fois douze deniers d'amende au Roy, desquels douze deniers, les quatre jurés qui gardent le métier de par le Roy, auront quatre deniers par la main du prévôt de Paris , pour la peine et les frais que leur cause la garde du métier. »

Les réglements étaient sévères pour le compagnon qui quittait son maître avant d'avoir fini le temps de son engagement. « Si , dit le statut des *chapuiseurs de selles,* que j'ai déjà cité, le vallet quitte son maître avant son terme par sa volonté ou sa légèreté , s'il revient, il ne peut trouver ailleurs, avant d'avoir fait son service auprès du maître auquel il s'était loué, et son maître peut le reprendre ailleurs, s'il le trouve. » *T. LXXIX, page 217.*

Certains métiers exigeaient des compagnons une mise convenable dans l'intérêt de la bonne tenue des ouvroirs. « Aucun maître, dit le réglement des *fourbisseurs d'épée,* complété en 1290, ne peut employer un vallet, s'il n'a sur lui une robe d'au moins cinq soudées , (1) afin de tenir décemment leurs ouvroirs, à cause des nobles gens, comtes, barons, chevaliers et autres bonnes gens qui y descendent parfois. » *Ordonn.: page 366.*

Nous ne voyons pas, dans les réglements, le tarif qui fixait le prix de la journée des compagnons, mais un article du statut des *huchers ,* (2) daté de 1290, nous montre qu'il faisait partie de la coutume non *Prix des journées.*

(1) Nous ne pensons pas que ce mot soit une altération du mot *coudées ;* nous ignorons , du reste , à quelle mesure de longueur il correspond.

(2) Les *huchers* étaient des menuisiers charpentiers qui fabriquaient de gros meubles en bois.

Ordon.:
page 374.

T. LVI,
page 143.

Ordon.:
page 392,

T. LVI,
page 143.

Devoirs du
maître envers
les compagnons

écrite. Il y est défendu à tout maître « de donner ou de promettre à un ouvrier aucun denier en plus que leurs propres journées, et de payer un prix supérieur à ce qui est et a été accoutumé de donner en la ville de Paris. » Le réglement des *tailleurs de robes*, contient la même défense. D'après le statut des tisserands de drap, revu en 1285, le prix de la journée de travail était plus considérable en hiver qu'en été. C'est le seul exemple que nous ayons de cette différence.

Lorsque le compagnon gâtait l'ouvrage que lui confiait son patron, ou ne travaillait pas d'une manière satisfaisante, le maître portait plainte devant les prud'hommes jurés du métier qui appréciaient le dommage causé et forçaient le compagnon à le réparer. Dans le métier des *tailleurs de robes* le compagnon pris en faute versait en outre la valeur d'une journée de travail dans la caisse de la confrérie pour soutenir les pauvres du métier.

Le maître, lui aussi, avait à remplir envers les vallets ou compagnons des devoirs sur lesquels les *Registres* insistent en plusieurs endroits. Nous avons déjà dit avec quel soin il devait s'informer de leurs mœurs et surveiller leur conduite. Il lui était aussi sévèrement défendu de les renvoyer avant la fin de leur engagement (1) « s'il ne trouve de raison valable

---

(1) L'article suivant du réglement des *corroyeurs* est intéressant à noter : « Quiconque est corroier et loue vallet, à quelque jour qu'il le loue, il doit lui donner de l'ouvrage pour toute une semaine au prix de la première journée, et le vallet doit demeurer toute la semaine à ce prix. »

au dire et au jugement des quatre maitres gardes du métier et de deux vallets jurés du même métier. » (Registre des *fourbisseurs d'épées*, cité plus haut.)

Cette adjonction des compagnons aux maîtres jures pour la garde du métier, n'est pas un fait spécial à la corporation des *fourbisseurs*. Elle est posée en règle dans un certain nombre de statuts, comme nous aurons occasion de le dire plus loin en parlant de la hiérarchie et de l'administration des corporations.

Les réglements de plusieurs corporations fixent l'heure à laquelle doit cesser le travail des vallets, auxquels on laisse libre une plus ou moins notable partie de la soirée. C'est ce qu'on appelle la *vesprée*. « Les vallets ont leur vesprée, dit le registre des *boucliers de laiton,* c'est à savoir en carême, sitôt que complies sont sonnées à saint Merri, et hors carême, sitôt qu'on voit passer le second crieur du soir. » Chez les *tréfiliers d'archal,* on les laissait libres « d'aller chaque année un mois en août, s'ils le veulent. » Voici comment les vesprées étaient réglées dans le métier des *foulons.* (1) « Les vallets ont leurs vesprées ; c'est à savoir que s'ils sont loués à la journée, ils laissent leur travail au premier coup des vêpres à Notre-Dame en charnage, et en carême, au coup de complies ; et à la nuit de l'Ascension, quand passe le crieur de vin, et la veille de la Pentecôte, la veille de la saint Pierre qui tombe après la saint

Vesprées.

T. XXII, page 60.

T. XXIV, page 62.

(1) Nous verrons plus loin, au troisième paragraphe de ce chapitre, que les maîtres étaient tenus d'observer presque les mêmes chômages.

Jean, la veille de saint Laurent, la veille de la mi-août, sitôt que passe le premier crieur, et la veille de l'âques, sitôt qu'on entend les cloches sonner. »
« Si, ajoute le même réglement, le maître à besoin de vallet à la vesprée dessus dite, il peut louer celui qui a travaillé ce jour-là pour lui sans aller à la place, s'ils peuvent s'entendre sur le prix. Et s'ils ne peuvent s'accorder, le vallet peut aller sur la place, au chevet de saint Gervais : c'est là (comme nous l'avons vu déjà) que les maîtres vont chercher des vallets, quand il leur en faut, soit à la vesprée, soit aux autres heures du jour. »

Nous avons cité ce dernier article pour montrer que le prix du temps supplémentaire était laissé à la volonté de l'artisan; mais il forme une exception dans la législation du travail au moyen-âge : dans la plupart des statuts, il est défendu aux maîtres d'employer des compagnons pendant le temps de la vesprée, sous peine d'amende à payer par tous les deux.

Compagnons prenant des apprentis.

Dans quelques métiers, où sans doute il était permis aux compagnons de travailler chez eux, ils pouvaient prendre un apprenti, mais aux mêmes conditions que les maîtres et seulement après avoir exercé un certain temps le métier comme compagnons. On les autorisait de même à apprendre le métier à leurs femmes, si toutefois les femmes y étaient admises, mais toujours après le même temps d'exercice.

Les compagnons font partie de la corporation.

Les registres d'Étienne Boileau nous offrent en plusieurs endroits la preuve que les compagnons furent admis avec les maîtres à déposer au Châtelet touchant les us et coutumes qui servaient de base à la rédaction des réglements. Les articles qui les concernent furent donc en partie leur œuvre. Du reste, nous les voyons participer à tous les avantages des corporations et, en particulier, aux secours que distribuaient aux membres du métier tombés dans la misère, les caisses des confréries. C'est là un des points les plus remarquables de l'organisation des corps de métiers au moyen-âge. On considérait chaque métier comme une famille, dont faisaient partie à des dégés divers et dans des conditions différentes les apprentis, les compagnons et les maîtres. Ce lien si intime qui les unissait, assurait, d'une manière très efficace, la bonne harmonie entre tous les membres d'un même métier, et spéciale-ment, entre ceux qui faisaient partie d'un même atelier. Cette union, si nécessaire, fait trop souvent défaut de nos jours, où les intérêts des compagnons sont presque toujours considérés comme opposés à ceux des maîtres.

III. Des Maîtres.

Aucun réglement, enregistré dans le Livre d'Étienne Boileau, ne fixe de limites au nombre des maîtres pouvant exercer un métier. Après les précautions prises pour l'admission à l'apprentissage, cette limi-tation eût été inutile et les mêmes motifs devaient faire admettre tous ceux qui se présentaient, soit comme compagnons, soit comme maîtres, et étaient capables d'en remplir les devoirs.

Ce ne fut que plus tard et dans des vues purement fiscales, que les rois introduisirent cette réglementation du nombre des maîtres, source de tous les abus qui altérèrent l'esprit des corporations et donnèrent prétexte à leur suppression. La liberté industrielle existait donc au XIIIe siècle, et les conditions exigées pour l'admission à la maîtrise n'avaient d'autre objet que d'assurer la bonne tenue du métier, et d'atteindre ce double but : mettre l'artisan à même de vivre honorablement de l'exercice de sa profession, et donner à l'acheteur toutes les garanties désirables quant à la bonne exécution et à la qualité de la marchandise vendue. Réaliser ces deux points, auxquels se rapportent tous les réglements des métiers, c'eût été réaliser la perfection.

Honorabilité exigée du maître.

T. XCVI, page 258.

De toutes les conditions exigées pour l'admission à la maîtrise, l'honorabilité du candidat était la plus stricte. Voici ce que nous lisons dans le réglement des *fourbisseurs* : « nul ne peut et ne doit commencer le métier devant dit sans jurer sur les reliques des saints, pardevant les quatre prud'hommes jurés du métier, ou pardevant deux au moins, qu'il gardera et fera le métier bien et loyalement en la manière dessus dite. Et si les quatre prud'hommes voient une personne qui veuille commencer le métier qui ne soit pas raisonnable et suffisante, ou qui soit mal renommée ou soupçonnée de quelque vilénie, ils ne la doivent pas faire jurer, mais le doivent faire savoir au prévôt de Paris, et le prévôt de Paris pourra permettre à cette personne de commencer le métier devant dit, s'il lui plaît et lui semble bon, si la personne lui donne des gages de loyauté. »

« Et, ajoute le même statut, les prud'hommes du métier ont établi et ordonné ceci pour l'expérience et les dommages des riches hommes, et pour le blâme du métier qu'ils ont vu venir quand aucun homme qui n'était pas bon et loyal commençait le métier devant dit et prenait l'ouvrage d'un prud'homme, et s'enfuyait avec la chose qu'on lui avait donnée à remettre en état. »

D'après le statut des *boutonniers,* personne ne pouvait « commencer le métier, s'il ne se fait créable devant le prévôt de Paris, qu'il soit prudhomme et loyal. »

L'aspirant à la maîtrise devait ensuite, d'après un grand nombre de statuts, se présenter aux jurés du métier, pour faire constater qu'il connaissait suffisamment sa profession, (1) et qu'il avait accompli son temps d'apprentissage en remplissant tous les devoirs prescrits envers son maître. Le candidat reconnu capable, jurait sur les reliques des saints ou le livre des Évangiles, dans l'assemblée générale des maîtres, d'observer tous les réglements du métier et d'acquitter tout ce qui était dû comme coutume au roi, aux officiers royaux et aux jurés.

Autres conditions requises.

(1) Voici ce que nous lisons dans le statut des *ouvriers de drap de soye et velours :* « Quiconque voudra tenir ledit métier comme maître, il conviendra qu'il le sache faire de tous points par lui-même, sans conseil ni aide d'autrui, et qu'il soit à ce examiné par les gardes du métier. » (T. XL, page 91).

Quelques réglements ajoutent à ce qui précède, la condition « d'avoir de quoi » exercer le métier. Il n'est pas étonnant, en effet, qu'à une époque où tous les maîtres se regardaient comme solidaires, et l'étaient en effet aux yeux du public, on aît refusé d'admettre à la maîtrise d'un métier exigeant une certaine mise de fonds, ceux qui ne possédaient pas l'argent indispensable. Le crédit était chose inconnue au XIIIᵉ siècle, tout se payait comptant et il eût été impossible d'exercer loyalement un métier sans avoir à soi les fonds nécessaires; au reste, la condition de compagnon était accessible à tous et offrait aux artisans moins fortunés une position très-acceptable, dans laquelle ils pouvaient, au moyen du travail et de l'économie, se ménager les moyens d'arriver plus tard à la maîtrise.

Chef-d'œuvre. Les *Registres* d'Étienne Boileau ne nous indiquent pas de quelle manière se pratiquait l'examen de capacité que faisaient subir au candidat à la maîtrise les jurés du métier. Un seul réglement, celui des *chapuiseurs de selles*, nous parlent du *chef-d'œuvre*, **T. LXXIX, p. 217.** qui permettait à l'apprenti d'exercer le métier et à son maître de le remplacer, parce que, ajoute ce réglement : « quand un apprenti sait faire son chef-d'œuvre, il est raisonnable qu'il se tienne au métier et soit en l'ouvroir et qu'on l'honore plus que celui qui ne le sait faire et que son maître ne l'envoie plus chercher son pain et son vin par la ville comme un garçon. Et par cette raison, le maître peut prendre un autre apprenti sitôt que le sien sait faire son chef-d'œuvre. »

La rédaction de cet article nous porterait à croire que le chef-d'œuvre faisait partie de la coutume non écrite, et qu'il était assez généralement en usage dans les métiers au XIIIe siècle. Peu après, il devint obligatoire et il s'est perpétué jusqu'à nos jours dans les pays où le système des corporations est en vigueur.

Dans la plupart des métiers, — soixante-quinze sur les cent qui figurent dans les *Registres*, — l'admission à la maîtrise était entièrement gratuite ; mais les vingt-cinq autres appartenaient « au Roi », et le maître, avant de pouvoir exercer le métier, devait l'acheter du roi ou de celui auquel le roi l'avait affermé ou donné comme revenu. Nous y reviendrons plus loin.

Un usage qui semble général et que relatent plusieurs réglements, consistait à payer à boire aux témoins du serment que prêtait le nouveau maître. Les *savetiers* « devaient deux deniers de vin que ceux-là boivent qui sont témoins à l'achat du métier. » Lors de sa réception dans la corporation des *gantiers*, plus riche que la précédente, « il convient, dit le statut, que le nouveau maître paie douze deniers de vin aux compagnons qui ont été au marché. » Parmi les *meuniers,* qui louaient au chapitre de Notre-Dame les moulins amarrés au Grand-Pont (actuellement le pont au change), « personne ne pouvait prendre un moulin à ferme, s'il ne payait cinq sous aux compagnons pour boire. »

Cette coutume dégénéra bientôt en repas que le

nouveau maître dut payer à tous les maîtres du métier ; et les nombreux abus qui en résultèrent firent grand tort aux corporations en les éloignant de leur simplicité primitive.

Réception à la maîtrise chez les *talemeliers*, (boulangers). Le métier des *talemeliers* (boulangers),dont le réglement est très détaillé, avait un cérémonial particulier pour l'admission à la maîtrise. C'était, du moins autant que nous le sachions par les *Registres* d'Étienne Boileau et les Ordonnances de ses successeurs, le seul métier qui eût conservé au XIIIe siècle des traditions rappelant l'investiture féodale. (1) Le récipiendaire, qui avait passé quatre années au métier et avait payé au roi ou à son maître panetier le prix de la maîtrise, devait porter à la maison du maître des talemeliers un pot de terre neuf rempli de noix et de nieules, (feuilles legères de pain non levé) ; il était accompagné du coutumier (celui qui recevait les coutumes ou impôts dans le métier au nom du roi), et de tous les talemeliers, maîtres et vallets, T. 1er, p. 7. appelés joindres (geîndres ?) « Et doit le nouveau talemelier livrer son pot et ses noix au maître et dire : maître j'ai fait et accompli mes quatre années ; et le maître doit demander au coutumier si c'est vrai ; et s'il dit que c'est vrai, le maître doit bailler au nouveau talemelier son pot et ses noix et lui commander de les jeter au mur. » Après quoi le récipiendaire entrait avec tous ceux qui l'accompagnaient dans la maison du maître du métier, qui

---

(1) Nous en exceptons les *bouchers* qui , comme nous l'avons dit en commençant ce chapitre, avaient une organisation toute particulière et des usages tout spéciaux.

devait lui fournir du vin et du feu moyennant un denier par personne.

« Il se pourrait, ajoute M. Depping, que cet usage fût d'une grande antiquité, et remontât bien haut dans les fastes de la talemelerie en France et en Gaule. Dans la suite, il tomba en désuétude; cependant les boulangers de Paris n'en perdirent pas le souvenir; et, lorsqu'au XVIIᵉ siècle, ils proposèrent un nouveau réglement à l'autorité publique, ils n'omirent pas le pot d'installation des temps féodaux en l'accommodant toutefois aux progrès de la civilisation; ils demandaient, en conséquence, que le candidat à la maîtrise présentât à l'avenir un vase avec une branche de romarin à laquelle serait attachée des pois sucrés, des oranges et autres fruits. Mais le temps où l'on recevait l'investiture par le moyen d'un pot était irrévocablement passé. L'usage féodal ne put être rétabli, et la maîtrise continua d'être accordée sans la cérémonie du pot, des nieules et du romarin. » (1)

Le cumul de plusieurs métiers était généralement interdit aux maîtres; cependant, la femme d'un maître ou même d'un vallet, pouvait exercer un autre métier que son mari, pourvu qu'elle remplît elle-même les conditions exigées pour l'admission. C'est ce que nous voyons notamment dans un statut donné aux *broderesses* (brodeuses), vers 1290, par le prévôt Guillaume de Hangest. Parmi le grand nombre de femmes nommées dans cet acte, plusieurs

Métiers exercés par les femmes.

_____

(1) Introduction, page LII.

sont désignées comme épouses ou veuves d'artisans adonnés à d'autres métiers. Dans plusieurs professions, auxquelles étaient également aptes les hommes et les femmes, celles-ci pouvaient obtenir la maîtrise, concurremment avec leurs maris, à charge de se conformer, elles aussi, à toutes les coutumes du métier. Plusieurs réglements leur accordent même le droit d'avoir en ce cas leur apprenti particulier, en respectant toutefois à son égard toutes les prescriptions des statuts. « Si un homme est *crépinier*, et sa femme *crépinière*, — dit le réglement de cette corporation qui fabriquait les franges et autres ornements du même genre destinés aux meubles, aux coiffures et à la toilette en général, — et qu'ils usent et hantent le métier devant dit, ils peuvent prendre et avoir deux apprentis (au lieu d'un seul), en la manière dessus devisée. » Les *poulaillers*, (marchands de volailles et de gibier), donnaient à la femme du maître le droit d'exercer le métier, quand le maître avait acheté le métier qui appartenait au roi ; « mais, ajoute le statut, il conviendrait qu'elle achetât le métier, si son mari était du métier et ne l'avait pas acheté, car l'homme n'est pas en la seigneurie de la femme, mais la femme est en la seigneurie de l'homme. » En d'autres termes, le mari conférait à sa femme les droits dont il jouissait, mais il ne pouvait bénéficier des priviléges accordés à sa femme.

Les professions qui exigeaient un travail trop pénible étaient interdites aux femmes en totalité ou

seulement dans leurs parties les plus difficiles.
« Nulle femme ne peut et ne doit être apprise au
métier (des *tapissiers, faiseurs de tapis sarrasinois),*
(1) parce que ce métier est trop *greveus* (du latin
gravis, lourd, difficile). » (2) De même, aucune
femme ne devait mettre la main « à drap, ni à chose
qui appartienne au métier des foulons, devant que
le drap ne soit tondu. »

T. LI, p. 127.

Les réglements que nous avons vus si sévères pour
faire respecter les bonnes mœurs par les apprentis
et les vallets, ne l'étaient pas moins à l'égard des
maîtres. « Nul ouvrier du métier, soit vallet, soit
maître, qui soit blâmé de houlerie ou de mauvaise
renommée ou qui aurait été banni d'aucun métier
ou d'aucuns pays, ne peut ouvrer au métier devant
qu'il se sera du dit méfait amendé ou corrigé devant
le prévôt de Paris ou devant autre suffisamment. »
(Statut des *Ouvriers de drap de soie).*

Respect
des mœurs.

T. XL, p. 93.

Les efforts faits par saint Louis et par Étienne
Boileau, qui le secondait si bien dans ses vues, nous

---

(1) Les tapis sarrasinois paraissent avoir été une imitation des
beaux tapis de luxe, dont l'Europe devait la connaissance à ses
relations commerciales avec l'Orient. L'empire grec en fabriquait
de très-beaux. Ces tapis étaient de la façon de ceux qu'on appelle
de haute lisse. Le nombre des maîtres tapissiers de ce genre
devait être très-restreint, puisqu'ils ne travaillaient, comme ils le
disent dans leur statut, que pour l'église et les gentilshommes.
(Note de DEPPING, page 126.)

(2) Les statuts de cette même corporation, révisés en 1190, en
donnent la raison dans les termes suivants : « Car quant une
femme est grosse, et le métier despiécé, elle se porroit bléchier
en téle manière que son enfant seroit péris, et pour moult d'autres
périz qui y sont et puecnt avenir ; pourquoi il ont resgardé piéça
qu'elles ne doivent pas ouvrer. »

14

sont manifestés par de sévères mesures prises contre le concubinage. Forcées de quitter la ville où on ne les tolérait plus, les femmes de mauvaise vie se réfugiaient « aux champs, » c'est-à-dire aux environs de Paris, ou dans les terres situées en dehors de l'autorité royale. Plusieurs réglements font aux maîtres un devoir de dénoncer aux jurés du métier les artisans qui entretenaient avec ces femmes des relations, même hors des murs de Paris. Les coupables étaient déférés au prévôt qui pouvait leur interdire le métier ou même les bannir de la ville, s'ils ne donnaient des gages de leur repentance.

Quelques années plus tard, on prit à l'égard des étrangers une mesure plus générale encore, que nous révèle le statut des *tisserands de toile*, rédigé en 1281 : « Si aucun ouvrier qui vient du dehors amène avec lui femme pour ouvrer audit métier, il ne doit être reçu à ouvrer devant qu'il se soit fait créable par bon témoin ou par créabilité de la sainte Église, (1) qu'il aît épousé la femme. »

Des précautions spéciales étaient employées, toujours dans ce même but de la préservation des mœurs, à l'égard des *étuveurs,* (2) dont les établissements de bains ne jouissaient guère d'une bonne réputation. On leur défendit de « crier leurs étuves et d'ouvrir leurs maisons avant qu'il fût grand jour. »

(1) Sans doute par un extrait des actes paroissiaux, dont cet article nous montre une fois de plus l'antiquité et toute l'utilité.

(2) Ils habitaient en général la rue des Vieilles-Étuves. Dans la suite on leur donna le nom de *baigneurs*, et ils furent réunis aux *barbiers-perruquiers.*

En même temps que l'action moralisatrice de l'Église au XIIIe siècle se fait sentir par cette sévérité, sa charité se montre par les devoirs de bienveillance mutuelle qu'on imposait aux maîtres, et par les secours accordés aux pauvres.

On recommandait aux maîtres d'être « loyaux les uns envers les autres. » (Statut des *corroyeurs*). Le meunier qui louait un des moulins du grand Pont, dont j'ai parlé plus haut, en même temps qu'il faisait serment de garder les us et cotumes des métier, jurait « que si aucuns de ses voisins a besoin de lui, soit de nuit, soit de jour, il l'aidera de tout son pouvoir. S'il ne le fait et qu'on le sait, il paiera une amende et sera regardé comme parjure. — Il doit, ajoute le statut, faire ce serment dans les premiers huit jours qu'il aura occupé le moulin. »

En faisant enregistrer leur règlement au Châtelet, les *chauciers* (chaussetiers), réclamèrent la faveur suivante : « que les valets du dit métier dont les noms sont ci-dessous indiqués, puissent commencer le dit métier quand ils voudront, sans l'acheter ni rien payer au roi, parce qu'ils ont été grand temps au métier avant cet établissement, et parce que plusieurs d'entre eux ont été autrefois maîtres, et sont devenus vallets par pauvreté ou par leur volonté. » On voit que la misère forçait parfois les maîtres à renoncer à leurs priviléges et à redescendre au rang des simples ouvriers. En travaillant pour autrui, ils se trouvaient affranchis des impôts, de l'obligation de tenir boutique et d'avoir un étal aux marchés, charges parfois bien lourdes, lorsque le commerce était languissant et que, pour subvenir aux frais des guerres, les tailles étaient sans cesse augmentées.

Nous trouvons en maints endroits du *Livre des Métiers,* beaucoup d'autres preuves de la sollicitude dont on entourait les pauvres du métier ; la *confrérie* avait surtout pour objet leur soulagement. Dans le registre des *fourbisseurs d'épées,* on fait en faveur des pauvres du métier, qui habitent dans des rues écartées où ils ne peuvent trouver de débit, exception à la défense de vendre dans les rues les objets fabriqués par les artisans de ce métier, tels que épées, poignards, qu'il était interdit de porter dans Paris « pour les périls ôter de la ville. »

Étrangers. Les artisans étrangers qui venaient à Paris exercer leur profession, devaient se soumettre à certaines épreuves avant de pouvoir travailler. Ils devaient jurer d'observer fidèlement les us et coutumes du métier, prouver aux prud'hommes leur capacité et justifier qu'ils avaient terminé leur apprentissage. Nous dirons plus loin, en parlant des marchés, avec quelle entière liberté étaient admis les négociants de tous les pays qui se rendaient à Paris pour y vendre leurs denrées et leurs marchandises ; nous ne parlons ici que des artisans qui venaient s'établir à Paris pour y fabriquer les objets de leur profession.

Nous voyons, par les listes de leurs maîtres que certains métiers ont enregistrées en tête de leurs statuts, que les ouvriers étrangers étaient fort nombreux à Paris dans la seconde moitié du XIIIe siècle ; la Picardie, la Normandie, la Champagne, la Flandre, l'Italie même et l'Espagne en fournissaient un grand nombre. Nous remarquons aussi quelques noms originaires des pays qu'avaient récemment parcourus les croisés : sans doute que ceux-ci furent suivis à leur retour en France par des ouvriers, chrétiens d'ancienne date ou récemment convertis, pour lesquels le séjour eût été impossible dans les pays repris par les infidèles. Plusieurs industries florissantes à Paris sous saint Louis durent leur origine à une émigration de ce genre, comme leur nom l'indique du reste : ce sont les tapis dits sarrasinois, les aumônières sarrasinoises, etc. (1)

Terminons ce paragraphe par un article du réglement des *foulons*, qui a donné lieu a bien des critiques. « Deux maîtres du métier, ni plusieurs, y est-il dit, ne peuvent être compagnons ensemble dans un hôtel. » Cette interdiction, que nous ne voyons pas formulée dans les autres réglements du *Livre des Métiers*, devait faire néamoins partie de la coutume non écrite de tous les corps d'état. Nous

Association interdite.

T. LIII, page 133.

(1) Voir la note ci-dessus. — Les *aumônières* étaient des bourses ou petits sacs, que les femmes attachaient à la ceinture, et qui contenaient la menue monnaie, destinée aux aumônes ; celles dites *sarrasinoises*, imitées sans doute du costume oriental depuis les croisades, étaient brodées et quelquefois richement ornées. On voit, par le grand nombre de maîtresses ouvrières qui les faisaient, combien cet objet était d'un usage général. (Voyez leur statut, rédigé en 1289. Depping, page 382).

la retrouvons dans un réglement donné, en 1281, par l'échevinage d'Amiens aux *bouchers* de cette ville. (1) L'association, si répandue de nos jours, qu'elle semble une condition indispensable à la prospérité de notre industrie et un de ses moyens d'action les plus puissants, était inutile au moyen-âge et opposée même aux principes d'économie sociale alors en vigueur. Entre les négociants, l'association était permise et même encouragée : (2) nous avons vu quels priviléges possédait la *Marchandise de l'eau de Paris ;* mais, entre les artisans, producteurs ou débitants au détail, elle était sévèrement interdite. La corporation devait être pour ceux-ci la seule association légale, et on repoussait toute autre société industrielle, formée soit en dehors d'elle, soit même parmi ses membres. L'association, en effet, aurait eu pour résultat de permettre aux maîtres associés de produire davantage et à meilleur compte que leurs concurrents, puisque, travaillant dans un ouvroir commun, ils auraient eu moins de frais de fabrication, et que, disposant de plus de ressources, ils auraient pu acheter à meilleur compte, accaparer même, en certains cas, la matière première

(1) Ce réglement permet néamoins à deux maîtres d'acheter en commun un bœuf et une vache; mais, aussitôt tuée, la bête doit être partagée et vendue pour le compte de chacun. — (Aug. Thierry. *Docum. du Tiers-État. — Comm. d'Amiens ,* I , p. 242).

.(2) Les anciens registres du Parlement *(Olim)* contiennent les noms d'un certain nombre de ces sociétés marchandes du XIIIe siècle, qui soutinrent des procès devant la cour, soit contre des marchands français, soit contre des marchands étrangers, italiens pour la plupart.

de leur industrie. Or, nous verrons, en parlant des marchés et des foires, dans un des chapitres qui vont suivre, combien on avait pris de précautions pour maintenir l'égalité entre les maîtres d'un métier en leur assurant l'approvisionnement de leurs matières premières à un prix unique pour tous : souvent même les syndics de la corporation opéraient ces achats pour le compte commun.

Au moyen-âge, on le voit, on comprenait et on pratiquait l'égalité et la liberté d'une toute autre manière qu'à notre époque. Les artisans, établissant eux-mêmes les réglements du travail, avaient tenu à ce qu'il fût *individuel;* ils s'étaient attachés à placer les maîtres dans des conditions de fabrication aussi égales que possible. A partir de là, naissaient les différences ; le plus habile, celui dont les produits méritaient, par leur bonne qualité, la plus grande faveur auprès des acheteurs, celui-là débitait davantage, faisait plus vite fortune ; et c'était justice.

Une autre interdiction, basée sur les mêmes motifs, mais qui trouvera plus de grâce auprès des économistes modernes, était faite aux maîtres des métiers qui travaillaient *à façon.* Il leur était défendu de former entre eux des coalitions pour fixer d'une manière uniforme le prix de leurs travaux et forcer ceux qui les employaient à subir leurs exigences. On voulait assurer l'indépendance du travail et la liberté de la concurrence. « Aucun *tisserand,* ni aucun *teinturier,* ni aucun *foulon,* ne doivent fixer un prix à leurs métiers par aucune alliance, par laquelle ceux

Coalition prohibée.

T. L, p. 122.

qui auront besoin de leur métier ne puissent avoir de leur métier pour aussi bas prix qu'ils le pourront, et que ceux qui sont de ces mêmes métiers ne puissent travailler pour aussi bon marché qu'ils le voudront : et si aucun des maîtres dessus dit faisaient en leur métier aucune alliance, les maîtres et les jurés le feraient savoir au prévôt de Paris, et le prévôt de Paris déferait les alliances et en prendrait amende selon qu'il lui semblerait bon que ce fût. » (*Statut des tisserands de lange de Paris*).

IV. Priviléges des enfants et des veuves de maîtres.

Pour compléter ce qui concerne les divers membres des corporations, nous devons dire quelques mots des priviléges accordés aux enfants et aux veuves des maîtres.

Exemptions des droits.

Nous avons déjà vu, en parlant de l'apprentissage, que les enfants des maîtres n'étaient pas compris dans le nombre des apprentis fixés si rigoureusement par les réglements, et que leurs parents pouvaient librement leur enseigner leur profession. Lors de l'admission à la maîtrise, les enfants des maîtres étaient affranchis de tous les frais de réception dûs, soit au roi, soit aux gardes jurés, soit à la caisse de la confrérie. On voit même dans le statut des *cuisiniers* (rôtisseurs), « que si le fils d'un maître ignore la profession de son père, il peut néamoins s'établir, à condition de tenir à ses dépens un des

T. LXIX, page 175.

ouvriers du métier qui en soit expert , jusqu'à ce qu'il sache lui-même l'exercer convenablement au dire des maîtres. » Le même privilége était accordé aux *tisserands de lange* (drapiers).

Le désir de favoriser l'hérédité des professions, « *sans laquelle*, dit M. de Bonald , *aucune société ne peut subsister longtemps,* » (1) était le véritable motif de ces faveurs accordées aux enfants de maîtres. « N'étant pas sujettes à autant de bouleversements et de vicissitudes que de nos jours, les familles pouvaient , par l'ancienneté et la bonne conduite , se revêtir, dans les rangs inférieurs , d'une réputation en quelque sorte héréditaire , et acquérir une grandeur morale et une dignité qui sont aujourd'hui bien rares. » (2)

But de
ces priviléges.

Au temps de saint Louis, cependant, aucun métier ne faisait du titre de *fils de maître* une condition exigée pour l'admission à la maîtrise. Les bouchers avaient , il est vrai , certains étaux héréditaires qui se transmettaient de père en fils, mais il y avait dans Paris d'autres étaux qui étaient libres. Quelques auteurs ont avancé néanmoins que plusieurs corporations étaient devenues, dès le XIII° siècle, le monopole d'un petit nombre de familles. C'est là une erreur qui ne peut s'appuyer sur aucun texte tiré des *Registres* d'Étienne Boileau, et que, par con-

______

(1) *Législation primitive.*
(2) Mounier. *Action du clergé.* T. 2 , page 289.

séquent, nous ne nous arrêterons pas à réfuter. (1)

Dans quelques corporations , les filles de maîtres qui épousaient des apprentis, les affranchissaient du reste de leur apprentissage et leur donnaient le droit de travailler chez les maîtres en qualité de compagnons ; dans d'autres, chez les *doreurs,* par exemple, lorsque l'aspirant à la maîtrise était le mari d'une fille de maître , il ne payait que la moitié du droit de réception. Les *corroyeurs* donnaient aux filles de maîtres qui connaissaient l'état de leur père et n'étaient pas mariées à un ouvrier de la même profession , le privilége d'apprendre le métier de corroyeur à leurs maris , afin de pouvoir s'établir avec lui dans ce métier. La raison de ce privilége , déjà ancien à l'époque où furent rédigés les statuts , est assez curieuse pour être citée : « Les prud'hommes,

dit le réglement que je traduis, ont établi ancienne-

(1) M. Alexis Chevalier, dans son ouvrage déjà cité plusieurs fois par nous , donne, d'après M. Ducellier, comme exemple d'un monopole, l'importante corporation des *tisserands de lange* (drapiers), mais le texte qu'il invoque est altéré et acquiert, par suite, un sens différent du texte original. Voici ce dernier : « Nul tisserand de lange ne peut et ne doit avoir métier de tisseranderie dedans la banlieue de Paris, s'il ne sait faire le métier de sa main, *s'il n'est fils de maître.* »

M. Chevalier dit : s'il ne sait faire le métier de sa main *et* s'il n'est fils de maître. L'adjonction du mot *et* change le sens de la phrase , car il fait dire au réglement que la qualité de fils de maître est indispensable pour pouvoir posséder un métier à tisser dans l'enceinte de Paris , tandis que le réglement dit : que celui qui voudra avoir un métier, devra savoir tisser de sa main, *à moins qu'il ne soit fils de maître.* Les fils de maître pouvaient, par privilége, avoir un métier sans l'occuper eux-mêmes, en le faisant tenir par un compagnon, comme le contexte le prouve clairement.

ment cette coutume parce que les filles quittaient leurs pères et mères, commençaient le métier et prenaient apprentis, et ne menaient qu'une vie déréglée. Puis, après avoir dissipé leur avoir, elles rentraient avec moins de bien et plus de péchés, chez leurs parents qui ne pouvaient se dispenser de les recueillir. » En facilitant le mariage des filles de maîtres, cet abus dut disparaître, et il n'est plus, en effet, signalé dans le *Registre des corroyeurs,* que comme un souvenir.

Les veuves de maîtres jouissaient aussi de grands privilèges. Elles pouvaient continuer le métier de leur mari, conserver ses apprentis, sans payer aucun droit, même dans les métiers qui devaient s'acheter du Roi. Cette faveur leur était continuée tout le temps de leur veuvage ou si, venant à se remarier, elles épousaient un homme du métier, fût-il apprenti ou compagnon ; mais, dans le cas contraire, elles rentraient dans le droit commun, c'est-à-dire qu'elles pouvaient exercer les métiers accessibles aux femmes en faisant preuve de capacité et en payant les frais ordinaires de reception. « Toute femme, dit le statut des *ouvriers en drap de soie et velours,* qui aura été femme de maître-ouvrier juré, pourra ouvrer et faire ouvrer en toute sa veuveté au dit métier, en telle manière que si elle se remariait à autre homme que du métier, elle ne pourrait plus ni devrait ouvrer si elle ne le savait faire de sa main. » Cette disposition est reproduite dans plusieurs autres réglements. (*Reg. des Mét.:* 131, 232, 233 et passim.)

Priviléges
des croisés et
pèlerins.

T. XCIX,
page 267.

Signalons, en terminant, l'article suivant du statut des *poissonniers de mer,* qui renferme une coutume digne de remarque. « Si aucun poissonnier gît malade, ou est en la voie d'outremer, ou en la voie monseigneur saint Jacques (de Compostelle), ou à Rome, par quoi il ne peut user ni hanter en la ville de Paris le métier dessus dit, de la manière ci-dessus divisée, sa femme ou quelqu'un de son commandement, enfant ou autre, peut user et hanter en sa place le métier dessus dit, de la manière ci-dessus devisée, en toutes choses, en tous lieux, tant qu'on aît la certitude de sa vie, ou de sa mort, ou de son retour. » Ces dispositions, reproduites dans d'autres réglements, nous montrent combien ces pèlerinages lointains étaient suivis au moyen-âge, même par de simples artisans, et combien on cherchait à les favoriser. Elles nous prouvent aussi que l'on prit des mesures dans plusieurs métiers pour sauvegarder les intérêts des artisans *croisés,* qui suivirent saint Louis dans ses expéditions « d'outremer » en Égypte et à Tunis.

§ 2. — ADMINISTRATION DES CORPORATIONS.

Pour étudier la manière dont s'administraient les corporations au moyen-âge, il convient de diviser les métiers de Paris en trois catégories distinctes : les métiers libres; ceux qui appartenaient au roi ou à ses représentants; et enfin, ceux qui relevaient du prévôt et des échevins des marchands.

I. — Métiers libres.

Dans les métiers libres, qui formaient, comme nous avons eu déjà occasion de le dire, la grande majorité des métiers de Paris sous saint Louis, l'administration de la corporation, ou comme on disait alors, « la garde du métier » était confiée à des « prud'hommes » (1) choisis parmi les maîtres. Leur nombre était proportionné à l'importance du métier, et, pour la plupart, variait entre deux et quatre. Deux métiers n'avaient qu'un seul prud'homme, quatre métiers en avaient six ; les *crépiniers de fil et de soie* (2) en avaient huit ; enfin, les *talemeliers* et les *regratiers de fruit et d'aigrun* (3) avaient douze prud'-hommes. Dans les industries où les femmes étaient admises à la maîtrise, elles pouvaient aussi être placées à la tête du métier ; ainsi, la corporation des *ouvriers en tissus de soie* était administrée par trois

Prud'hommes ou gardes du métier. Leur nombre.

(1) Ceux qui gardent le métier sont désignés dans le Livre d'Étienne Boileau sous les noms de *jurés, prud'hommes* ou même simplement de *maîtres*. Le nom de *prud'hommes* est, du reste, appliqué souvent aussi à tous les maîtres du métier. Il faut la plupart du temps se rapporter au contexte pour savoir dans quel sens les mots sont employés,

(2) « Les faiseurs de crépines travaillaient alors non-seulement aux meubles, mais aussi aux coiffures de dames ; ainsi ils façon-naient les franges ou ornements semblables, propres à entrer dans la parure. » (Note de M Depping.)

(3) Il y avait à Paris deux corporations de *regratiers*, (épiciers-fruitiers). Les uns vendaient au détail le pain, le sel, le poisson salé et les fruits et épices d'outre-mer, qui se réduisaient au moyen-âge aux productions suivantes: le poivre, le cumin, la canelle, les figues et les dattes. L'autre corporation vendait les fruits et les légumes du pays ; on y ajouta ensuite les œufs et le fromage.

prud'hommes et trois « prudes femmes. » Des vallets
ou compagnons, nous l'avons dit plus haut, étaient
parfois adjoints aux maîtres pour la garde du métier,
afin de donner toute garantie à ceux de leur condition qui auraient quelque plainte à porter devant les
prud'hommes. Les *foulons*, par exemple, avaient
quatre prud'hommes, deux maîtres et deux vallets ;
les *boucliers en fer* en avaient cinq, trois maîtres et
deux vallets ; etc.

Ils sont élus.   Un certain nombre de corporations avaient le droit
d'élire leurs prud'hommes ; mais pour la plupart,
c'était au prévôt de Paris qu'il appartenait de les
nommer : quelquefois les maîtres du métier conservaient, dans ce dernier cas, le droit de présentation.

T. LXXVIII,   « Le métier des *selliers*, dit le réglement de cette
page 203.   corporation, a trois prud'hommes établis par le
commun consentement de tous ou de la majeure
partie, lesquels doivent jurer sur (les reliques) des
Saints, pardevant les prud'hommes du métier, qu'ils
garderont bien et loyalement le métier à leur pouvoir, et qu'ils feront savoir tous les manquements
faits aux statuts, au prévôt de Paris ou à celui qui
tiendra sa place à la prévôté. » On lit de même dans

T. LXXV,   le réglement des *merciers* : « les quatre prud'hommes
page 194.   sont élus par le commun du métier et amenés devant
le prévôt de Paris pour jurer sur (les reliques des)
Saints qu'ils garderont bien et loyalement ledit métier, et rapporteront au prévôt ou à son commandement toutes les forfaitures ou infractions qu'ils
trouveront faites au métier dessus dit. »

Lorsque le prévôt de Paris nommait les prud'-hommes, il était juge de l'époque et du mode de nomination. Le métier des *chanevaciers* (canevassiers), (1) avait « deux prud'hommes pour garder le métier de par le Roi, lesquels le prévôt de Paris mettra et ôtera à sa volonté. »

Ou nommés par le prévôt de Paris.

Les métiers attachaient une grande importance à être administrés par des prud'hommes de leur profession qui pouvaient, mieux que personne, apprécier leur conduite et les manquements préjudiciables à tous ; aussi, voyons-nous les quelques métiers qui n'avaient pas de prud'hommes à l'époque où furent enregistrés les statuts, réclamer du prévôt de Paris la faveur de rentrer dans la règle commune. C'est ce que nous prouve, notamment, le réglement des *chandeliers de suif,* qui terminent leur déposition par les mots suivants conservés textuellement à la fin de leur statut. « Les prud'hommes du métier des *chandeliers de suif* de Paris vous requièrent, sire prévôt de Paris, que quatre prud'hommes qu'ils vous nommeront fassent serment de garder bien et loyalement le métier de par le Roi, et de garder les droits du Roi et les droits de tous ceux auxquels il appartiendra ; et que ces prud'hommes ou l'un d'eux aient le pouvoir, de par le Roi, de prendre les mauvaises œuvres partout où ils les trouveront, et de les apporter devant vous, sire prévôt de Paris, pour les juger et les condamner. »

T. LXIV, page 162.

Avant d'entrer en charge, les prud'hommes de-

Serment (jurés)

(1) Le *canevas* était une sorte de grosse toile faite de chanvre.

raient prêter serment de garder dans leur intégrité tous les réglements du métier, et de faire connaître au prévôt, qui était juge des délits commis en ces matières, les manquements et infractions dont se rendraient coupables les membres de leur corporation. Ce serment avait fait donner aux prud'hommes administrateurs le nom de *jurés,* et aux corporations elles-mêmes le nom de *jurandes,* peu usité encore au XIIIe siècle, mais qui servit généralement à les désigner dans la suite.

Charge annuelle. Les Registres d'Étienne Boileau nous apprennent que la charge des jurés était annuelle dans presque toutes les corporations, mais ils ne nous fournissent presque aucun détail sur la manière dont on procédait à leur renouvellement. Voici comment les jurés étaient nommés dans le métier des *foulons,* où, par exception, ils n'exerçaient leur charge que durant T.LIII, p. 133. six mois. « Le métier des *foulons,* dit leur registre, a quatre prud'hommes et loyaux, établis de par le Roi; c'est à savoir, deux maîtres et deux vallets, lesquels quatre prud'hommes doivent jurer sur Saints par devant le prévôt de Paris qu'ils garderont bien et loyalement le métier devant dit, et ils doivent jurer aussi que si quelqu'un enfreint les réglements du métier susdit, ils le feront savoir au prévôt de Paris.

» Ces quatre maîtres jurés du métier doivent être changés chaque an deux fois. C'est à savoir à la saint Jean (24 juin) et à Noël (25 décembre).

» Quand les quatre jurés du métier, c'est à savoir

les deux maîtres et les deux vallets ont parfait leur terme, ils doivent venir au prévôt de Paris et requérir qu'il mette quatre autres prud'hommes et loyaux en leur lieu ; et le prévôt doit, par le conseil des deux maîtres, élire deux vallets, et par le conseil des deux vallets, élire deux maîtres, s'il semble au prévôt de Paris qu'ils conseillent bien ; et alors faire jurer aux quatre prud'hommes nouveaux les serments devant dits, et alors il doit relever les quatre premiers de leur service. »

Indépendamment de leurs prud'hommes, quelques métiers libres avaient à leur tête un *maître du métier* élu, soit par les prud'hommes jurés, comme chez les *selliers*, soit par tous les maîtres. *(Registre des Métiers.* Titre LXXVIII, p. 214 et passim.) Ce maître du métier était la personnification de la corporation ; il la représentait dans toutes les circonstances importantes. Peu de corporations avaient à Paris, au XIIIe siècle, leur maître du métier ; nous voyons presque toujours les prud'hommes jurés s'adresser directement au prévôt de Paris. Dans le nord de la France, à Amiens par exemple, et dans les villes de la Flandre, tous les métiers avaient leur maître, ou *mayeur*, personnage considérable, qui n'était pas toujours un artisan, comme nous l'avons dit dans la première partie de cette Étude.

Voyons maintenant en peu de mots quelles étaient les charges des jurés et les priviléges qui leur étaient accordés en compensation de ces charges.

4º Visite des ouvroirs.

L'obligation principale des jurés était la visite régulière des ateliers et des magasins afin de s'assurer que les marchandises fabriquées ou mises en vente remplissaient bien toutes les conditions exigées et que les réglements du métier étaient fidèlement observés par les artisans. Presque tous les statuts du Livre d'Étienne Boileau contiennent cette obligation.

T. LX, p 153. « Les *épingliers*, y est-il dit, par exemple, éliront deux ou trois prud'hommes du métier qui iront par les ouvroirs, et prendront garde que nul ne méprenne ; (1) et s'ils trouvaient aucun ou aucune qui eût mépris ou erré contre cet établissement, que les trois ou les deux en fussent crus sur leur serment, sans autre preuve tirer avant. — Si, ajoute plus loin le même statut, les prud'hommes qui seront gardes du métier, trouvaient une œuvre qui ne fût loyale ni suffisante, ils peuvent prendre l'œuvre et l'apporter à voir aux maîtres prud'hommes du métier ; et si ceux-ci la jugent mauvaise, ils la montreront au prévôt de Paris ou à son commandement. »

Le réglement des *selliers* contient une disposition analogue ; on y lit ceci : « les trois maîtres du métier, ou un ou deux d'entre eux, doivent aller au moins une fois chaque mois dans chaque ouvroir pour garder le métier des selliers dessus dit, et ils doivent prendre la mauvaise œuvre partout où ils la trouveront, et la montrer aux prud'hommes du mé-

T. LXXVIII, page 212.

(1) Ce mot qui n'est plus actuellement employé que comme verbe pronominal *se méprendre*, et dans le sens de se tromper, avait alors la signification de *manquer à une règle, enfreindre un réglement.*

tier, et si elle est trouvée et jugée mauvaise, elle doit être brûlée par le prévôt de Paris. »

On voit que les jurés ne s'en rapportaient pas à leur seul jugement pour décider de la mauvaise qualité ou de la fabrication défectueuse du travail saisi ; on assemblait tous les maîtres, et l'autorité du prévôt n'était invoquée qu'après leur décision. Ceci s'explique d'autant mieux, que les mauvaises marchandises faisant tort à tous, en empêcher la vente, en punir l'auteur, était sauvegarder l'intérêt général.

Tous les artisans du métier, et les compagnons eux-mêmes, apportaient, du reste, leur concours aux jurés pour cette surveillance : tous prêtaient, nous l'avons dit, au moment de leur admission dans la corporation, le serment de faire savoir aux jurés toutes les infractions aux réglements qui viendraient à leur connaissance ; et le serment était chose trop respectée au XIII⁰ siècle pour que personne s'exposât à être parjure.

Les jurés avaient le droit et le devoir d'assembler les maîtres toutes les fois que le bien de la corporation l'exigeait. « Tous ceux qui sont du métier (des *selliers)* doivent venir et s'assembler, à la requête des maîtres, quand ils ont besoin d'avoir leur conseil, comme par exemple quand une fausse œuvre a été saisie, et qu'on doit avoir leur avis pour la juger. Et s'ils ne veulent pas venir à la requête des jurés, le prévôt de Paris leur baille un sergent qui les y fait venir par la force du prévôt. »

C'était dans cette réunion générale des maîtres présidés par les jurés, que se traitaient les principales affaires intéressant le métier, comme l'élection des jurés lorsqu'elle appartenait aux maîtres, le jugement des fausses œuvres, la réception des candidats à la maîtrise, les secours à donner aux pauvres du métier, etc..

3º Surveillance des apprentis.

Indépendamment de la visite des ateliers et de la vérification de la marchandise, les devoirs des jurés comprenaient la surveillance des apprentis et des compagnons afin que les réglements du métier qui les concernaient fussent remplis en tous points. Ils présidaient, nous l'avons vu, au contrat d'apprentissage, et devaient réprimander, au besoin exclure de la communauté et signaler au prévôt de Paris, c'est-à-dire, à la police municipale, les artisans, quels qu'ils fussent, qui menaient une conduite scandaleuse.

4º Confrérie.

Les jurés avaient, en partie, l'administration de la confrérie, comme nous le dirons plus loin.

5º Le guet.

Il entrait quelquefois aussi dans leurs attributions de convoquer les membres de leur métier pour le guet ; mais eux-mêmes en étaient exemptés « pour la peine et le travail qu'ils ont du métier garder de par le Roy. » Cette disposition se retrouve dans un grand nombre de réglements.

Répartition des dépenses.

Les prud'hommes répartissaient entre les membres de la corporation, suivant l'importance du commerce de chacun, les frais faits dans l'intérêt de tous pendant l'exercice de leur charge. C'est ce que nous voyons par l'article suivant du registre des *selliers,* dont les dispositions sont réproduites dans plusieurs autres réglements. « Les prud'hommes qui gardent le métier sont crus pour tous leurs frais et leurs dépens, et pour toutes les mises qu'ils diront par serment avoir fait et mis pour garder le métier, et ils peuvent et doivent asseoir et recueillir à l'un plus, à l'autre moins, selon qu'il leur semblera bon, sauf le taxement du prévôt de Paris, s'il en est besoin. » (1)

T. LXXVIII, page 214.

Outre les dépenses faites dans l'intérêt général et auxquelles tous contribuaient, les jurés se faisaient rembourser par le maître convaincu d'avoir violé les réglements, les frais que leur avaient coûtés les poursuites. « Quiconque, est-il dit dans le statut des *chapeliers de feutre,* sera trouvé forfaisant ou méprenant contre cet établissement devant dit, il est tenu, avec toutes les amendes devant dites, de rendre et de rembourser aux trois prud'hommes tous les coûts, toutes les dépenses et tous les frais qu'ils auront mis et faits pour le profit du métier en

(1) De ce qui précéde, nous sommes fondés à conclure que les corporations, en tant que sociétés purement civiles et industrielles, n'avaient pas de *fonds propre,* puisque les dépenses étaient réparties au fur et à mesure par les prud'hommes. La caisse de la confrérie était la seule caisse commune. L'union était, au moyen-âge, si intime entre la corporation et la confrérie, que ces deux associations, distinctes pourtant dans leur but et dans leur principe, se confondaient souvent entre elles dans la pratique.

pourchassant les amendes devant dites et en atteignant les mépransures (infractions) devant dites ; et est à savoir que ces trois prud'hommes en seront crus par le serment qu'ils ont fait du métier garder, sans nulle autre manière de preuve, sauf le taxement du prévôt de Paris, si besoin est. »

Priviléges des jurés. Pour reconnaître les services rendus au métier par les prud'hommes jurés, on leur accordait certains priviléges, outre celui de l'exemption du guet qui était une lourde charge pour les artisans obligés de veiller la nuit à tour de rôle à la sûreté publique. Les jurés avaient aussi, outre le remboursement de leurs frais, une part plus ou moins grande dans les amendes payées par les maîtres pour infraction aux réglements. Nous y reviendrons plus loin dans un paragraphe spécial.

Page 406. Le statut des *faiseurs de tapis sarrasinois*, revu en 1277, mentionne un droit de *gants* que doit payer aux jurés le compagnon admis à la maîtrise. Ce droit est évalué à douze deniers. C'est le seul exemple que nous en ayons rencontré.

Dans la corporation des *marchands de chanvre et de fil*, les jurés étaient placés dans une situation particulière. Il leur était interdit de faire le commerce pour leur propre compte pendant toute la durée de leur charge, à laquelle il leur était, du reste, facultatif de renoncer. Ils devaient présider à toutes les ventes, peser la marchandise vendue et recevoir « pour chaque cent de chanvre ou de fil un tournois, mais plus n'en peuvent prendre ni demander. »

T. LVIII, page 148.

Quelques métiers qui n'étaient exercés à Paris que par un petit nombre de maîtres, n'avaient pas de prud'hommes jurés : tous les artisans qui en faisaient profession prêtaient serment de garder les réglements. C'est ce que nous voyons en particulier dans le statut des *tréfiliers d'archal*, qui se termine ainsi : « Les prud'hommes tréfiliers de Paris vous prient, sire prévôt de Paris, parce qu'ils sont peu de gens, par quoi ils ne peuvent avoir de maîtres, que vous fassiez jurer à chacun d'eux sur les reliques des Saints, et à chacun de ceux qui viendront au métier, qu'ils garderont bien et loyalement le métier dessus dit selon les us et coutumes devant dites. »

Métiers sans prud'hommes.

L'autorité du prévôt de Paris sur les métiers libres apparaît à chaque page du livre d'Étienne Boileau. En enregistrant, au nom du Roi, les statuts des corporations, tels que les lui déclaraient les prud'-hommes de chaque métier, le prévôt se réservait le droit de les changer et de les modifier à son bon plaisir ; (1) les usages qu'il acceptait et sanctionnait suivant les dépositions des anciens du métier, ac-

Autorité du prévôt de Paris

---

(1) Le statut des *chauciers* (chaussetiers) de Paris se termine par ces mots : « sauf à notre seigneur lou Roy et au prevost de de Paris de ajouter et de oster, de crestre et de amenuisier (augmenter et diminuer) en ces choses dessus dites, toutes fois qu'il leur plaira et ils verront que bien soit et profit au mestier et au commun du peuple. »

quéraient dès lors force de loi et devenaient obligatoires. C'était lui, nous l'avons vu, qui nommait les
prud'hommes dans la plupart des métiers ; tous les
nouveaux jurés, même ceux élus par les maîtres,
devaient prêter devant lui le serment de faire respecter les réglements et de lui dénoncer toutes les
infractions. C'était lui aussi, qui, sur l'avis des
maîtres et le rapport des jurés, condamnait les
artisans pris en faute à l'amende, à la confiscation
des marchandises, quelquefois même à l'expulsion
de la communauté. C'était lui enfin, qui prononçait
en dernier ressort lorsque les maîtres croyaient
devoir en appeler du jugement des jurés, soit pour
les marchandises saisies, soit pour la fixation des
amendes ou la taxation des frais de la corporation.

Ce fut surtout à partir de saint Louis et grâce à la
sollicitude d'Étienne Boileau pour les artisans, que
le prévôt de Paris acquit cette influence sur la classe
ouvrière. Elle produisit, du reste, les résultats les
plus heureux. En assurant l'unité des corporations,
elle leur donna une cohésion et une force qu'elles
n'avaient jamais possédées ; par le rétablissement
de l'ordre dans la capitale, elle favorisa beaucoup
les développements du commerce et de l'industrie
de Paris, et ouvrit pour les artisans une ère de prospérité dont tous les documents contemporains font
foi, et qui fut malheureusement troublée trop tôt
par les évènements politiques dont fut témoin le
XIVe siècle.

II. Métiers appartenant au Roi.

Passons maintenant aux métiers qui dépendaient plus directement du roi, parce que le prince en *vendait la maîtrise*, c'est-à-dire, admettait à la pratique du métier, moyennant la preuve de capacité, ceux qui versaient au trésor un droit, laissé d'abord à la volonté du roi, mais, à partir d'Étienne Boileau, fixé par les réglements pour éviter les abus qui résultèrent de la non-taxation.

Sur les cent métiers cités dans le registre d'Étienne Boileau, *vingt-cinq* appartenaient au roi. Nous avons tout lieu de croire que c'étaient les seuls qui se trouvassent plus immédiatement sous la dépendance du prince ; car, l'un des buts de la rédaction du *Livre des Métiers* étant de bien préciser les redevances et les coutumes dues au trésor royal par les artisans, Étienne Boileau a dû veiller à ce que tous les métiers qui devaient acheter la maîtrise du roi, consacrassent cette coutume par l'enregistrement de leurs statuts.

Il serait intéressant, sans doute, de savoir pourquoi ces vingt-cinq métiers se trouvaient, par rapport à la maîtrise, dans une situation toute spéciale et quelle était l'origine de cet impôt féodal qui les frappait d'une manière toute particulière. Malheureusement le Livre des Métiers ne nous fournit sur ce sujet aucune indication précise et nous en sommes réduits à des hypothèses. « Il est permis de supposer, dirons-nous avec M. Al. Chevalier, que plusieurs de ces corporations, celles des orfèvres, des bouchers, par exemple, ayant été constituées avant l'établissement du régime féodal, (1) avaient reçu du roi des priviléges qui les exemptaient de toute servitude. D'un autre côté, on peut croire, sans trop d'invraisemblance, que le plus grand nombre des métiers avaient échappé à l'appropriation féodale par suite de leur peu d'importance ou de leur nouveauté. »

« En dehors du domaine royal, l'exercice des métiers resta soumis aux mêmes servitudes tant que dura le pouvoir féodal. Au lieu d'acheter le métier du roi, les artisans étaient obligés d'acheter le métier *du seigneur*. Là était toute la différence. »

Juridiction des officiers de la couronne sur certains métiers — Les rois, nous l'avons dit au chapitre précédent, avaient abandonné à quelques officiers de leur cour les revenus qu'ils retiraient de certains métiers. C'était là un des principaux bénéfices attachés à leur charge ; nous en donnons ci-dessous le ta-

(1) Ceci vient encore à l'appui de ce que nous avons dit dans la première partie de cette *Étude*, sur l'origine ancienne des corps d'arts et métiers.

bleau ; (1) en suivant les renseignements fournis par les *Registres* d'Étienne Boileau. Quelquefois, de simples particuliers recevaient la même faveur : ainsi, Guérin Dubois possédait , dans la partie de la

(1) Le maître *panetier* du roi avait le revenu des — *Talemeliers* (boulangers).

Le maître *maréchal* » »
Fèvres maréchaux, veillers, greifiers et haumiers.
Fèvres couteliers.
Serruriers.

Le maître *charpentier* »
(Foulques du Temple) — *Charpentiers.*

Le maître *maçon* » »
(Guillaume de Saint-Patu) — *Maçons.*

Fripiers.
Borreliers.

Le *chambérier* du roi ,
(Comte d'Eu) » »
(1) 3/8 du revenu des *Cavetonniers de petits souliers.*
(2) 3/8 » » des *Cordonniers.*
(3) 17/39 » des *Gantiers.*

Nota.— Les métiers partagés entre deux dignitaires sont indiqués par ces chiffres qui renvoient aux numéros correspondants.

Le *chambellan* du roi »
(4) 5/8 du revenu des *Peintres et Selliers.*
(2) 5/8 » » des *Cordonniers.*
(1) 5/8 » » des *Cavetonniers de petits souliers.*

Le *connétable* » »
(4) 3/8 » » des *Peintres et Selliers.*

Les *écuyers* du roi »
Cavatiers (saveliers).

Guérin Dubois (ou ses descendants) »
Pécheurs de l'eau du Roi.

Le roi avait conservé les revenus des

Regratiers de pain, sel, poisson de mer, etc.
Regratiers qui vendent aigruns et fruits.
Braaliers de fil.
Ouvriers de drap de soie et velours.
Tisserands de lange.
Chauciers,

Poulailliers.
Potiers de terre.
Boursiers et Braiers.
Baudroiers,
Poissonniers d'eau douce.
Poissonniers de mer.
(3) 12/39 du revenu des *Gantiers.*

T. XCVIII,
page 261.

Seine traversant Paris et sa banlieue, « le droit de pêche, que le roi Philippe-Auguste, lui avait donné en héritage. » *Onze* métiers ne portent aucune indication ; sans doute que le roi en percevait lui-même les revenus ou qu'il les affermait comme certains autres impôts.

Voici, toujours d'après le *Livre des Métiers*, quelles étaient, sous saint Louis, les attributions des officiers de la couronne vis-à-vis des métiers dont ils avaient la charge et le revenu. Le grand-panetier, qui avait la maîtrise des *boulangers* ; Foulques du Temple, charpentier du roi, qui avait celle des *charpentiers* ; (1) le maître-maréchal qui avait celle des *maréchaux*, des *serruriers* et des *couteliers* ; le maître-maçon du roi, Guillaume de St.-Patu, de qui relevaient les *maçons*, *plâtriers* et *mortelliers* de Paris, étaient choisis parmi les artisans les plus habiles dans leur profession qu'ils exerçaient en réalité à la cour de saint Louis. D'après l'*ordonnance de l'hôtel du roi et de la reine*, (2) faite à Vincennes au mois de janvier 1285, sous Philippe-le-Bel, ils avaient le droit de manger à la cour avec un garçon (domestique), quelques sous de gages, une somme annuelle de *cent* sous pour leur habillement, et un ou plusieurs chevaux entretenus aux frais du roi

(1) Les *huissiers* (faiseurs de portes), *tonneliers, charrons, couvreurs* de maisons, *cocheliers* (faiseurs de coches ou voitures), les *faiseurs de nefs* (bateaux), *tourneurs, lambrisseurs*, etc., étaient compris sous le nom de *charpentiers* ou du moins suivaient les mêmes réglements et faisaient partie de la même corporation.

(2) Publiée par Leber, *Collection de pièces relatives à l'histoire de France*. T. XIX, p. 44.

qu'ils suivaient dans ses voyages. (1) Il leur était ordonné, par contre, « de faire leur office en propre personne, sans pouvoir en mettre aucun autre en leur place partout où le roi ira, et s'il advenait qu'aucun d'eux fût empêché par maladie ou autre cause, le maître de l'hôtel du roi y mettrait un des clercs des autres métiers pour en remplir l'office jusqu'à ce qu'il pût le faire lui-même. » (2)

(1) « Et prenait le dit maître Foulques pour ses gages et pour la mestrie du mestier, XVIII deniers par jour au Châtelet, et une robe de C sols prise à la Toussaint. »

(Statut des charpentiers, T. XLVII, page 107).

(2) Leber. Id. p. 32.—Livre des métiers, p. 44. T. XV. (Réglement des fèvres maréchaux et autres.)

A l'exemple du roi, les seigneurs ecclésiastiques ou laïcs, qui s'entouraient d'une petite cour féodale, s'attachaient des artisans qui s'obligeaient par écrit, à exécuter, dans la demeure de leur maître, tous les travaux dépendant de leur profession, et qui recevaient en retour des avantages déterminés et une certaine autorité sur les ouvriers de leur métier. M. Guérard a publié dans le *Cartulaire de l'abbaye de saint Père de Chartres* (collection des *Documents inédits* sur l'histoire de France), un acte passé entre l'évêque de Chartres et un charpentier du nom de Léobin, que l'on peut considérer comme le type des contrats de ce genre. En voici la traduction:

« *Ceci est le fief (fœdus) de Léobin le charpentier.*

« Il a droit à 50 sous de cens, aux droits de vente et aux amendes de la basse justice sur les gens de son métier: moyennant quoi, il est tenu de travailler personnellement, chaque fois qu'il est nécessaire, dans la demeure de l'évêque ou dans son pressoir. Tout le temps que dure son travail, il doit avoir du pain, du vin et une nourriture suffisante pour le repas du midi ; et le soir, il peut emporter chez lui deux pains blancs et un demi-setier de vin, auxquels il a droit aussi chaque dimanche et jour de fête. Il a la propriété de tous les copeaux et déchets de bois inutiles tombant de son ouvrage, et on doit lui abondonner une chambre pour les enfermer et y ranger ses outils. Dans le temps des vendanges, il reçoit un minot plein de raisin, et un setier de vin doux. Tous ses outils endommagés ou mis hors d'usage au service de l'évêque,

Le chambrier du roi, le grand chambellan, le connétable et les écuyers, qui avaient le revenu de divers métiers qu'ils n'exerçaient pas, puisque, à la cour, ces charges étaient remplis, non par des artisans, mais par de hauts personnages ; — ainsi, le chambrier de saint Louis était le comte d'Eu. — Ces divers officiers nommaient, à chacun des métiers dont ils avaient le revenu, un *maître* pris parmi les prud'hommes du métier. Ce maître avait la charge de surveiller l'exécution des réglements de la corporation, et de contrôler les objets exposés en vente : il était nécessaire, en effet, que cette surveillance et ce contrôle fussent exercés par quelqu'un au courant de la profession.

Maîtres délégués.

Les officiers royaux ou leurs représentants pouvaient choisir un ou plusieurs maîtres pour les aider dans leurs fonctions ; ils remplissaient ensemble l'office des prud'hommes jurés dans les métiers libres ; mais il n'entrait pas dans leurs pouvoirs d'apporter de changements aux usages établis. Foulques du Temple, maître du métier des *charpentiers,* sur la déposition duquel fut dressé le réglement de

doivent être remplacés ou réparés aux frais de ce dernier. Tout le temps que l'évêque de Chartres séjourne dans cette ville, Léobin peut, s'il le veut, dîner à la table de ses égaux. Au temps des vendanges, il doit garder le cellier jour et nuit, moyennant une juste rétribution et deux deniers par nuit. Chaque jour où il reste au cellier, il peut envoyer chez lui (sans doute pour sa famille), deux pains blancs et un demi-sétier de vin. Aux fêtes de la B. V. Marie, à Noël, à Pâques, à l'Ascension, à la Pentecôte, à la Toussaint, il peut avoir, pour les emporter chez lui, quatre pains blancs et un sétier de vin, et au mardi gras, quatre pains blancs, un sétier de vin, une poule et un morceau de viande salée. » *(Prolégom.* p. LIX).

cette corporation, déclare rapporter leurs coutumes
« comme lui et ses dévanciers l'ont usé et maintenu
au temps passé. » La révision des statuts de tous
les métiers appartenait au prévôt de Paris.

Voici ce que nous lisons dans le *registre des
maçons* : « Le roi qui règne actuellement, à qui Dieu
accorde bonne vie ! (saint Louis) a donné la maîtrise
des maçons à maître Guillaume de St.-Patu, son
maître maçon, lequel Guillaume jura à Paris, dans
l'enclos du Palais, (1) qu'il garderait le métier dessus
dit bien et loyalement à son pouvoir aussi bien pour
le pauvre que pour le riche, pour le faible que pour
le fort, tant qu'il plairait au roi qu'il gardât le métier
devant dit ; et maître Guillaume fit ce serment en
cette forme pardevant le prévôt de Paris. »

*T. XLVIII,
page 107.*

» Le maître des maçons, ajoute le même statut, a
la petite justice et les amendes des maçons, plâtriers
et mortelliers et de leurs aides et de leurs apprentis,
tant comme il plaira au roi, comme aussi des entre-
presures (infractions aux réglements) de leurs métiers, et des batures (coups) sans sang, et de clameur,
hors mise la clameur de propriété. » (2) C'était
donc, au moyen-âge, un privilége des artisans de
certains métiers d'être jugés par leurs *pairs* même

Id. page 110.

(1) « Il est à remarquer que le siége de la juridiction de la
maçonnerie à Paris continua d'être dans l'enclos du Palais ; ce
furent les maîtres généraux des bâtiments du roi qui la conservèrent jusqu'au dernier siècle. Cependant, les statuts des maçons
ne furent jamais renouvelés, et ce furent toujours les réglements
du temps de Louis IX et d'Étienne Boileau qui servirent de fondement aux règles de cette corporation. » (Note de M. DEPPING).

(2) L'accusation de vol était réservée au prévôt de Paris.

pour des faits, peu graves d'ailleurs, intéressant l'ordre public. Le taux des amendes, du reste, était fixé par les réglements et non laissé à la discrétion des maîtres. C'eût été, en effet, s'exposer à des injustices et faire soupçonner l'équité du juge que de laisser la fixation des amendes à la volonté de celui qui devait en bénéficier.

La corporation des *selliers,* dont les revenus étaient partagés entre le chambellan du roi et le connétable, jouissait d'un privilége particulier, celui d'élire parmi les maîtres quatre prud'hommes qui nommaient à leur tour le maître du métier, administrant la communauté au nom du roi et du prévôt de Paris. Les deux officiers de la cour que nous avons nommés plus haut n'entraient donc pas d'une manière effective dans la gestion des affaires de la corporation, ils en percevaient purement et simplement les revenus. Pour son administration, le métier des selliers dépendait du prévôt de Paris, était gardé par ses prud'hommes jurés et son maître, et rentrait, par conséquent, dans le droit commun des métiers libres.

Le métier des *fripiers,* au contraire, qui appartenait au chambrier du roi, était administré par un seul maître, nommé par ce dignitaire, lequel maître en appelait au prévôt de Paris toutes les fois que les artisans du métier refusaient de se soumettre à ses jugements. C'est ce que nous verrons plus en détail au paragraphe IV en parlant des punitions et des amendes.

Le *maître-queu* du roi (surintendant des cuisines), sans avoir aucun droit sur les revenus des métiers, avait néamoins quelque juridiction sur les *pêcheurs* et les *poissonniers*. C'était lui qui gardait le *moule légal*, destiné à fixer la grandeur des mailles des filets qu'il était permis aux pêcheurs d'employer, afin que le menu poisson pût s'échapper et repeupler la rivière. Il nommait les quatre prud'hommes jurés de la corporation des poissonniers, auxquels, outre le serment habituel prêté devant le prévôt de Paris, il faisait jurer « qu'ils priseraient bien et loyalement tout le poisson dont auraient besoin le roi, la reine et leurs enfants, » et que lui, maître-queu, avait le droit de venir choisir avant l'ouverture du marché. (1)

Attributions du maître-queu du roi.

T. XCIX, page 267.

Quant aux métiers dont le roi n'avait pas aliéné le revenu, ils dépendaient du prévôt de Paris qui en nommait les prud'hommes au nom du roi : c'était aussi entre les mains de ce magistrat que l'on versait les droits fixés pour l'achat de la maîtrise.

Métiers réservés au roi.

Ce serait d'ailleurs, une erreur de croire que, sous saint Louis, ces droits fussent bien élevés et dussent rendre la maîtrise inaccessible à un grand nombre d'artisans. D'après le Livre des Métiers, ils varient pour la plupart, entre *vingt* et *cinq sous de Paris :* encore, le Registre spécifie-t-il que ce prix est un

Prix d'achat de la maîtrise.

(1) « Cette coutume paraissait très-onéreuse aux marchands. On a vu, par un article précédent, qu'on fut obligé de menacer de punition les marchands qui cachaient le poisson quand le queu du roi arrivait. Il fallut également leur défendre d'accabler d'injures les prud'hommes chargés de taxer le poisson enlevé pour la table du palais. » (Note de M. Depping).

maximum et qu'il est loisible au maître qui bénéficie de la vente de donner la maîtrise « à moins, s'il lui plaît. » Pour quelques métiers pauvres, les *savetiers,* par exemple, le droit d'achat n'excède pas *douze deniers.* (1) Quel est l'ouvrier laborieux qui, désirant s'établir, ne pourrait économiser une aussi faible somme ! Rappelons-nous aussi, qu'au XIII° siècle, le nombre de maîtres n'était limité dans aucun métier. Dans la suite, il est vrai, surtout lorsqu'on limita dans chaque profession le nombre des maîtres, la vente de la maîtrise donna lieu à des abus très-graves qui altérèrent profondément l'esprit primitif des corporations ; mais on ne peut adresser ces reproches à l'époque de saint Louis. « *La France,* dit M. le Play, *offrit alors les germes fort développés des meilleures institutions que les sociétés humaines aient créées jusqu'à ce jour.* » (2)

III. — Métiers dépendant du prévôt des marchands.

Nous devons, en terminant ce paragraphe, dire ici quelques mots de trois métiers qui dépendaient du prévôt et des échevins de la *marchandise.* Ces magistrats, qui représentaient la municipalité de

---

(1) En prenant pour base l'évaluation de M. Leber, *(Essai sur l'appréciation de la fortune privée au moyen-âge.* Paris 1847.) qui donne à la monnaie d'alors une valeur *cent quatorze* fois plus grande qu'aujourd'hui, on voit que le droit de vente varie entre 114 francs et 23,50, qu'il descend même à 5,70 pour les savetiers, qui n'étaient sans doute pas plus riches alors qu'aujourd'hui.

Voyez ci-après le tableau de ces droits au parag. 5° *des Impôts.*

(2) *L'Organisation du travail,* page 77.

Paris, avaient, nous l'avons dit, la haute surveillance du commerce : ils nommaient les préposés chargés du contrôle des marchés, les *jaugeurs*, les *mesureurs* et enfin les *crieurs*, (1) qui formèrent entre eux des associations semblables à celles des artisans. Leurs statuts, enregistrés aussi dans le

(1) Les *crieurs* de Paris avaient, au XIIIe siècle, une importance dont on se ferait difficilement une idée aujourd'hui. Privés des journaux, des affiches, de tous les moyens de publicité si répandus de nos jours, les marchands parisiens, aussi bien que les familles, devaient faire crier par la ville les avis qu'ils voulaient porter à la connaissance du public. Au commencement du XVe siècle, les services des crieurs furent tarifés de la manière suivante : « Auront les dits crieurs pour crier corps, confréries, huiles, oignons, pois, fèves, choses étranges (perdues) comme enfants, mules, chevaux, et toutes autres choses qui appartiendront à crier dans la ville de Paris, tant par nuit que par jour, à la réserve des bûches et du foin, V sols parisis ; et pour crier vinaigre et verjus, XVI deniers parisis. Et si c'est aucune personne d'état trépassée, qu'il faille crier deux fois, ils auront VIII sols parisis ; et ils quérront les robes et manteaux, serges et chapperons qui appartiendront à quérir pour les obsèques et funérailles. » (Ordonnance de Charles VI, 1415).

La fonction principale des crieurs était d'annoncer et même de débiter le vin à la porte des taverniers. Le fisc prélevant un droit sur le vin vendu au détail, on avait trouvé commode de forcer les taverniers à débiter leurs boissons par l'intermédiaire des crieurs, devenus de véritables préposés de la prévôté. Le ministère de ces auxiliaires forcés fut accepté plus facilement par les taverniers après les ordonnances de saint Louis, parce qu'au moyen du crieur, le bourgeois de Paris put acheter du vin au détail sans enfreindre les édits du roi qui lui interdisait l'entrée des débits de boissons.

L'arrivée à Paris d'une *naulée* de vins étrangers, boisson de luxe réservée aux seigneurs et aux plus riches habitants, donnait lieu, de la part des crieurs, à une publication solennelle qui marque bien toute l'importance qu'on attachait alors à une nouvelle aussi intéressante.

Livre des métiers, nous apprennent qu'après leur nomination par le prévôt des marchands, ils prêtaient entre les mains de ce dignitaire le serment de remplir fidèlement leur office. Leurs services étaient tarifés et devaient être payés, pour les deux premières corporations, moitié par le vendeur, moitié par l'acheteur qui avait toujours le droit de requérir le mesurage ou le jaugeage des marchandises qu'il achetait. (1) Lorsqu'un des intéressés soupçonnait qu'une erreur avait été commise dans la mesure ou la jauge, on avait recours à un arbitrage. « On doit, dit le réglement des *jaugeurs,* en rappeler devant un autre maître, et s'il s'accorde avec le premier, l'affaire est vidée et chacun des deux a droit au prix indiqué ; s'ils ne s'accordent pas, on peut en appeler un troisième. Les deux qui s'accorderont décideront de la jauge et recevront leur salaire, celui qui sera seul de son avis n'y aura pas droit. »

T. VI, p. 28.

Les membres des trois métiers cités plus haut payaient une redevance à la confrérie des marchands, et dépendaient du prévôt de cette confrérie tant pour leur nomination que pour tout ce qui concernait la police de leurs métiers. Le prévôt des marchands pouvait même condamner à la prison le crieur qui violait les réglements de sa confrérie. (*Registre des Métiers.* Titres IV, V, VI, pages 21 à 28).

(1) « Les *jaugeurs* de Paris sont tenus d'aller jauger à la requête des estagiers (habitants) de Paris, partout dedans la prévôté de Paris, autant que celui qui les mande leur livre cheval et leurs dépens, et ils doivent recevoir de chaque tonneau l'argent devant dit, et plus n'en peuvent-ils demander par leur serment. » (T. VI, page 28).

§ 3ᵐᵉ Règles du travail industriel au XIIIᵉ siècle.
Vie privée de l'artisan.

Les prud'hommes de chaque métier, qui comparurent au Châtelet pour faire enregistrer, sous les yeux et le contrôle d'Étienne Boileau, les usages de leur métier, eurent grand soin d'indiquer, avec les plus minutieux détails, les conditions que devaient remplir les objets fabriqués ou mis en vente par les artisans de leur profession : le poids, le volume, la matière première à employer, et jusqu'au mode de fabrication. C'était là, nous l'avons vu, le but principal que se proposait, dans cette rédaction des coutumes, le prévôt de Paris, résolu à mettre un terme aux fraudes nombreuses qui se commettaient dans la capitale, et voulant, comme il le dit lui-même dans le préambule que nous avons cité « que les pauvres et les étrangers, qui achetaient à Paris quelque marchandise, n'éprouvassent aucun dommage causé par le vice de leurs achats. » (1)

Les prud'hommes se déclarent eux-mêmes dans leurs dépositions très-désireux d'empêcher par tous les moyens la fabrication et la vente de ces « fausses œuvres » qui, en même temps qu'elles blessaient les règles de la justice, jettaient du discrédit sur la corporation entière, dont tous les membres étaient considérés comme solidaires les uns des autres. Après avoir détaillé dans leur statut les précautions

_____
(1) Voyez ci-dessus, chap. IV.

T. LII,
page 129.

à prendre, les prud'hommes du métier des *tapissiers
de tapis nostrez* (1) ajoutent : « qu'ils ont établi cela
pour le profit commun de tous et par loyauté ; car,
certains avaient coutume de faire fausses œuvres, de
quoi les prud'hommes étaient repris et l'œuvre
blâmée. » Foulques du Temple, charpentier du roi
et maître du métier des *charpentiers* de Paris, dit
aussi dans sa déposition qu'il faisait jurer aux charrons qui, comme nous l'avons dit, dépendaient de

T. XLVII,
page 106.

la même corporation, « qu'ils ne mettraient nuls
essieux aux charrettes, s'ils n'étaient aussi suffisants
comme ils voudraient qu'on les leur mît, s'ils étaient
eux-mêmes charretiers. » C'est bien là l'application
de cette maxime de l'Évangile : *Ne faites pas à autrui
ce que vous ne voudriez pas qu'il vous fût fait.* Dans
ces temps de foi, l'influence de l'Église et de sa
divine doctrine est trop visible pour que nous ne
lui attribuions pas ce respect de l'équité qui se
remarque à chaque page des « *Établissements des
Métiers.* »

Objets
de première
nécessité.

C'était surtout pour la vente des objets de première nécessité que l'on prenait les plus grandes
précautions. Les *boulangers,* les *regratiers* (épiciers
d'alors qui vendaient outre les épices, les fruits, les
légumes et même le pain et le sel au détail), étaient
soumis à des visites fréquentes des gardes de leurs
métiers. La plus légère infraction aux statuts était

(1) Les tapis *nostrez* étaient, à ce qu'il paraît, de gros tissus de
laine de couleur, servant de couvertures ou à d'autres usages.
(Note de M. Depping),

punie de peines très-sévères et d'amendes relativement considérables ; en outre, les marchandises
reconnues insuffisantes comme poids ou comme
qualité étaient saisies et confisquées. Les *cervoisiers,*
(fabricants de cervoise ou bière) ne devaient employer
que de l'eau et du grain ; il ne leur était permis de
vendre leur bière au détail que dans leur maison
où était la brasserie, et sous leur propre surveillance
et responsabilité. (1) Les *cuisiniers,* (rôtisseurs) recevaient chaque semaine plusieurs visites de leurs
jurés qui devaient constater la fraîcheur et la qualité
des viandes mises en vente tout apprêtées. Il leur
était défendu par leur réglement de garder de la
viande cuite « depuis plus de trois jours, si elle
n'est salée suffisamment. » La fabrication et la
vente des chandelles, luminaire d'un usage si
général au XIIIe siècle, était aussi l'objet d'une
surveillance toute particulière « car, dit le statut des
chandeliers de suif, fausse œuvre de chandelle de
suif est trop dommageuse chose au pauvre et au
riche, et trop vilaine. » ·

T. LXIV, page 163.

Les réglements indiquent avec le plus grand
détail les conditions exigées des *drapiers* et des

Étoffes.

(1) « Car, dit leur réglement, quand ils les font vendre en deux
ou trois endroits par la ville de Paris, ils ne sont pas au vendre,
ni leurs femmes, mais ils font vendre par leurs garçonnets petits,
en rues foraines ; et vont en de tels lieux et en telles tavernes
les fols et les folles faire leurs péchés. »

Louis IX, on le sait, avait interdit aux habitants de Paris d'entrer
chez les taverniers qui vendaient du vin au détail ; il ne voulut pas
qu'en remplaçant le vin par de la bière, on pût se soustraire à cette
sage ordonnance.

tisserands pour la fabrication des draps de soie, velours, draps de laine, etc. (1) et des *teinturiers* pour la bonne préparation des matières employées dans ces divers genres d'étoffes. Il était défendu de vendre le fil qui ne serait pas sec et aurait ainsi acquis un poids supérieur à sa valeur réelle. De même, le marchand de toile, qui vendait ce tissu aussitôt après son apprêt, devait, comme cela se pratique encore de nos jours, donner à l'acheteur une bonification de métrage, que le réglement fixe à une aune par trente aunes vendues.

Cette prévoyance des statuts s'étend à tous les objets en usage au XIII° siècle. Ainsi, les fabricants de lampes et de chandeliers, devaient faire ces us-tensiles d'un seul morceau de cuivre ; les *déiciers,* fabricants de dés à jouer, dont l'emploi était assez considérable pour occuper une corporation spéciale, étaient sévèrement punis, si l'on trouvait chez eux des dés pipés ou plombés de quelque manière que ce fût.

Prix fixé. Dans certains métiers, on fixait même le prix des objets fabriqués par les artisans, ou l'on tarifait les services que ceux-ci étaient appelés à rendre. Dans le registre des *étuveurs*, par exemple, on fixe le prix des bains, et on ajoute que, dans le cas où la bûche et le charbon augmenteraient beaucoup de valeur, ce qui arrivait souvent dans un temps où les trans-ports étaient si difficiles, et les guerres si fréquentes,

(1) Celui qui employait de la laine jarreuse était puni d'une amende de V sous. (Statut des *tisserands*, t. L. p. 124.)

le prévôt de Paris pourra modifier le tarif, « par le rapport et le serment des bonnes gens dudit métier. »

Certains statuts, qui concernent la fabrication de divers objets usuels, exigent que les maîtres n'exercent leur profession que dans leur maison ; ainsi, les ouvriers qui confectionnaient les bourses de soie et de velours vendues par les merciers, ne pouvaient travailler chez ces derniers, où ils eussent pu échapper à la surveillance de leurs jurés. Dans quelques métiers, on voulait que l'ouvroir fut placé « sur rue » et que la porte ou la fenêtre en restât toujours ouverte, afin qu'on pût à chaque instant contrôler l'ouvrage. Cette tradition s'est perpétué parmi les serruriers dans la plupart des villes. Les tailleurs, eux aussi, « devaient couper leurs étoffes *à la vue du peuple*. » Les soupçonnait-on déjà de ne pas employer pour leur client tout le drap que celui-ci leur confiait? Cette prescription nous le ferait supposer.

Surveillance des maîtres et des ouvriers.

T. XXII, page 59.

Les maîtres étaient tenus d'exercer sur leurs ouvriers la plus stricte surveillance, afin qu'ils ne commissent aucune erreur dans leur travail. Le drapier, auquel les statuts permettaient d'avoir trois métiers battant pour son compte, devait les placer dans sa maison, car il ne fallait pas qu'il fût obligé de traverser la rue pour visiter les compagnons qui occupaient deux des métiers.

Afin de laisser à chaque fabricant la responsabilité de ses œuvres, même après la vente, on exigeait que les objets fussent revêtus d'un poinçon ou marque spéciale à chaque maître. Les *orfèvres* en ont conservé

Marque de fabrique.

l'usage, plus nécessaire à leur métier qu'à tout autre. Il n'était pas permis de mettre en vente les objets fabriqués hors de Paris avant que les prud'hommes du métier ne les eussent contrôlés et marqués d'un signe analogue.

Je devrais citer chaque réglement en particulier si je voulais rapporter ici toutes les précautions indiquées dans le *Livre dès métiers*. Les exemples que j'ai cités suffisent, je crois, à établir combien était sévère la surveillance exercée sur les artisans dans l'intérêt du consommateur et surtout du pauvre peuple.

Poids
et mesures.

Saint Louis, nous l'avons dit aussi, avait cherché à mettre quelque unité dans le système des poids et des mesures, pour lesquelles régnait avant lui la plus grande confusion. Les marchandises que l'on voulait faire peser pouvaient être portées, moyennant un léger droit, à des balances publiques connues sous le nom de *Poids du Roi*. Les prud'hommes des *tisserands* avaient, depuis le règne de Philippe-Auguste, pour la mesure légale des étoffes, une verge de fer représentant la largeur des nappes servant à la table du roi. Enfin, les mesureurs et les jaugeurs jurés dont j'ai parlé ci-dessus, contribuaient aussi à donner aux transactions les garanties exigées par la plus sévère équité.

Réglements
d'ordre public
et de police.

Le prévôt de Paris profita de la rédaction des coutumes des métiers pour introduire dans leurs statuts certaines mesures d'ordre public, qui prouvent avec quel soin ce magistrat veillait à la police de la

capitale. Voici les plus intéressantes de ces prescriptions : Il était défendu aux *fripiers* d'acheter des
vêtements mouillés ou ensanglantés qui pouvaient
provenir de gens noyés ou assassinés, comme aussi
des objets religieux servant au culte, à moins qu'ils
ne fussent évidemment hors d'usage. (1) Les *fileuses
de soie*, auxquelles les *drapiers* confiaient, pour la
mettre en œuvre, cette matière si précieuse alors,
devaient, sous les peines les plus sévères, se montrer
dignes de cette confiance. Il leur était particulièrement défendu de mettre de la soie en gage chez les
Juifs, ou d'en acheter de ces mêmes hommes, qui
recevaient chez eux une foule d'objets de provenan-
ces diverses sur le dépôt duquel ils avançaient
quelque argent à gros intérêts. Les *serruriers* ne
devaient fabriquer de clefs, qu'autant « qu'ils eussent la serrure entre les mains » : mesure de pré-
caution très-utile contre les voleurs. La même
prohibition était faite aux *mouleurs* et aux *fondeurs :*
on y joignait celle de « mouler ou fondre choses où
il y aît lettres, » afin d'empêcher toute destruction
ou toute imitation des monnaies ou des sceaux, si
importants pour constater l'authenticité des lettres
et des chartes.

(1) Voici le texte : Chacun en étant admis au métier jurera
« qu'il n'achètera de larron ou de larronnesse à son escient, ni en
bordel ni en taverne, si il ne sait de qui, ni chose mouillée ou
sanglante, si il ne sait d'où le sang et la mouillure vient, ni de
mésel, ni de mésèle *(lépreux)*, ni nul garnement qui appartient à
la religion, si il n'est despécié *(mis en pièces)* par droite usure,
(T. LXXVI, page 196).

'Les objets perdus donnent lieu dans plusieurs réglements à des observations spéciales, telles que la suivante : « Le sellier qui aura perdu chose de son métier ou autre doit le faire savoir à tous les maîtres, et ceux-ci doivent le lui faire rendre, s'ils savent qui a l'objet perdu. »

Aux prescriptions que nous venons de rapporter et qui sauvegardent plus spécialement l'intérêt du consommateur, les *Registres des Métiers* en ajoutent d'autres qui concernent les maîtres, règlent leur vie et celle des artisans qui les aidaient dans leurs travaux.

Pour la complète intelligence de ce qui va suivre, nous croyons devoir tracer ici un rapide tableau de l'aspect que présentait la capitale à l'époque de saint Louis. Nous en empruntons les traits principaux à la savante *Introduction* de M. Depping. (1)

Paris était loin d'avoir alors ces rues larges, ces places bien aérées, ces nombreuses promenades, ces magasins superbes, ces ateliers immenses et ces manufactures des faubourgs qui font aujourd'hui sa beauté et sa richesse. Pour se retracer le Paris du XIIIe siècle, il faut se rapporter à ce qu'était, il y a quelques années encore, l'île de la Cité, ou se rappeler ces rues tortueuses et étroites, aujourd'hui presque entièrement disparues, qui descendaient de la montagne Sainte-Geneviève vers la Seine. Dans quelques rares endroits échappés aux démolitions,

(1) Voyez aussi : Meindre, *Histoire de Paris.* T. I, p. 3.

la ville , dans ces vieux quartiers , n'a pas encore perdu son ancien aspect. Là, vous trouverez encore des maisons noircies par le temps, pressées les unes contre les autres, dont les nombreux habitants font entre eux, par les fenêtres ou par la porte, d'autant plus commodément la conversation , que rarement le bruit d'une voiture vient l'interrompre. Des boutiques à peine éclairées, ouvertes sur la rue par un auvent, y cachent , plutôt qu'elles ne laissent voir, les denrées et les marchandises dont trafique le bourgeois ; et cette boutique est presque toujours aussi l'atelier où s'apprêtent ces mêmes marchandises : réduit obscur, qui rappelle les *ouvroirs* dont il est souvent parlé dans les réglements des corporations. Au dessus de la porte de chaque maison s'étale l'*enseigne*, (1) qui est comme le blason marchand de celui qui l'habite.

(1) *Enseignes*. On ferait une étude curieuse sur les enseignes au moyen-âge. A cette époque, où les maisons n'étaient pas encore numérotées, elles ne se distinguaient que par leurs enseignes, et presque toutes en portaient. Les enseignes étaient peintes sur des plaques de fer ou de bois, qui pendaient au-dessus de la porte à de longues verges de fer. Lorsque le vent soufflait, ces potences, ces plaques se balançaient, s'entrechoquaient et formaient un carillon plaintif et discordant. Elles menaçaient d'autant plus d'écraser les passants , qu'elles étaient généralement massives et en relief.

C'était , tantôt l'image ou la statue d'un saint, tantôt un emblème approprié à la profession , une épée de six pieds, un gant, un cervelas colossal, un bas énorme, une botte, une tête monstrueuse , parfois aussi , une simple lettre de convention, comme l'Y, qui fut longtemps la seule enseigne des *merciers*. Leurs larges ombres pendant la nuit, interceptant la faible lueur des lanternes, protégeaient les voleurs. Vingt ans environ avant la révolution de

Au XIII° siècle, les marchands et artisans d'une même profession, se groupaient généralement dans la même rue ou dans des rues voisines. C'est ainsi que les tisserands demeuraient l'un à côté de l'autre dans la rue de la *tissandrerie ;* les maçons, plâtriers et mortelliers, dans la rue de la *mortellerie ;* les charrons, dans la rue de la *charronnerie.* La rue *hautefeuille* tirait son nom des chapeaux de feuilles et de fleurs qu'on y tressait ; les tanneurs habitaient trois ou quatre rues qui portaient et portent encore en partie le nom de la *tannerie.* En 1292, il y avait, rue de la *sellerie,* sur soixante-dix contribuables vingt-six *selliers* et quatorze *lormiers.* Ceux qui, pour leurs travaux, avaient besoin de l'eau de la rivière, tels que les mégissiers et les teinturiers, s'étaient réunis sur les bords de la Seine, dont l'un des quais a retenu le nom de la *mégisserie :* d'autres métiers s'étaient groupés autour des halles et y occupaient

1789, une ordonnance du lieutenant général de police Sartines, les fit disparaître dans tout Paris.

Une légende accompagnait chaque enseigne et donnait le nom du personnage ou de l'objet représenté ; *à saint Jacques, au grand saint Nicolas,... au Soleil levant,* etc. Parfois le calembourg ou l'épigramme se mêlait à la légende et à l'enseigne. Un cabaretier fit peindre un coing sur sa porte avec ces mots : *Au bon Coin ;* un marchand de denrées coloniales, un épi scié, avec ceux-ci : *à l'Épicier ;* un marchand de toiles, un singe avec un col et des manchettes en batiste avec ces mots : *au saint Jean-Baptiste.* De tout temps, on vit l'enseigne encore connue de la femme sans tête, portant *à la bonne Femme.*

Quelques vieilles maisons ont encore, sculptées dans leur façade, d'anciennes enseignes qui attirent l'attention des antiquaires et des curieux.

des rues distinctes. Pour certains métiers, cet usage
était rendu obligatoire par un règlement de police :
les *changeurs*, par exemple, devaient, sous peine
de confiscation, établir leurs comptoirs sur le Grand-
Pont, entre la grande arche et Saint-Leufroy.

L'habitation dans la même rue était loin cependant d'être une règle générale au moyen-âge ; il
suffit de jeter les yeux sur les livres des *Tailles*, qui
nous sont parvenus, et en particulier, sur les rôles
de 1292 et 1313, pour se convaincre que certaines
rues offraient le mélange de professions qui existe
généralement de nos jours : on y remarque aussi
que les artisans, pour la plupart simples locataires
de leurs habitations, changeaient assez fréquemment
de domicile. En 1292, la rue des Petits-Champs
comptait dix-sept corroyeurs, elle n'en a plus qu'un
seul en 1313.

A la fois amis et rivaux, ces artisans voisins,
membres d'une même corporation, étaient sans
cesse aux aguets de ce qui se passait à côté d'eux ;
aussi, voyons-nous plusieurs règlements défendre
aux maîtres d'appeler chez eux l'acheteur « avant
qu'il ait quitté l'étal du voisin. » Le registre des
cuisiniers ajoute que « celui qui dépréciera la viande
mise en vente par un confrère, paiera V sols d'a-
mende, *si elle est reconnue bonne.* » Le statut des
batteurs d'archal condamne aussi à l'amende « tout
artisan du métier, soit maître, soit vallet, qui use-
rait des outils d'un voisin et les retiendrait contre
le gré de ce dernier. »

T. LXIX, page 178.

T. XX, p. 56.

Sous la réserve de ces précautions, qui avaient pour but d'obvier aux inconvénients qui pouvaient résulter du voisinage des maîtres, les réglements favorisaient leur réunion dans une même rue ou dans un même quartier. Outre les facilités d'administration que la corporation y trouvait, ce rapprochement avait pour effet d'exciter leur émulation et de les placer sous la surveillance les uns des autres, en ce qui concernait l'observation des statuts du métier.

Uniformité de la vie. Heures de travail.

T. XCI, page 248.

Le soin minutieux avec lequel étaient prévus les moindres détails de la vie et du travail des artisans, devait amener dans leur existence une grande uniformité. Le matin, dès que « la guaite cornait le jour » (1) ou que la cloche de la paroisse voisine annonçait l'ouverture des églises, l'activité et le mouvement succédaient peu-à-peu au calme et au silence de la nuit ; de toutes parts on se mettait à l'ouvrage et, sur le devant des boutiques, on étalait de nouveau les marchandises que la crainte des voleurs avait fait rentrer le soir dans l'intérieur de la maison.

Un article du réglement des foulons, que j'ai cité plus haut, (2) en parlant des compagnons, nous apprend que le déjeuner avait lieu en charnage à l'heure de prime, c'est-à-dire, vers 6 ou 7 heures du matin. Dans presque tous les métiers, la journée des compagnons, loués au mois ou à l'année, ne

(1) Au point du jour le veilleur sonnait de la corne pour annoncer la fin du guet.
(2) Voyez § 1er, chap. V.

commençait qu'après ce premier repas. À midi, le dîner suspendait pour quelque temps le travail qui était ensuite repris sans interruption jusqu'à l'heure fixée par les réglements pour la fin de la journée. La règle la plus générale était de quitter l'ouvrage lorsque la cloche de N.-Dame, ou de S.-Merri, ou de Ste-Opportune sonnait le dernier coup de vêpres ou de l'angélus (vers 5 ou 6 h. du soir), excepté en carême, pendant lequel les vêpres se disant plus tôt à cause du jeûne, on prolongeait le travail jusqu'au coup de complies. La journée de travail, on le voit, n'excédait pas huit heures, dix heures au plus, pour les maîtres et les compagnons qui travaillaient à la journée ; ceux qui travaillaient chez eux, à la tâche, n'étaient astreints qu'à la défense du travail de nuit.

Un petit nombre de métiers avaient fixé l'heure de complies pour toute l'année ; quelques-uns ne fermaient leur ouvroir que lorsque passaient les crieurs du soir et lorsque l'on sonnait le couvre-feu. À l'heure où retentissait ce dernier signal, toutes les boutiques se fermaient, le silence succédait à l'animation qui avait régné pendant le jour, et les bourgeois, peu confiants dans la vigilance du guet, clôturaient avec soin leurs demeures. La ville se trouvait tout-à-coup plongée dans une obscurité profonde. À cette époque de vie simple et patriarcale, on ne connaissait ni les spectacles, ni les cercles, ni tous ces lieux de réunions auxquels le parisien moderne consacre la soirée, jusqu'à une heure avancée de la nuit. Après avoir pris en famille le repas du soir, on se couchait de bonne heure, afin d'être prêt, dès la pointe du jour, à reprendre le travail interrompu.

Travail de nuit. Dans presque tous les métiers, il était absolument interdit de travailler *de nuit*, c'est-à-dire à la lumière. Plusieurs réglements en donnent pour raison que « la clarté de la chandelle n'est pas suffisante pour faire œuvre bonne et loyale; »(1) d'autres invoquent « la nécessité du repos » pour ceux qui se sont fatigués tout le jour. Enfin, les statuts des *batteurs d'or et d'argent à filer,* et, en général, ceux qui concernent des métiers faisant usage du marteau, disent que les artisans « doivent s'abstenir d'en férir (frapper) durant la nuit, » afin de ne pas réveiller leurs voisins. Le registre des *étuveurs,* que nous avons déjà cité, leur défend de faire crier par les rues l'ouverture de leurs établissements de bains, « jusqu'à tant qu'il soit jour, pour les périls qui peuvent advenir (dans les rues obscures) à ceux qui se lèvent au dit cri pour aller aux étuves. »

T. LXXII, page 188.

Dans quelques métiers, on autorisait cependant le travail à la lumière une partie de la soirée, depuis la Saint-Remi (1er octobre) jusqu'au dimanche des brandons (1er de carême), parce que pendant ces cinq mois d'hiver, où les nuits sont si longues sous le ciel de Paris, il eût été impossible aux artisans de satisfaire aux besoins de leur métier en ne travaillant qu'à la clarté du jour. (*Reg. des Mét.* **T. XXXV,** p. 81. — **T. LXXXIII,** p. 225).

(1) *Registre des Métiers.* T. XVI, p. 48. — T. XXXIV, p. 79. — T. XL, p. 92... etc.

De même, le travail de nuit était autorisé, par exception, pour certains ouvrages dont on ne pouvait différer l'exécution, ou qui étaient commandés pour le service du roi, des nobles ou du clergé. Ainsi, les *huichiers*, (charpentiers, fabricants de portes et de fenêtres), pouvaient travailler en tout. temps aux fermetures des maisons « pour clore bonnes gens ; » les ouvriers en cuivre et autres métaux pouvaient fondre pendant la nuit et les jours de fêtes chômées, « car, dit le réglement des *tréfiliers d'archal*, moult souvent advient, quand ils commencent à fondre, qu'il leur convient mettre une semaine avant qu'ils puissent laisser le fondre. » Les *lormiers*, qui fabriquaient alors les harnachements de chevaux et employaient les métaux en même temps que le cuir, maniaient même l'or et l'argent pour satisfaire au luxe de la chevalerie, avaient le droit de travailler de nuit à terminer un objet vendu, « si celui qui l'avait acheté l'attendait ou le faisait attendre, *mais pour clouer l'œuvre tant seulement*. »

T. XLVII, page 105.

T. XXIV, page 62.

T. LXXXII, page 222.

Cette même faveur du travail de nuit accordée à ceux qui « faisaient l'œuvre » du Roi, de la Reine, de leurs enfants, (1) des personnes de leur maison, (2) ou même simplement des « nobles et riches hommes, » (3) se retrouve en plusieurs endroits

---

(1) T. XL, p. 92. — T. LXV, p. 164.
Le statut des *orfèvres* y ajoute l'évêque de Paris. (T. XI. p. 38).
(2) T. LXXXIV, p. 228.
(3) T. XXVI, p. 66.

dans le *Livre des Métiers*. L'honneur de travailler pour ces classes privilégiées procurait aux métiers plus spécialement à leur service, d'autres avantages encore dont nous parlerons plus loin. Cela nous prouve aussi, qu'au moyen-âge comme de nos jours, la clientèle riche se montrait exigeante et forçait le tailleur, par exemple, à rendre tout confectionné le matin, un vêtement commandé seulement la veille au soir. (1)

Fêtes chômées. Le samedi et les veilles de fêtes chômées, les ouvroirs se fermaient plus tôt que d'habitude, afin qu'on pût se préparer à la solennité du lendemain. Dans plusieurs métiers, le travail cessait même à partir de midi, « les samedis et jours de *vigiles jeûnables*. » (2) (Voyez ci-dessus *Vesprées des compagnons*, § 1ᵉʳ, II).

Les fêtes chômées étaient, on le sait, très-multipliées au moyen-âge. Outre les dimanches et les fêtes d'obligation, « que le commun de ville foire » (férie, chôme), qu'on respectait pour obéir aux lois générales de l'Église, la plupart des réglements prescrivent le repos aux jours des fêtes de Notre-Dame, (3) et aux fêtes d'apôtres. Il y avait aussi la

(1) T. LVI, p. 144. — Voici comment s'exprime leur statut : « Pour ce qu'il convient qu'ils taillent et cousent les robes aux hauts hommes aussi bien par nuit comme par jour, pour les besoins que les hauts hommes et les gens étrangers ont parfois d'aller dehors, et qu'il convient qu'ils rendent la taille qu'ils font le soir, le lendemain au matin. »

(2) L'Angleterre protestante a conservé cet ancien usage.

(3) « C'est à savoir, dit le réglement des *peintres et selliers*, à *la mi-août* (15 août, Assomption), à *la septembresche* (8 septembre, Nativité), à *la chandeleur* (2 février), *et au mars* (25 mars, Annonciation). »

fête patronale de la confrérie du métier, et les fêtes civiles, auxquelles l'artisan prenait part comme toute la population.

Cette limitation des heures du travail et surtout ces chômages multipliés, ont donné lieu, de la part de nos économistes modernes, à des critiques fréquemment reproduites. Leurs reproches eussent bien étonné assurément les artisans du moyen-âge qui eussent trouvé pour le moins étrange que, sous prétexte de défendre leur liberté, on vint ainsi battre en brèche des lois qu'ils s'étaient librement imposées à eux-mêmes. Mais, si l'on étudie la valeur de ces critiques, il est facile de reconnaître combien elles sont peu fondées. « L'ordre économique des sociétés du moyen-âge, dit un éminent publiciste, (1) était en partie basé sur le repos du dimanche et des fêtes. Les corporations appliquaient la loi, et rien ne les empêchait de l'appliquer ; elles y avaient grand intérêt. Régulatrices du travail et maîtresses des prix, elles ne craignaient ni la concurrence, ni le chômage. Elles jouissaient de ce que nous avons appelé *le droit au travail*. Le travail était leur domaine et nul ne pouvait y pénétrer que par leur intermédiaire : le droit au travail se trouvait donc exister pour chaque catégorie de travailleurs. Ces conséquences naissaient de la limitation du travail, qui est elle-même une application de la loi du repos.

» Les modernes se sont jetés, à la suite de l'An-

(1) M. Coquille. — *Le Monde du 22 décembre 1872. Le Décalogue*, II.

gleterre, dans la théorie contraire du *travail illimité*. Sans souci des forces physiques de l'ouvrier, sans égard pour sa dignité humaine et pour ses besoins intellectuels et moraux, ils ont vu en lui un accessoire de leurs machines perfectionnées, dont on devait chercher à tirer comme de ces machines elles-mêmes, la plus grande somme possible de travail et de production. Nous constatons chaque jour les résultats de cette exagération du travail qui amène infailliblement l'encombrement, les grèves, le prolétariat. Une circonstance momentanée favorise-t-elle une branche d'industrie, vite les capitaux et les ouvriers abondent pour suffire à la commande. Ce besoin factice passé, la commande se retire, ouvriers et capitaux n'ont plus leur rémunération. Il faut arrêter le travail, congédier les ouvriers. Où iront-ils ces ouvriers ? Les autres industries sont encombrées ; ils dévorent leurs épargnes, se réduisent au plus bas salaire, se font à eux-mêmes une concurrence qui les tue : puis, rendant la société responsable de leur ruine, ils vont grossir le nombre de ses ennemis. Les émeutes modernes ont leur point d'appui dans cette partie déclassée de la population ouvrière des villes : c'est par là que la société actuelle est menacée de périr.

» La loi du dimanche, formulée par le Décalogue, exprime le principe fondamental de l'ordre économique ou de production. C'est qu'il n'est pas bon que la production soit incessante : ce serait pour l'espèce humaine un principe d'abrutissement et de servitude. Les sociétés riches sont plus exposées aux convulsions et à la mort que les sociétés pauvres. Pourquoi cela, sinon parce que la richesse, se développant en dehors des lois naturelles posées par le Créateur, et surtout en dehors de cette loi de repos qui la modère et la moralise, rompt l'équilibre social, et étouffe chez les peuples l'instinct intellectuel et politique ? *La soif immodérée du bien-être est un principe de décadence et de mort.* M. Le Play a rendu à la science politique le service de la démontrer par l'observation et par les faits. Ce qui est remarquable, c'est que les peuples qui ont pratiqué la loi du repos et de la production limitée, sont arrivés au plus haut degré de prospérité matérielle. Ils ont élevé des monuments dont les nôtres n'atteindront jamais la grandeur et la durée. »

Nous n'insisterons pas davantage ici sur cette intéressante question qui, pour être traitée comme elle le mérite, exigerait des développements incompatibles avec le cadre de cette *Étude* ; disons seulement que l'Église, en ménageant au travailleur chrétien de nombreux jours de repos, veillait en même temps à éviter les abus qui eussent pu résulter de l'oisiveté. Elle invitait la population industrieuse à se réunir dans ses temples, et, par la magnificence de ses sanctuaires, par la pompe de ses cérémonies, aussi bien que par ses divins enseignements, elle cherchait à élever son intelligence et son cœur au dessus des intérêts et des choses de la terre, en même temps qu'elle soustrayait son corps aux fatigues d'un labeur servile. Pour imprimer plus fortement dans l'âme du peuple les vérités de la religion , elle offrait à ses yeux la représentation de ces *Mystères ,* dans lesquels les érudits trouvent l'origine de notre théâtre moderne. Enfin , les lois les plus sévères proscrivaient l'ivresse et empêchaient le hideux étalage de désordres semblables à ceux qui n'affligent que trop souvent nos regards lorsque le chômage interrompt de nos jours les travaux de la classe laborieuse.

La loi de la cessation du travail les jours de dimanche et de fêtes était l'une des plus universellement observées au moyen-âge. Les métiers qui, comme celui de la boulangerie , étaient le plus indispensables à l'alimentation publique , devaient s'y soumettre comme les autres. Les *meuniers* du Grand-Pont étaient tenus d'arrêter leurs moulins le dimanche depuis « que l'eau bénite est faite à Saint-Liefroi jusqu'à ce que l'on sonne vêpres. » D'après leur statut , nous voyons même que les *boulangers* avaient plus de fêtes chômées que certains autres métiers. Outre les dimanches, les fêtes de la sainte Vierge et les fêtes d'apôtres, ils devaient s'abstenir de cuire les deux jours qui suivaient Noël , le jour de l'Épiphanie , à la fête de saint Pierre-aux-liens (1ᵉʳ août), le lundi de Pâques, le jour de l'Ascension, le lundi de la Pentecôte, aux fêtes de l'invention (3 mai) et de l'exaltation de la sainte Croix (14 septembre) , à la nativité de saint Jean-Baptiste (24 juin), à la saint Martin (11 novembre), à la

En marge : T. II, p. 18. — T. Iᵉʳ, p. 10.

saint Nicolas (6 décembre), à la sainte Madeleine (22 juillet), à la saint Christophe (25 juillet), à la saint Laurent (10 août), à la fête de saint Denis (9 octobre), le jour de la Toussaint et le jour des Morts (1ʳ et 2 novembre), enfin, à la fête de sainte Geneviève (3 janvier).

Le jour des morts, il leur était permis de cuire « des échaudés *à donner pour Dieu* » c'est à dire, à distribuer gratuitement aux pauvres.

Le samedi et la veille de ces jours de fête, les pains devaient être mis au four « au plus tard à chandelles allumant » : une fois la nuit venue, il n'était plus permis que de les retirer. La veille de Noël, par exception, à cause des trois jours chômés qui se succédaient, on pouvait cuire jusqu'aux matines de N.-Dame de Paris. Les lundis et les jours qui suivaient une fête chômée, dès minuit, les boulangers pouvaient se mettre au travail.

En cas d'absolue nécessité, « si le pain failloit (manquait) à Paris, » il leur était permis de cuire un jour férié ; « mais, ajoute le réglement, encore conviendrait-il qu'ils prissent congé du maître des talemeliers. »

Exceptions.

T. I, p. 11.

Le service des nobles et des clercs était parfois, comme pour le travail de nuit, une cause de privilège pour certains métiers. Le plus curieux exemple que nous en ayons rencontré est assurément celui des *barilliers,* dont le métier, plus perfectionné que celui des simples tonneliers, consistait à fabriquer des barils de bois précieux, cerclés de fer, destinés à renfermer les vins fins ou de provenance étrangère dont les seigneurs et les riches bourgeois seuls pouvaient se donner le luxe. Leur réglement les autorise à travailler « aux féries, si besoin leur est, car, ajoute-t-il plus loin, eux et leur métier servent les riches et hauts hommes. »

T. XLVI, page 102-104.

Dans la saison d'été, on autorisait les *chapeliers de fleurs* (1) à faire et à vendre les jours fériés « les chapeaux de roses tant seulement, tant que la saison des roses dure. » Cueillies de la veille, en effet ces fleurs si gracieuses eussent perdu toute leur fraîcheur.

T. XC, p. 226.

Un but de charité avait motivé l'exception suivante. Dans le métier des *orfèvres,* on autorisait les maîtres à tenir boutique ouverte le dimanche et les jours fériés à tour de rôle ; « et ce que gagne celui qui l'ouvroir a ouvert, il le met en la boîte de la confrérie des orfèvres, en laquelle boîte on met les deniers-Dieu que les orfèvres font des choses qu'ils vendent ou achètent appartenant à leur métier ; et de tout l'argent de cette boîte, on donne chacun an le jour de Pâques un dîner aux pauvres de l'Hôtel-Dieu de Paris. »

T. XI, p. 39.

(1) Les chapeliers de fleurs étaient des jardiniers fleuristes, qui pendant la belle saison tressaient leurs fleurs en couronnes pour la coiffure. Le reste de l'année, ils cultivaient dans leurs jardins ou *courtils,* les fleurs diverses et les légumes alors connus. Ils étaient astreints au repos comme les autres artisans : leur règlement porte en effet : « Nul chapelier de fleurs ne peut cueillir ni faire cueillir au jour de dimanche en ses courtils, nulles herbes, nulles fleurs à chapeaux faire ni à manger en cette journée, qu'il ne soit à V sous de tournois à payer au Roi. »

Les *chauciers* (chaussetiers), et les *gantiers* (1) pouvaient de même tenir leur ouvroir ouvert à tour de rôle les jours fériés, pour la vente seulement ; mais nous ne voyons pas dans leurs réglements qu'ils aient été obligé de faire de leur gain un aussi charitable emploi. (T. LV, p. 140. — T. LXXXVIII, p. 241).

Enfin, les *lormiers* pouvaient tenir boutique ouverte le dimanche et vendre leurs marchandises, mais, sans les étaler sur la devanture de la maison, comme pendant la semaine. (T. LXXXII, p. 222). La raison de cette exception n'est pas indiquée.

§ 4.me. — Procédure suivie et peines infligées
pour les manquements aux réglements.

Nous avons résumé dans le paragraphe qui précède, les principaux réglements relatifs au travail, nous devons maintenant indiquer en quelques mots quelle était la sanction que les *Établissements de métiers* avaient prévue pour en assurer l'exécution.

C'était, nous l'avons dit déjà, aux prud'hommes, qu'était confiée, dans chaque métier, la surveillance des artisans et des marchands. Par des visites fréquentes et minutieuses, les prud'hommes devaient s'assurer que les réglements sur la fabrication et la

Jurés.

(1) « Nul gantier de Paris ne peut ni ne doit vendre ses gants, ni ouvrir sa fenêtre pour vendre au dimanche, fors que au tour, qui est de six semaines en six semaines ; auquel tour quatre prud'hommes peuvent établir le dimanche, en leurs maisons mêmes, pour vendre leurs gants. » *(Statut des gantiers.* T.LXXXVIII;p.241),

vente se trouvaient accomplis dans toutes leurs dispositions. Le serment qu'ils prêtaient à leur entrée en charge étaient la garantie de leur impartialité. Les termes de ce serment variaient suivant les diverses professions, mais l'esprit était dans tous les métiers le même que chez les *boulangers* qui s'engageaient : « à garder le métier bien et loyalement, et au juger le pain à n'épargner ni parent, ni ami, et à ne condamner personne par haine et par malveillance à tort. »

« Les jurés qui jugent le pain, ajoute le même statut, doivent aller par la ville pour prendre le pain trop petit, toutes les fois que le maître du métier (1) les en semondra (avertira), et autant des 12 jurés qu'il lui plaira, c'est à savoir, quatre jurés au moins chaque fois qu'il voudra aller par la ville. »

« Quand le maître et les jurés vont par la ville pour prendre le petit pain, ils prendront un sergent du Châtelet; et aux fenêtres où ils trouvent le pain mis en vente, le maître prend le pain et le baille aux jurés, et les jurés regardent s'il est suffisant ou non ; et s'il est suffisant, les jurés le remettent sur la fenêtre, et s'il n'est pas suffisant les jurés mettent le pain en la main du maître, et par là, le maître sait que le pain n'est pas suffisant et il peut saisir tout le reste de la même fournée. »

Le rôle des jurés, on le voit, se bornait à constater le délit, l'application de la sentence appartenait au

T. I, p. 10.

Id. p. 12.
Visite des jurés.

Maître du métier.
l'etite justice.

----

(1) Nous avons vu plus haut, qu'outre les 12 jurés, le métier des boulangers avait pour l'administrer un maître qui était ordinairement le panetier du roi.

pouvoir royal, représenté, soit par le *maître* jouissant de la petite justice du métier, soit, le plus ordinairement, par le prévôt de Paris. (1)

(1) *Note sur les terres privilégiées.* — Il y avait dans l'enceinte de Paris certains enclos ou quartiers qui échappaient en partie à la juridiction royale et relevaient soit de l'évêque, soit du chapitre, soit de divers monastères, soit de l'université, soit, en un mot, des seigneurs ecclésiastiques ou laïcs, possesseurs du sol. Les artisans qui y résidaient se trouvaient placés sous la juridiction du maître de la terre, et c'était à lui qu'ils payaient leurs amendes et les redevances qu'il lui plaisait d'imposer à leur métier. Comme ces redevances étaient en général plus légères que celles qu'on payait au roi, et comme aussi la justice de ces seigneurs était plus indulgente que celle du prévôt, les artisans habitant sur ces terres étaient considérés comme *francs* ou *privilégiés.* Quelques-uns exerçaient le métier librement sans être astreint à aucun réglement; ils étaient considérés par les corporations parisiennes comme des forains et n'avaient, sur les marchés de Paris, d'autres droits que ces derniers. Mais la plupart s'affiliaient aux corps de métiers de la capitale; ils se soumettaient aux prescriptions de leurs statuts — sauf les droits dûs au roi, — recevaient la visite des jurés, contribuaient aux dépenses communes de la corporation afin de pouvoir participer à ses priviléges.

Le statut des *talemeliers* nous donne la liste suivante des *lieux privilégiés.* « Saint-Marcel. — Saint-Germain des Prés hors des murs de Paris. — La vieille terre de madame Sainte-Geneviève. — La terre du chapitre de N.-D. de Paris en Guarlande. — La terre Saint-Magloire dans les murs de Paris et dehors, — et la terre Saint-Martin des Champs, aussi hors des murs de Paris. »

Le réglement des *teinturiers* mentionne en outre « la terre du Chambrier de France (chambellan du roi), et la terre du Temple. »

Les seigneurs de ces terres étaient fréquemment en conflit avec les officiers royaux au sujet des artisans soumis à leur juridiction. Nous voyons dans le statut des *fèvres maréchaux,* d'après les plaintes formulées par le maître maréchal du roi — qui, par exception et par suite d'un ancien usage, avait juridiction sur tous les maréchaux de Paris, sans distinction de résidence, — de quel singulier moyen on usait envers lui pour le détourner d'exercer ses droits. L'abbaye de Sainte-Geneviève le faisait citer à Orléans et à Blois, et l'abbaye de Saint-Germain des Champs le faisait

Nous avons expliqué plus haut (chap. **V**, § **2**), en parlant de l'administration des corporations, en quoi consistait ce droit de *petite justice* donné par le roi à des officiers de sa cour ou même à de simples particuliers. Il est intéressant d'étudier maintenant comment s'exerçait cette juridiction.

Les artisans que les jurés avaient trouvés en défaut, ou ceux qui avaient quelque contestation avec un de leurs confrères, étaient tenus de se présenter devant le maître, qui était juge non-seulement de ce qui tenait à l'exercice du métier, mais encore, comme nous le voyons dans le réglement des *fripiers*, « de la marchandise et de la compagnie de la marchandise, ou de dette faite de la marchandise, ou de perte ou de gain en la marchandise, ou d'aucune autre manière de mespranture (infraction aux statuts), ou d'aucune autre chose appartenant à la marchandise. » (1)

Le maître pouvait aussi, par un privilége tout particulier, juger les artisans de son métier qui s'étaient portés à quelque violence envers un de leurs confrères ; mais, lorsque le sang avait coulé, la cause relevait du prévôt de Paris auquel étaient

comparaître devant le juge d'Hesdin (en Artois). — C'était leur droit puisqu'elles avaient des terres dans ces localités, mais le maître des maréchaux devait souvent se désister de ses procès en présence des déplacements et des frais qu'ils lui occasionnaient.

(1) Ces termes généraux, embrassant toutes les opérations de commerce, seront expliqués plus loin au chapitre des *Foires et Marchés*. Disons seulement ici que le mot *compagnie* signifiait une association temporaire faite entre deux personnes qui achetaient et vendaient à risques communs un lot déterminé de marchandises.

réservées aussi toutes les accusations de vol. On attachait, en effet, au XIIIe siècle, une telle importance à ce délit, qu'il était jugé avec les cas exceptionnels et puni de peines très-sévères.

Si l'artisan, « ajourné devant le maître qui garde le métier, » faisait défaut, il était condamné à une amende de quatre deniers par jour de retard, indépendamment de celle à laquelle l'exposait sa faute.

Lorsque l'accusé niait le fait qui lui était reproché, le maître recourait à des témoins auxquels il faisait d'abord prêter serment ; les jurés étaient aussi entendus, et le maître prononçait la sentence qui ne pouvait être arbitraire, mais qui était déterminée par les réglements suivant la nature et l'importance de la faute.

La résistance aux arrêts du maître était sévèrement punie. Voici, en effet, ce que nous lisons dans le réglement des *fripiers*, qui est l'un des plus étendus et des plus habilement rédigés de tout le *Livre des Métiers,* et que M. Depping considère, pour cette raison, comme l'œuvre d'un magistrat ou d'un homme de la loi, tout particulièrement versé dans ces matières.

« Si aucun du métier devant dit, dit vilenie ou fait vilenie à un maître du métier ou à aucun de ses sergents, ou à aucun autre en jugement pardevant le maître, amender le doit à celui à qui il aura dit la vilenie, et au maître par le loyal taxement du maître. Et s'il ne veut le faire, le maître peut lui défendre de sortir de l'hôtel et d'emporter le droit du roi. Et s'il est si fou et si raide et si obstiné qu'il ne veuille obéir au commandement du maître, ou payer l'amende au maître, ou entériner (payer la valeur de) ce qu'il aura donné en gage pardevant le maître, ou venir aux ajournements, le maître peut prendre toutes les choses que le fou et le raide et l'entêté aura en plain marché appartenant à son métier, toutes les fois qu'il les trouvera dans le marché. Et s'il les rescouait (reprenait de force), ou n'apportait plus rien au marché de choses appartenant à son métier, le maître devrait le faire savoir au prévôt de Paris, et le prévôt doit briser sa résistance et le forcer à exécuter ce qui aura été bien et loyalement décidé devant le maître, et lui faire payer une amende pour la violence faite au maître, qui doit recevoir toutes les amendes qui lui sont dues. » (1) Des dispositions analogues et dans des termes presque identiques sont contenues dans le registre des *fèvres maréchaux.*

C'était aussi le maître du métier qui punissait les fautes des vallets et jugeait leurs différends. En cas de résistance, ou de défaut de payer l'amende, le maître *défendait* le métier aux vallets et aucun artisan ne pouvait les employer sans s'exposer lui-même à l'amende.

Prévôt de Paris. L'autorité du prévôt de Paris (2) était, on le voit

---

(1) Nous croyons devoir faire remarquer encore une fois, que nous ne citons pas textuellement le *Livre des Métiers,* mais que, sans changer la tournure des phrases, nous remplaçons les expressions vieillies par les termes actuellement usités.

(2) Voyez ci-dessus, le paragraphe 2me relatif à *l'administration des corporations.*

par ce qui précède, invoquée en dernier ressort par
le maître du métier pour faire respecter l'exécution
de ses arrêts que le magistrat royal pouvait, du
reste, reformer s'il ne les jugeait pas équitables.
Dans tous les métiers qui n'avaient pas de *maître*
jouissant de la petite justice — et c'était le plus
grand nombre, comme nous l'avons fait remarquer,
— le tribunal du Châtelet prononçait sans appel
sur le rapport des prud'hommes du métier, s'il
s'agissait d'un manquement aux statuts, ou sur l'au-
dition des témoins et des parties en cas de discussion
entre les artisans.

Les diverses peines qui étaient appliquées suivant
les prescriptions des réglements, peuvent toutes se
ranger dans les trois catégories suivantes :

    1° L'interdiction du métier, temporaire ou dé-
finitive ;

    2° La confiscation des marchandises ;

    3° L'amende.

1° L'*interdiction du métier* est la peine la plus
sévère que prévoient les réglements ; elle n'était que
rarement appliquée. Dans le cas de résistance ou
d'injures faites au juge en plein tribunal, elle pouvait être prononcée pour toujours ; elle était temporaire, lorsque l'artisan refusait ou était dans l'im-
possibilité de payer l'amende et durait jusqu'à ce
que celle-ci fût entièrement acquittée. C'est ce que
nous prouve l'article suivant du registre des *maçons,
mortelliers* et *plâtriers* : « Si aucun du métier devant
dit à qui le métier soit défendu de par le maître,

Peines
diverses.

Interdiction
du métier.

T. 1, p. 14.

T. XLVIII,
page III.

œuvre depuis la défense du maître, le maître lui peut ôter ses outils et les tenir tant qu'il soit payé de l'amende, et s'il veut résister par la force, le maître le devrait faire savoir au prévôt de Paris, et le prévôt lui devrait abattre la force. » Dans quelques corporations, on s'exposait à l'interdiction du métier, en manquant gravement aux statuts. Tout *orfèvre*, par exemple, qui « œuvre de mauvais or ou de mauvais argent, et ne s'en veut châtier, est amené par les prud'hommes au prévôt de Paris, et le prévôt le punit et le bannit du métier, à quatre ans ou à six ans, suivant qu'il a desservi. » Le *boucher* qui mettait en vente de la chair de chien, de chat ou de cheval, perdait son métier pour toujours.

Chez les *fripiers,* l'interdiction du métier entraînait, pour celui qui avait encouru cette peine et en était relevé, l'obligation « d'acheter le métier tout de nouvel, et de faire le serment en la manière dessus dite, » comme à la première réception, avant de pouvoir faire aucun acte de commerce.

2° La *confiscation* des marchandises défectueuses, « fausses œuvres, » était une peine beaucoup plus fréquente. Les jurés saisissaient, chez les boulangers, le pain trop petit, chez les bouchers et les rôtisseurs, la viande qui manquait de fraîcheur. Dans presque tous les métiers, les objets réparés et vendus pour neufs étaient confisqués aussi bien que les objets mal fabriqués ou de qualité inférieure que les statuts désignent d'une manière générale sous ce nom de « fausses œuvres. »

Les denrées alimentaires saisies, non pour un défaut de qualité, mais par suite d'une infraction aux réglements, étaient données *pour Dieu,* c'est-à-dire, aux pauvres ou dans les hôpitaux. C'était l'usage que l'on faisait de la bière saisie dans un débit prohibé, (1) du pain trop petit, etc. Les volailles achetées par les *poulaillers* en dehors des marchés étaient aussi données « pour Dieu à l'hôtel-Dieu ou aux pauvres prisonniers du Châtelet ; » le poisson qui se trouvait dans les mêmes conditions, était de même « donné aux prisonniers du Châtelet, ou à la maison-Dieu, ou là où il semblait bon aux jurés. »

T. LXX, page 180.

T. XCIX, page 264.

Le plus ordinairement, la *fausse œuvre* saisie était brûlée ou mise hors d'usage. On détruisait par le feu les cordes dans lesquelles le chanvre était mêlé de poil, les serrures sans ressort, les coffres neufs sur lesquels on mettait une vieille serrure, les étoffes dans lesquelles la soie était mélangée de fil, les barils défectueux, tous les objets où du cuir de qualité inférieure se trouvait dissimulé sous du cordouan, (2) les chapeaux de feutre reteints et les vieux habits replongés dans du noir de chaudière (3)

Marchandise brûlée.

---

(1) Nous avons déjà dit que saint Louis avait défendu aux brasseurs de vendre leur bière ailleurs que dans la maison où elle se fabriquait. (T. VIII, p. 30.)

(2) Cuir préparé à Cordoue, en Espagne, et qui passait pour le meilleur de tous.

(3) On appelait *noir de chaudière,* la teinture obtenue à l'aide des résidus métalliques provenant des ateliers de taillandiers. (Oxydes de fer et de cuivre donnant un noir peu solide et attaquant la laine).

que les *fripiers* essayaient de faire passer pour neufs , etc...

Nous voyons dans le statut de cette dernière corporation que le chambrier du roi, maître du métier des fripiers , avait un pouvoir discrétionnaire pour ordonner la destruction par le feu des fausses œuvres saisies , et que cette destruction se faisait avec une certaine solennité. Elle avait lieu « en plein marché, pardevant les prud'hommes du métier et par leur conseil, » et le maître des fripiers pouvait l'ordonner « sans en prévenir le prévôt, ni le voyer de Paris.»(1)

Le réglement des *peintres-imagiers* (2) contient une disposition qui mérite d'être signalée. On y défend de brûler les fausses œuvres du métier « par respect pour les saints et les saintes, en souvenir de qui elles sont faites. » — « La fausse œuvre doit être gratée et refaite bonne et loyale. »

Le statut des *tisserands de lange* (drapiers), — qui mériterait une étude spéciale à cause du soin et des développements avec lesquels il est rédigé,— prend les plus minutieuses précautions et entre dans les plus grands détails pour assurer la loyale fabrication des étoffes. Lorsqu'une pièce de drap se trouvait défectueuse , les jurés n'en opéraient pas la saisie, mais, outre l'amende qui était considérable, on obli-

T. LXXVI, page 196.

Exceptions.

T. LXII, page 159.

Drap coupé.

____

(1) Officier chargé de la police des rues depuis leur pavement sous Philippe-Auguste.

(2) Cette corporation travaillait plutôt en relief qu'en statuaire. Elle dorait, argentait ou recouvrait de peintures les objets qu'elle sculptait. Elle faisait, notamment, de ces petits tryptiques en ivoire que l'on voit en assez grand nombre dans les musées.

geait le fabricant à prêter serment qu'il ne mettrait pas son tissu en vente, sans prévenir l'acheteur du défaut que les jurés y avaient reconnu. Lorsque le drap était *espaulé*, « c'est à savoir, dit le statut, drap dans lequel la chaîne n'est aussi bonne au milieu comme aux lisières, » le drap était porté au Châtelet et coupé en pièces de cinq aunes au plus ; il ne pouvait se vendre, ainsi débité, qu'en subissant une grande dépréciation. Et doivent, « ajoute-t-on, les maîtres et les jurés prendre le serment de celui à qui sont les pièces de drap devant dites, que ce drap ne rassemblera en aucune manière, et qu'il ne vendra les pièces coupées à personne sans dire le défaut qui est dans le drap. Et s'il fait autrement, les maîtres et les jurés le doivent faire savoir au prévôt de Paris, et le prévôt le doit punir très-grièvement, selon qu'il lui plaira. »

T. L, p. 131.

Nous lisons aussi dans le règlement des *tailleurs* que celui qui gâte le drap qui lui a été confié, et livre à son client un habit mal confectionné, doit l'en dédommager, indépendamment de l'amende à laquelle il est condamné sur le rapport des prud'-hommes, s'il a manqué aux prescriptions des statuts de la corporation.

3° L'*amende*, telle est la sanction presque générale qu'indiquent les règlements. L'artisan ou le marchand s'y voient condamnés aussi bien pour travailler de nuit ou, pendant un jour férié, que pour faire ou vendre un ouvrage défectueux, pour employer dans leur ouvroir plus d'apprentis qu'ils

Amendes.

n'en ont le droit, que pour faire défaut à l'assignation du maître ou du prévôt, ou bien pour **entraver** le libre exercice de la surveillance des prud'hommes. Le *meunier du Grand-Pont* qui délie le bateau sur lequel est construit le moulin de son voisin et expose celui-ci à être emporté par le courant de la Seine, doit payer au chapitre de Notre-Dame de Paris 2 sols et 6 deniers d'amende, et réparer en outre le dommage qu'il a causé.

L'importance de l'amende variait beaucoup suivant la richesse du métier ou la gravité de la faute. Elle n'était que de 6 deniers pour les *boulangers,* tandis qu'elle s'élevait à 20 sous pour les *cervoisiers* et les *foulons.* Les *paternôtriers* (faiseurs de chapelets), et les *ouvriers en drap de soie et velours* pouvaient même être condamnés, les premiers à 4 livres, les seconds à 60 sous d'amende, pour un manquement aux articles du réglement concernant les apprentis, ou une négligence dans les précautions exigées pour accepter un vallet étranger.

La violation des fêtes ou des vesprées exposait l'artisan à une amende moins considérable. Le statut des *charpentiers* la fixe à 12 deniers ou la confiscation de l'outil. Nous trouvons cependant dans le registre des *lampiers* un article qui nous prouve que pour une infraction au travail de nuit, chaque ouvrier de l'atelier payait une amende particulière. « Le maître, y est-il dit, payera V sous pour lui, et pour son apprenti, II sous ; et chaque ouvrier pour sa personne II sous. »

En général, pour une faute de même importance, le vallet payait la moitié de l'amende infligée au maître.

A l'époque où furent rédigés les statuts des métiers, le prévôt de Paris s'était réservé, dans un certain nombre d'entre eux, un pouvoir discrétionnaire relativement au taux des amendes. Ce pouvoir qui peut sembler exorbitant, et prêtait nécessairement à l'abus, puisque le prévôt recevait pour le roi la plus grande partie des amendes, ne tarda pas à être limité. Le *Livre des Métiers* en fournit lui-même la preuve matérielle. (1) Partout en effet, où le manuscrit portait ces mots « à la volonté du prévôt, » on y a substitué ceux-ci « au roi, » en ajoutant la quotité de l'amende. Nous citerons pour exemple le registre des regratiers qui *qui vendent fruit et aigrun* à Paris, où l'amende se trouve fixée « à IV sols. »

Fixation des amendes.

Dans presque toutes les corporations, une partie des amendes était abandonnée aux prud'hommes jurés pour les indemniser de leurs peines et de la perte de temps et de travail que leur causait la garde du métier. Les jurés prélevaient sur leur part la solde des « sergents » qui les accompagnaient dans leurs visites et convoquaient les membres aux

Partage des amendes.

(1) Le manuscrit auquel je renvoie le lecteur est celui qui a servi de base au travail de M. Depping. — Il paraît avoir été fait vers la fin du XIII⁰ siècle, et avoir été copié sur l'original même d'Étienne Boileau peu après la rédaction de celui-ci. — Les corrections sont de la même époque.

réunions. Cette part des prud'hommes varie , suivant les métiers , de la moitié au cinquième des amendes. Dans quelques corporations enfin, la confrérie avait droit aussi à une certaine partie du produit des amendes ; elle devait être employée au soutien des pauvres ou à l'entretien de la chapelle, comme nous le dirons plus loin.

Nous croyons intéresser le lecteur en donnant à l'appui de ce que nous venons de dire, l'extrait d'un « *Compte de Henry de Caperel , prévôt de Paris ,* (1) *du terme de la Toussaint* MCCCXVIII. » (Cité par C. Leber. T. 19 , p. 52).

« *Menus exploits dudict Prevost.*

. . . .

Hanequin de Bruges , chapelier de feutre , pour ce qu'il a
    ouvré contre les poins (statuts) du métier. . . . . V s. (2)
Perrot de Bucy povre, pour Jehannot qu'il a féru (frappé). V s.
Thibaut de Damas, pour ce qu'il jouait aux dés outre heure. V s.
Jehan Aubin boutonnier, pour ce qu'il a ouvré contre les
    poins du métier. . . . . V s.
Thomas Lengles chapelier de feutre, pour fausse œuvre. . . V s.
Richard Hanequin tabletier, pour ce qu'il a ouvré contre les
    poins du métier. . . . . V s.
Robert de Vernon tabletier, pour le métier qu'il a acheté. . V s.

. . . .

(1) Henry de Caperel , né en Picardie , subit la peine capitale pour avoir rendu un faux jugement.
(2) En 1318, V sous équivalent à 24,45 de notre monnaie, (Leber). Ils valaient 28,50 sous saint Louis.

Gros exploits dudict Prevost.

Guillaume de Poulonge lormier, pour le métier de lormerie
qu'il a acheté . . . . **XXV s.**

Enguerran le poures (pauvre), pour Colin, valet d'Audry
de Valery, que il férit d'un martel en la teste. . . . **XL s.**

Simonin Eljot de Charmantre, fénies (marchand de foin),
pour ce qu'il a fait contre le registre des féniers. . . . **XX s.**

Ch. Levesque ouvrier de drap de soye, pour ce qu'il a
acheté le métier. . . . . **XX s.**

Simonet le piquier, pour un sergent du guet qu'il a féru. **LX s.**

Girardin l'esmailleur & Robin le Breton, amenés par le
guet pour ce que Bertrand de Corbie dist que ils avaient
désobéi au guet. . . . . Sans chiffre

Thomas le brocheur, pour une charrette que il a charroyé
sur la jambe d'un vallet. . . . . Id.

Jehan le Normant, tailleur de robes, pour Thomas Higier
orfèvre, qu'il a navré d'un coustel. . . . . **XXX s.**
Etc. . . . . »

§ Vme — IMPÔTS ET CHARGES PESANT SUR L'INDUSTRIE ET LE COMMERCE.

Pour donner une idée complète de la situation des artisans au moyen-âge, nous devons dire ici quelques mots des impôts et des charges diverses qui pesaient sur l'industrie et le commerce. Nous ne ferons qu'énumérer les droits principaux, car vouloir entrer dans le détail des impositions, servitudes et redevances de tout genre qui existaient au XIIIe siècle, ce serait s'exposer à des longueurs et à une confusion presque inévitable.

Division du paragraphe. Nous parlerons d'abord des droits qui frappaient plus spécialement la fabrication et la vente au détail : (1) c'étaient ceux que l'on payait pour *l'achat et l'exercice du métier,* le *hauban,* et enfin, un certain nombre de redevances ou de *coutumes* qui étaient, ou générales à tous les métiers, ou spéciales à quelques industries.

Achat de la maîtrise. Nous ne reviendrons pas sur l'origine et la perception du droit d'*achat de la maîtrise,* que nous avons déjà étudié en parlant de l'administration des métiers dépendant du roi. (2) L'importance de ce droit

_____

(1) Il est difficile, au moyen-âge, de séparer la fabrication de la vente au détail, parce que presque tous les artisans vendaient les objets qu'ils fabriquaient. Le commerce de gros n'avait lieu que dans les marchés, les halles et les foires, aussi lui consacrerons-nous un chapitre spécial.

(2) Voir § II.

était fort variable suivant les métiers ; (1) dans un certain nombre, il fut d'abord laissé à la volonté du

(1) *Tableau des droits d'achat de la maîtrise*, sous saint Louis. (Rapprocher ce tableau de celui des métiers appartenant au Roi).

Talemeliers, regratiers de pain, regratiers de fruits, tisserands de lange, poulailliers, fripiers, bourreliers (de cordouan), baudroiers, poissonniers d'eau douce, (A) *poissonniers de mer,*	Le métier est vendu « à l'un plus, à l'autre moins. «	
Fèvres maréchaux, couteliers, serruriers	Id. maximum V sols. (B)	
Maçons, pécheurs de l'eau du roi .	V sols.	
Boursiers	XVI den. au maître des sueurs.	
Peintres-selliers, cordonniers, cavetonniers (cordonniers en basane),	XVI s⁵,	X au chambrier du roi VI au connétable.
Savetiers	XII deniers. (C)	
Gantiers	XXXIX deniers. (D)	
Ouvriers de drap de soie et velours, braaliers de fil (faiseurs de chausses ou braies de fil), Maîtres	XXX sous	XX au roi X aux jurés.
Compagnons	III sous	II au roi I aux jurés.
Chauciers (chaussetiers). . , .	XX sous	XV au roi V à la confrérie.
Potiers de terre	X sous	V au roi V à la confrérie.
Meuniers du Grand-Pont	V sous aux compagnons pour boire.	
Crieurs de Paris . .	IV deniers au maître pour les mesures.	
Corroyeurs	III sous d'entrée à la confrérie.	
Fourreurs de chapeaux.	V sous au roi III sous aux maîtres.	

NOTA. Ce statut, écrit d'une main différente dans le manuscrit, semble postérieur à Étienne Boileau ; les droits ci-contre n'étaient probablement pas perçus sous saint Louis.
(Titre XCIV, p. 255).

(A) Plus 20 sous aux maîtres qui gardent le métier.

(B) Accordé moyennant 1 denier à payer chaque année à la Pentecôte, au maître des maréchaux.

(C) Plus 2 deniers de vin aux témoins.

(D) Plus 12 deniers de vin aux témoins.

roi ou de celui à qui le roi avait abandonné les revenus ; mais il y avait, dans cet arbitraire, matière à de grands abus ; aussi ne tarda-t-on pas à fixer un maximum qui ne pouvait être dépassé. Ce maximum fut le plus généralement de V sols. Les jurés ou la confrérie du métier avaient dans plusieurs corporations une part dans le droit d'achat ; dans d'autres, les compagnons recevaient du nouveau maître une distribution de vin dont la dépense était prévue d'avance par le réglement.

Coutumes pour *l'exercice du métier.*

T. I, p. 7-8.

Indépendamment de ce premier impôt, les artisans de certaines corporations devaient, comme nous le voyons dans les *Registres* d'Étienne Boileau, au roi ou à celui qui jouissait des revenus du métier, une redevance annuelle à diverses échéances fixes. Les boulangers, après avoir acheté le métier du roi, étaient tenus de lui payer, pendant les quatre premières années, vingt-cinq deniers de coutume à l'Épiphanie, douze à Pâques et cinq à la Saint-Jean. Chaque année, après les trois paiements, chacun d'eux faisait un cran sur un morceau de bois conservé par le percepteur de la coutume. Ce n'était qu'à la fin de la quatrième année que le boulanger était reçu, d'une façon définitive, maître dans la corporation. Il ne payait plus dès lors que dix deniers de coutume à Noël, vingt-deux à Pâques et cinq à la Saint-Jean.

Ces droits annuels, comme le droit d'achat de la maîtrise, n'existaient que dans un petit nombre de métiers ; la plupart étaient libres et francs de tout impôt de ce genre comme nous l'avons dit plus haut.

Le *hauban* n'était pas à proprement parler un impôt, c'était plutôt un abonnement au moyen duquel le marchand achetait l'exemption des taxes qu'aurait dû acquitter sa marchandise. Voici ce qu'en disent les *Registres des Métiers*, 2me partie , titre IV. « Le *hauban* est une coutume assise anciennement par laquelle il fut établi que celui qui serait haubannier serait franc et paierait moins de droits de son métier et de la marchandise dont il serait haubannier que celui qui ne le serait pas.

« Le hauban, ajoute le *Registre* , fut d'abord fixé à un muid de vin par an aux vendanges du roi , et puis mit le bon roi Philippe, (1) ce muid à VI sous de Paris pour les contestations qui étaient entre les pauvres haubanniers et les échansons du roi qui recevaient le muid de vin de par le roi. »

Cette fixation du hauban à VI sous ne rendait cependant pas le droit uniforme ; il y avait, en effet, des métiers qui payaient demi-hauban, d'autres qui payaient hauban et demi ; et, dans un même métier, les artisans pouvaient avoir des cotes différentes, suivant l'importance de leurs affaires.

Le hauban était considéré comme une faveur et quelques métiers seulement en jouissaient. « Tous les métiers de Paris ne sont pas *haubannier,* dit le *Registre* que j'ai déjà cité ; nul ne peut être hauban-

(1) Philippe-Auguste, par une ordonnance de 1201.

nier s'il n'appartient à un métier qui ait hauban, ou si le roi né lui octroie par vente ou par grâce. » (1)

Il serait difficile de préciser l'importance de l'exemption que procurait le titre de haubannier; nous savons cependant que la franchise des droits de vente et d'achat était le privilége le plus considérable.

Coutumes. Les impôts directs dont je viens de parler, étaient spéciaux aux villes royales ou seigneuriales, les habitants des communes n'y étaient point soumis. Mais les *coutumes,* dont je vais citer les principales, étaient plus uniformément supportées par les artisans, quelque fût leur résidence.

1º Générales. Parmi les coutumes qui étaient générales à tous les métiers, citons principalement : les *droits de vente et d'achat,* les *droits de voirie* et les *censives.*

Droits de vente et d'achat. *Les droits de vente et d'achat* dont nous parlons ici, sont ceux que l'on percevait sur les objets vendus dans son ouvroir par l'artisan qui les avait fabriqués. Nous distinguons ce droit appelé quelquefois aussi *tonlieu,* du tonlieu proprement dit, dont

(1) Voici la liste des métiers qui jouissaient du hauban à l'époque de la rédaction du *Livre des Métiers. (2ᵉ partie. Titre IV, p. 297).*

Regratiers, — *Sauniers* (marchands de sel), *pécheurs,* — *maré-chaux* (travaillant chez eux), — *sueurs,* — *boursiers,* — *mégis-siers,* — *gantiers* . . . . payaient demi-hauban, III sous de Paris.

Talemeliers, — *bouchers,* — *maréchaux* (travaillant hors de leur maison), — *tanneurs* (qui ne découpent pas), — *peletiers,* — *foulons* payaient hauban, VI sous de Paris.

Tanneurs (qui découpent) . . . . payaient hauban et demi, IX sous de Paris.

nous parlerons plus loin, et qui frappait les objets vendus en gros dans les halles et les marchés. ...

Le droit de vente dans les boutiques était généralement beaucoup moindre que le tonlieu et n'atteignait que les objets d'une certaine valeur. Ainsi, nous voyons dans le statut des *tisserands de lange,* qu'il fallait que le drap fût vendu par pièce entière pour payer 2 deniers ; la pièce débitée au détail ne payait rien.

Un grand nombre de corporations à Paris jouissaient même de la franchise entière de cet impôt. Nous trouvons, dans vingt-huit statuts, une mention analogue à celle-ci : « Les *serruriers* ne doivent rien des choses qu'ils vendent ou achètent, appartenant à leur métier. » Nous avons déjà dit que les artisans qui acquittaient le hauban, étaient par là francs du droit d'achat et de vente. Un certain nombre de métiers devaient pour tout impôt de vente faire peser leurs marchandises au *poids du Roi,* en acquittant le droit de pesage. Il en était ainsi pour les *ciriers,* les *poivriers* et les *apothicaires. (Livre des Métiers,* page 322).

T. XVIII, page 52.

L'article suivant du réglement des *tisserands de lange,* qui se trouve reproduit en plusieurs endroits du *Livre des Métiers,* nous porte à croire que l'impôt de la vente pesait uniquement sur les transactions entre commerçants et qu'on s'attachait à en affranchir le consommateur. « Chaque tisserand, est-il dit, doit, de chacun drap entier qu'il vend pendant la semaine en son hôtel, deux deniers du drap de donlieu, et autant en doit l'acheteur, *s'il n'achète pour son propre usage.* » D'après ces derniers mots, celui-là seul qui achetait pour revendre devait payer l'impôt.

Dans la plupart des communes, les bourgeois étaient francs du droit d'achat ; dans quelques-unes, ils ne payaient que la moitié de l'impôt exigé des forains.

Voirie. Les rues et les places publiques étaient, au moyen-âge aussi bien que de nos jours, considérées comme la propriété de la commune ou du seigneur. Aussi, achetait-on au prix d'une redevance spéciale le droit d'établir des auvents et des étalages, de percer des ouvertures de caves, et même, de suspendre une enseigne au-dessus de la porte d'entrée de la maison. Ce droit, qui portait, à Amiens, le nom de *dangers de la prévôté*, s'achetait moyennant le cens annuel d'un chapon, estimé dans le statut des boulangers de Paris à 12 deniers. (Titre I, page 8).

Censives. Nous avons déjà parlé des *censives*, et nous avons rapporté un curieux exemple de cet impôt à propos de la ville de Saint-Riquier. (1) Les coutumes du IXe siècle s'étaient perpétuées jusqu'au XIIIe, au profit de l'évêque d'Amiens, devenu seigneur de Saint-Riquier.

Il y avait aussi, à Paris, plusieurs corporations qui devaient au roi une redevance spéciale appropriée à leur genre d'industrie. Les différents métiers qui travaillaient le cuir, les *selliers*, les *lormiers* et

(1) Voyez ci-dessus, chap. 3. (1re partie).

les *cordonniers* payaient ensemble dans la « semaine peineuse de Pâques, » 32 sous de Paris pour les *huèses* ou bottines du roy, qu'elles avaient, sans doute, à l'origine, fourni en nature.

« Les *maréchaux*, lit-on dans le statut de ce mé-tier, doivent chacun an 6 deniers à payer aux hui-tènes de Pentecôte, et les, au maître maréchal du roi, tant qu'il lui plaira ; et, de ce, est tenu le maître maréchal du roi de ferrer ses palefroy de sa selle tant seulement, sans autre cheval nul. » Il y a lieu de rapprocher cet article de ce que nous avons dit déjà des fonctions des dignitaires du palais au XIII siècle.

Quelques-unes de ces censives étaient fort singu-lières et on en trouverait difficilement l'origine. Comment expliquer, par exemple, la coutume sui-vante, consignée dans une charte de Philippe de Valois (1328), (2) qui indique les différentes censives dues par les métiers de Beaugency ? « En tous cas où l'on fait justice, les *meuniers* de la ville *font l'exé-cution à leur coust* (frais), *soit pendre, ardoir* (brûler), *bouillir, enfouir, écorcher et fuster* (fustiger) ; et est le tout sans prix (indemnité) pour la noblesse du châtel. »

Parmi les impôts spéciaux qui frappaient la fabri-cation ou la vente au détail de certaines denrées ou marchandises, les droits sur les boissons étaient les

T. XV, p. 44.

Coutumes spéciales.

---

(1) La semaine sainte.

(2) *Assiette d'une terre donnée à la reine Jeanne de Bourgogne.* (Leber. — *Collection citée*, T. XIX, page 75).

plus considérable. (1) Les *taverniers* de Paris payaient au roi le *chantelage,* aux bourgeois de Paris une redevance pour la vérification des mesures, et enfin, ils étaient astreints, comme nous l'avons dit, à user du ministère des *crieurs,* ce qui n'était pas pour eux la moindre charge. (2)

Dans toutes les villes, les *taverniers* étaient soumis à une police sévère : il leur était interdit de loger les étrangers plus d'une nuit sans autorisation, de tolérer chez eux des jeux prohibés et de recevoir les femmes de mauvaise vie. Leur vin était taxé et ils ne pouvaient en augmenter le prix sans encourir une forte amende. A Amiens, chaque fois qu'un tavernier mettait en perce une pièce de vin, les échevins se rendaient en personne dans sa cave pour déguster (3) et tarifer le vin qui payait alors une coutume nommée *forage* ou *afforage.* Le tavernier déclarait par serment le prix que lui coûtait la boisson et on calculait d'après ce prix le bénéfice qui ne pouvait excéder une maille par lot. Chaque tavernier ne pouvait, à moins qu'il n'en obtînt le

(1) Un but de moralité publique a toujours porté à choisir de préférence les boissons comme matière imposable.

(2) « Tous ceux peuvent être taverniers à Paris qui veulent, s'ils ont de quoi, en payant le chantelage au roi, les mesures aux bourgeois et les crieurs. »

« Chacun tavernier doit acheter chacun an ses mesures aux bourgeois de Paris, et les vendent les bourgeois à l'un plus, à l'autre moins, selon qu'il leur plaira, en dessous de 1 denier le jour. » (Titre VII, page 29).

(3) Le tavernier devait présenter aux échevins une tranche de fromage, afin qu'ils eussent le palais plus apte à cette délicate opération.

congé à prix d'argent, offrir à ses clients qu'une seule sorte de vin ; il résultait de là que chaque taverne avait sa spécialité et attirait les consommateurs suivant les goûts de chacun.

Enfin, un autre impôt pesait encore sur les taverniers, c'était le *banvin*. Lorsque le seigneur faisait sa vendange, lui seul avait le droit, pendant un temps déterminé, de vendre son vin sur sa terre, et toutes les tavernes étaient fermées. A Paris, les *crieurs* allaient solennellement en corps, par les rues, tout le temps que durait le privilége du roi, annoncer le prix auquel était fixée la vente. Leur chef les précédait portant un hanap (vase à boire) doré. Ils recevaient pour cette cérémonie chacun quatre deniers par jour, c'est-à-dire autant qu'ils gagnaient à crier le vin d'une taverne.

La perception de ces droits ne se faisait pas sans donner lieu à de nombreuses réclamations ; les taverniers essayaient souvent de vendre en fraude et surtout de débiter leur vin concurremment avec celui du seigneur pendant la durée du *ban*. Lorsqu'une discussion s'ensuivait et que les priviléges se trouvaient contestés, le bailli du roi et, en cas d'appel, le parlement était appelé à trancher le différend. J'en citerai comme exemple un procès curieux auquel donna lieu le fait suivant arrivé à Amboise vers 1260, et que M. Levasseur raconte en ces termes. (1) « Il y avait à Amboise un marchand de vin nommé Denis Farinelli, ayant le titre de bourgeois du roi,

Banvin.

(1) *Histoire des classes ouvrières.* T. Ier, page 313.

qui, chaque fois que le seigneur de la ville publiait son ban, bravait ses ordres et continuait à vendre du vin, parce que, disait-il, il ne reconnaissait que la suzeraineté et la juridiction royales. Je laisse à penser si sa taverne devait être alors achalandée. Le seigneur était fort irrité ; mais, n'osant violer le domicile d'un bourgeois qui n'était pas son homme, il se contenta d'aposter autour de la maison des hommes qui, chaque fois que quelqu'un, vallet ou acheteur, sortait de la boutique avec un vase plein, lui courait sus, brisait le vase et répandait le vin. Le seigneur, à son tour, était dans son droit, il exerçait sa justice sur sa terre, et empêchait qu'on y transportât, pendant son ban, d'autre vin que le sien. Farinelli plaida et fut condamné. » (1)

Impôts sur la bière.

La bière était soumise aussi à des impôts multipliés. A Amiens, il y en avait trois différents. Le *torillage*, droit sur l'avoine torréfiée avec laquelle elle se faisait ; le *cambage*, droit sur chaque brassin, qui correspond à notre droit d'*exercice*, et la *coutume de l'archidiacre*, qui se percevait sur la vente au détail.

Coutume du foin.

Les *marchands de foin de Paris* devaient au roi une redevance assez curieuse qui a grande analogie avec les censives, mais ne se payait pas comme ces dernières chaque année à une époque fixe. Elle consistait en « un fagot de foin, le premier que celui qui recueille la coutume peut trouver en la maison, chacun jour que le roi entre en la ville de Paris. »

T. LXXXIX, page 245.

(1) *Recueil des Olim*, (anciens arrêts du Parlement). I, p. 522. IV. Année 1263.

Disons encore que les *teinturiers, mégissiers, tanneurs* et autres artisans auxquels l'eau de la Seine était nécessaire pour leurs travaux et qui habitaient les bords du fleuve, achetaient, au moyen d'une redevance spéciale, le droit de puiser de l'eau. Le registre des *teinturiers* indique la somme due pour les planches établies à cet effet : elle variait suivant les terres qu'habitaient les artisans. (1)

Nous ne multiplierons pas davantage ces exemples de redevances spéciales à quelques métiers. Chaque ville, et, dans chaque ville, chaque terre soumise à une juridiction différente avait ses usages particuliers. Ceux que j'ai cités suffisent à nous faire juger des autres par analogie. (2)

(1) « Tous les teinturiers de Paris, demeurant en la terre du roi et en la terre de l'évêque, doivent chacun, chaque année, au roi 6 sous de hauban et 4 sous pour les planches.

» Les teinturiers qui demeurent en la terre du chambrier de France ne doivent que 6 sous de hauban, car ils ne doivent rien des planches.

» Les teinturiers qui demeurent en la terre du Temple ne doivent que 4 sous chacun pour les planches. » (Registre des Teinturiers, T. LIX, page 138).

(2) Nous trouvons l'énumération des impôts sur le commerce d'Amiens dans une charte de Philippe d'Alsace, datée de 1168. (Citée dans les *Mémoires pour l'histoire du Tiers-État*).

Aug. THIERRY, T. 1, page 72.

DROITS GÉNÉRAUX. *Travers, par terre, par eau*, sur le passage des marchandises.

Tonlieu, droit d'octroi, de douane, perçu au moment de la vente en foire ou au marché.

DROITS PARTICULIERS. *Sesterage*, droit de mesurage des grains.

Pesage. (La laine est spécialement mentionnée).

Forage ou *afforage* du vin.

Forage, sur la vente du poisson.

Aides. Dans quelques cas de nécessité urgente, pour couvrir des dépenses de guerre, réparer leurs murailles, etc., les communes frappaient parfois certaines marchandises de taxes temporaires connues sous le nom d'*aides*. A Amiens, en 1386, le guède ou pastel, plante tinctoriale d'un grand usage, fut imposée à 32 sols parisis ou 2 francs par tonne, ce qui produisit pour cette même année 1130 livres parisis, soit près de 70,000 francs de notre monnaie.

Parlons maintenant des impôts qui pesaient le plus spécialement sur le commerce ; nous les diviserons en impôts sur les transports et impôts sur les transactions.

Impôts sur les transports. Les premiers étaient très-nombreux et très-multipliés ; ils constituaient un des principaux obstacles à l'extension des relations commerciales au moyenâge. Chaque fois qu'une marchandise entrait sur le

Étalage, au marché.
Toreillage, sur la bière.
Cambage, id.
Coutume de l'archidiacre, id.
Coutume de boulens, sur la vente au détail du pain.
Wicturne ou *nocture*, sur la pêche pendant telle nuit de l'année qu'il plairait au comte ou à l'évêque de choisir.
Gréage, sur la vente des objets en bois.
Fouée, sur la vente du bois de construction et de chauffage.
Quayage, droit de quai.
Coutume du Grand-Pont, sur les bateaux qui passaient.
Coutume de cange, droit prélevé sur chaque comptoir de change.

M. Aug. Thierry remarque qu'au XVIe siècle on retrouve à Amiens les mêmes impôts, dont le tarif n'avait presque pas été modifié,

territoire d'une ville ou d'une seigneurie, on devait acquitter un droit de passage nommé *conduit* ou *travers*. Or, on sait combien ces territoires étaient multipliés en France au moyen-âge ; aussi, quoique ces droits fussent relativement peu élevés, certaines marchandises, après un long parcours, arrivaient à destination portées au double ou au triple de leur valeur primitive.

Conduit ou travers.

A Paris, les limites qu'il fallait franchir pour payer le *conduit* dans la banlieue étaient Montlhéry, le pont de Charenton, le pont de Gournay, Meaux, l'orme de l'Ognon près de Senlis, Beaumont, Pontoise et Poissy.

Indépendamment de ce droit d'entrée sur les différents territoires, on payait pour traverser les routes, les ponts, les rivières, des droits de *chaussées*, de *charriages,* etc., dont le produit servait à l'entretien des chaussées, et qui obligeaient le seigneur qui les percevait à protéger les marchands dans les limites de sa juridiction. (1) Un arrêt du parlement condamna en 1273 le comte de Bretagne à indemniser les héritiers d'un marchand assassiné et volé dans son comté. Mais, en 1295, le comte d'Artois fut acquitté par un autre arrêt, parce que le crime avait

(1) Voici un article du *Livre des Métiers* (2ᵉ partie, T. I, p. 278), qui concerne l'exemption accordée aux classes privilégiées : « Chevalier, escuyer, prestre, clerc, ni nulle manière de gens de religion ne doivent rien de chose qu'ils mènent ou emmènent, pourvu qu'ils veuillent fiancer (prouver) que ce soit à leur user (usage), ou qu'il soit cru en leur possession, ou en leur propriété, ou qu'il vienne de leurs bêtes. »

été commis de nuit : la garde des chemins n'étant obligatoire pour le seigneur que du lever au coucher du soleil.

Passage du Petit-Pont à Paris.

Le *passage du Petit-Pont* à Paris fait l'objet d'un article spécial des *Registres* d'Étienne Boileau. (1) Le tarif qui s'y trouve établi consacre un singulier usage : le *baladin* qui passe, accompagné de son singe, « jouer en doit devant le péager, (2) et, pour son jeu, doit être quite de toute chose qu'il achète à son usage. » De même « tous les *jongleurs* sont quites pour un couplet de chanson. »

Exemptions.

Il arrivait quelquefois que, pour faciliter les échanges commerciaux et attirer dans leurs domaines les marchands étrangers qui étaient pour eux une source de revenus, les seigneurs affranchissaient temporairement ou d'une façon définitive les bourgeois de certaines villes des droits de *travers* et de *chaussées*. D'autres fois, ces droits étaient rachetés moyennant une somme d'argent une fois payée ou un cens annuel ; d'autres fois encore, les villes et les seigneurs se garantissaient mutuellement la franchise des droits sur les transports. Les bourgeois d'Avesnes-le-Comte étaient exempts des travers de Bapaume, Péronne, Saint-Riquier et Lens ; les bourgeois de Beauquesne étaient exempts des travers de Corbie, d'Abbeville et d'Arras ; les habitants de Quesnoy-sur-Airaines étaient exempts des 17 travers existant

---

(1) 2ᵐᵉ *partie.* Titre II, page 280.

(2) De là ce proverbe : *payer en monnaie de singe.*

dans les châtellenies de Picquigny, d'Airaines, d'Hangest et de Poix. (1)

Certaines marchandises payaient un droit d'*issue* ou de sortie ; les bestiaux vendus au marché d'Amiens acquittaient cet impôt en quittant la ville.

La navigation sur les fleuves et les rivières, qui étaient, à cette époque, les voies les plus fréquentées par le commerce, se trouvait aussi entravée par des droits nombreux, dont la perception donnait fréquemment lieu à des fraudes et à des contestations de tout genre. Nous avons déjà parlé du monopole que possédait, à Paris, la célèbre compagnie des *Marchands de l'eau* pour la vente de toutes les marchandises qui arrivaient par la Seine. Il existait en outre, à Paris, des droits de *rivage* ou de *quayage*, d'*arrivage*, etc., pour les vaisseaux qui abordaient aux quais ; des droits de *travers par eau* que l'on devait acquitter avant de franchir les limites de la banlieue de la capitale. Plus tard, on en ajouta d'autres encore pour la construction d'un nouveau port de débarquement.

Tous ces droits, perçus souvent d'une manière arbitraire par les péagers qui avaient la ferme des impôts, et étaient intéressés à leur faire rapporter le plus possible, furent fixés par des tarifs sous la prévôté d'Étienne Boileau. Toute la seconde partie du *Livre des Métiers* est consacrée à leur réglementation, qui dut être un grand bienfait pour le commerce et l'industrie.

(1) Bouthors, *Coutumes de Picardie*. T. II, page 518.

Droits sur les transactions.

Nous ne parlerons pas ici des droits sur les transactions commerciales, celles-ci ayant lieu d'une manière presque générale dans les foires et les marchés, nous traiterons de ces droits dans le chapitre suivant.

Les charges lourdes et multipliées, dont nous venons de donner un aperçu rapide et encore incomplet, n'affranchissaient pas les artisans des impôts que payaient tous les habitants non privilégiés du royaume. Presque tous les réglements du *Livre des Métiers* se terminent par ces mots : « Les prud'hommes du métier devant dit *doivent la taille et le guet et les autres redevances que les autres bourgeois de Paris doivent au Roy.* »

Tailles.

La *taille* fut l'objet d'un réglement spécial de saint Louis, après que le roi, vainqueur à Taillebourg et à Saintes, eût soumis les grands vassaux révoltés. L'impôt de la taille, foncier et personnel, frappait tous les habitants du royaume. Les terres non privilégiées échues aux ecclésiastiques, à quelque titre que ce fût, les maisons que les gentilshommes n'occupaient pas eux-mêmes, leurs biens ruraux, leurs propriétés à bail ou à loyer, subissaient aussi la taille.

Dans les communes, le bourgeois était généralement à l'abri des tailles imposées par les seigneurs (1) mais il restait soumis à celles que le roi édictait pour tout le royaume, et à celles que la commune levait soit pour combler le déficit de ses revenus

______

(1) Saint-Louis n'avait fait d'exception que pour les *Quatre Cas.*

ordinaires, soit pour réparer et entretenir ses monuments publics, ses églises, ses murailles, ses routes, ses ponts, ses canaux, etc.

« Dans le code publié sous le nom d'*Établissements*, saint Louis arrêta *comme on doit asseoir la taille* dans les diverses localités, villes ou autres, qui relevaient directement de la couronne. Des prud'hommes élus au suffrage de l'assemblée générale des trois ordres (noblesse, clergé, bourgeoisie), répartissaient la taille individuelle; puis les prud'hommes eux-mêmes étaient taxés par quatre d'entre eux désignés d'avance. » (1)

Répartition des impôts par les corporations

A l'imitation de ce qui se passait sous l'Empire Romain, les rois se servirent de l'organisation des corporations pour la répartition des impôts et notamment de la taille. Les jurés, assistés des plus imposés de chaque métier, nommaient parmi eux, avec l'agrément du prévôt de Paris, un ou deux répartiteurs chargés d'asseoir et de recueillir les impôts dans la corporation. Le livre des *Coutumes de Paris*, conservé aux archives nationales, indique en ces termes les noms des notables qui furent chargés de répartir la taille de 10,000 livres que la ville de Paris dut fournir au roi, en 1302, pour la guerre de Flandre. « Ce sont ceux qui doivent asseoir les 10,000 livres pour l'armée de Bruges, de l'an mil CCC et deux : Thomas de Saint-Benoit, Marcel le jeune, pour drapiers; Mahi de Beauvais, pour orfèvres; Jehan Hémery, pour épiciers; Guillaume de

____

(1) *Mœurs et usages du moyen-âge*, p. 342, par Paul Lacroix.

Troye, pour pelletiers ; Thomas de Charmières, pour merciers ; Louis Vibert, pour bouchers ; Thomas Auri, pour talemeliers ; Jehan le Paumier, pour maîtres changeurs ; Michel de Beauvais, pour cordonniers ; le maître des tisserands, pour tisserands ; Richard de Garannes, pour poissonniers de mer ; Thomas de Noisi, pour tailleurs ; Pierre de Senlis, pour fripiers ; le prévôt des marchands, Guillaume Pidzoé (1), pour marchands. »

Richesse
et importance
relative
des métiers.Les rôles des tailles de 1292 et 1313, qui nous sont parvenus, nous permettent de nous rendre un compte exact du nombre d'artisans qui exerçaient chaque profession et aussi de la richesse relative des divers métiers à la fin du XIIIe siècle.

Les *foulons* sont cités en grand nombre, mais la modicité de leurs taxes prouve qu'ils étaient, en général, peu fortunés. (2)

Les *teinturiers* sont au nombre de *vingt* ; le plus imposé est « Jehan Bouchet, maître tainturier, » taxé « 30 livres. »

Soixante *drapiers* sont cités ; parmi eux figurent les bourgeois les plus riches de tout Paris, si l'on en juge par le chiffre considérable de leur contribution, qui excède celle de certaines paroisses tout entières. Par exemple, « Vasselin de Gand, drapier

(1) Les Pidzoé étaient une famille très-notable dont plusieurs membres se livraient au commerce des draps.

(2) Un auteur contemporain dit que 300 foulons allèrent au devant des restes de saint Louis qu'on ramenait d'Afrique à Paris, afin de présenter une requête au roi Philippe-le-Hardi.

en gros, » paie 150 livres (1); Jacques Marciau, 135 livres; Pierre Marcel, drapier devant St.-Éloy, 127 livres; Nous voyons encore dame Ysabeau de Tremblay, drapière, imposée à 15 livres, et Jehan Pidzoé, son gendre, à 9 livres.

Les *fripiers* sont très-nombreux, mais leur métier ne les enrichit guère; l'un des principaux, « Bistaut, qui crie cote et surcote, » ne paie que 18 deniers.

Les *pelletiers* figurent par centaines, tant était général l'usage des fourrures au moyen-âge : mais tous sont taxés à de petites sommes, sauf « Jehan le Breton, » imposé à 24 livres.

Une des plus riches et des plus nombreuses corporations de Paris, était celle des *merciers*. Au premier rang figurait « Jehan d'Espernon, » rue Quincampoix, taxé 90 livres; puis Jehan, son fils, et un Philippe d'Espernon.

La chapellerie occupait alors quatre corporations distinctes et un grand nombre d'artisans. Le *Livre de la taille* de 1313 cite dans la rue des Rosiers « Julienne, qui fait les couvrechefs de soie, » et d'autres. Les plus riches étaient les *paoniers* ou chapeliers en plumes de paon. « Geneviève la paonnière » éleva de ses deniers une chapelle à sa patronne. Elle est taxée en 1313 à 12 livres; on voit aussi « Robert le

____

(1) Suivant l'estimation de M. Guérard — *Le Livre de la taille de 1292*, — cette somme représente près de cent mille francs, d'après M. Leber, elle équivaudrait seulement à dix-sept mille cent francs de notre monnaie.

paonnier » qui paie 75 sous ; « Guillaume le Breton, paonnier, » qui paie 18 deniers ; et enfin « Renaut le paonnier, et Haoys de Dammartin, mercier, » taxés ensemble à 18 livres.

Quelques *libraires* figurent aussi dans les rôles de 1313. Ce sont : « Thomas de Sens, » imposé à 18 deniers ; et « Nicolas Langlois, » imposé à 12 sous : mais il semble que l'industrie des livres ne florissait guère au XIIIe siècle en-dehors des couvents, car tous deux sont en même temps *taverniers.*» Thomas de Mante, libraire, » a sa femme *fripière*, et tous deux ensemble sont taxés à 30 sous.

L'art de guérir était exercé par quelques *mires*, dont la fortune paraît être restée dans un niveau aussi modeste que la science. « Mestre Geoffroy le Mire » paie 12 sous ; « Ameline la Miresse, » 8 sous. L'unique *dentiste* de Paris, « Martin le Lombart, qui trait les dens, » est taxé au même chiffre.

Enfin, il y avait à Paris au commencement du XIVe siècle, un *devin* « Guillaume le Devin, » qui figure aussi sur les rôles, et un homme qui, pour de l'argent, allait à Jérusalem ou dans les pèlerinages célèbres, gagner pour d'autres des pardons ou indulgences. Il se nommait « Mestre Jehan d'Acre, *quéreur de pardons.* »

En 1292, la taille produisit à Paris 12,218 livres, 14 sous ; elle fut répartie entre 15.200 contribuables, dont 6,774 artisans appartenant à plus de 350 professions différentes. Elle varia de 12 deniers à

114 livres 10 sous, (1) et fut en moyenne de 16 sous par tête. En 1313, certaines côtes s'élevaient à 125 et même à 150 livres. « On voit par ces chiffres, ajoute M. Levasseur, que certains marchands possédaient une fortune considérable, et qu'une grande partie des artisans devait jouir au moins d'une honnête aisance. »

La division des artisans par corporations rendit aussi plus facile l'organisation du *guet*, corvée qui déplaisait fort aux Parisiens. Chaque métier, à tour de rôle, devait veiller la nuit, en armes, et prêter main-forte au prévôt de Paris pour assurer la tranquillité de la capitale.

Guet.

Les jurés de chaque corporation convoquaient les artisans qui en faisaient partie et étaient eux-mêmes, pour cette peine, exemptés du guet. On en dispensait aussi « ceux qui ont passé 60 ans d'âge, ceux qui sont malades, ceux qui sont saignés, s'ils n'ont été avertis avant qu'ils se fissent saigner, ceux qui sont hors de la ville, s'ils n'ont été avertis avant (leur départ), et ceux auxquels leurs femmes gisent d'enfant, tant qu'elles gisent, pour tant qu'ils le fassent savoir à celui qui garde le guet de par le Roy. » (Statut des *cervoisiers* et autres.)

T. VIII, p. 31.

L'absence non motivée du guet était punie d'une assez forte amende au profit du roi. Celui qui avait quelque excuse légitime à faire valoir, devait en-

______

(1) Cette cote fut payée par un Lombard, nommé Gandouffle, qui était changeur ou banquier.

voyer, au Châtelet, sa femme ou l'un de ses plus proches parents. (1)

Plusieurs métiers de Paris étaient exempts du guet. Les *mortelliers* et les *tailleurs de pierre* font remonter pour eux ce privilége à Charles Martel, sans pourtant invoquer à l'appui de leur assertion d'autres preuves qu'une antique tradition perpétuée de père en fils. (2) Les artisans plus spécialement au service de la noblesse et du clergé, tels que les *orfèvres*, les *haubergiers* et les *archers* (fabricants d'armes), les *barilliers*, les *chapeliers de fleurs* et les *chapeliers de paon* jouissaient de l'exemption du guet. On leur avait

Exceptions.

(1) Cette exigence donna lieu à de nombreuses réclamations. Voici en quels termes naïfs, le statut des *fripiers* expose la requête des prud'hommes du métier.

T. LXXVI,
p. 203.

« Et disent les prud'hommes du métier qu'ils sont grévés de ce que depuis 10 ans ceux qui gardent le guet de par le Roi, ne veulent pas recevoir les essoignes (excuses) pour ceux du métier, par leurs voisins ou par leurs sergents ; ainsi veulent et font venir leurs femmes en propre personne, soit belles, soit laides, soit vieilles ou jeunes, ou faibles ou grosses, pour leur seigneur (mari) essoignier. Laquelle chose est moult laide et moult vilaine, que une femme soit et vienne au Chatelet après le couvre-feu tant que le guet ne soit livré. Et donc s'en vont à telle heure parmi telle ville comme Paris est, toute seule avec son garçon ou sa fille, ou sans l'un ni l'autre, parmi rues foraines, jusqu'à son hôtel. Et en ont été aucun mal, aucun péché, aucune violence faite par la raison d'un tel essoignement.

Pour laquelle chose les prud'hommes du métier voudraient prier et réquerir la deboneireté du Roy, s'il lui plait, que l'essoigne fut essoignée (l'excuse fut présentée) par leur valet, par leur chambrière, ou par leur voisin. »

(2) « Les *mortelliers* sont quite du guet, et tout *tailleur de pierres*, dès le temps de Charles Martel, comme les prud'hommes l'ont ouï dire de père à fils. » (Statut des maçons, des tailleurs de pierres, des plâtriers et des mortelliers. — T. XLVIII, p. 107.)

accordé, pour le même motif, nous l'avons vu, le droit de travailler de nuit et les jours fériés, dans certains cas déterminés. Les *peintres-imagiers* et les *imagiers tailleurs de crucifix* étaient dispensés du guet parce que, dit leur réglement, « leur métier n'appartient qu'au service de notre Seigneur et de ses Saints, et à la sainte Église, et aux princes et aux barons, et aux autres riches hommes et nobles. » T.LXI,p. 157.

En présentant leurs statuts à l'approbation du prévôt, les *pierriers et cristalliers de pierres naturelles* et les *batteurs d'or et d'argent* réclament l'exemption du guet dont ils avaient, paraît-il, joui autrefois. Ils invoquent aussi les services que leur métier rend aux nobles. Les *tapissiers de tapis sarrasinois* disent « que le maître des tisserands, Jehan de Champiaus, les fait guétier depuis 3 ans, contre droit et contre raison, comme il semble à leurs prud'hommes, car leur métier n'appartient qu'aux églises, aux gentils-hommes et aux riches hommes, comme au Roy et aux comtes, et par cette raison avaient-ils été francs jusqu'au temps de Jehan de Champiaus. » Nous ne voyons pas qu'il aît été fait droit à leur requête, formulée, du reste, en termes très-vifs, injurieux même pour le maître des tisserands qu'ils accusent de « mettre le pourfit (du guet) en sa bourse, et non en la bourse du Roy. »

Réclamations diverses.

T. LI, p. 128.

Les *foulons* rappellent que la reine Blanche les obligea à la garde de nuit, pendant que le roi était à la croisade et que Paris était dégarni de troupes régulières. Ils demandent que l'on revienne sur cette mesure, nécessitée alors par les circonstances, et qui semblait devoir être transitoire.

Les *tailleurs*, eux aussi, réclament l'exemption du guet. Ils doivent, disent-ils, tenir, dans leurs ouvroirs, « grant planté de mesniée étrange (jeunesse étrangère) qu'ils ne peuvent pas tous croire, ni tous garder, et il convient souvent que ils taillent et cousent les robes aux hauts hommes aussi bien par nuit comme par jour pour les besoins que les hauts hommes et les étrangers ont parfois d'aller hors, et lors il convient qu'ils rendent la taille qu'ils font au soir, le lendemain au matin. »

Enfin, les *couteliers* demandent de pouvoir se faire remplacer au guet par leurs vallets, pourvu qu'ils soient « suffisants, » privilége dont ils avaient, paraît-il, joui sous Philippe-Auguste. Les *cordonniers* sollicitent la même faveur.

Le guet était organisé d'une façon analogue, non-seulement dans les villes royales, mais aussi dans les communes, dans lesquelles, en temps de guerre, tout bourgeois devenait soldat et devait veiller, jour et nuit, à la garde des murailles et des portes de la cité. Les artisans des campagnes n'étaient pas non plus exempts du service militaire, ils devaient suivre leur seigneur à l'armée et s'enfermer, au besoin, dans son château pour le défendre en cas de siége.

Soumis à ces charges diverses et multipliées, l'artisan se trouvait-il au XIII° siècle dans une condition notablement inférieure à sa situation actuelle? C'est ce que nous ne saurions admettre. Le développement

T. LVI, p. 144.

considérable des corporations, le nombre sans cesse croissant des artisans sont là pour démontrer la prospérité du commerce parisien au temps de saint Louis.

Ces impôts nombreux, ces servitudes de tout genre pesaient d'une façon générale sur tous les marchands et artisans ; et, si les charges étaient lourdes, du moins étaient-elles réparties, depuis saint Louis surtout, avec uniformité et équité... La *chambre des comptes,* créée par le saint roi pour surveiller les impôts mis à ferme, avait été un grand bienfait pour le peuple. Des *enquesteurs* royaux, imités des *missi dominici* de Charlemagne, furent chargés, en outre, de parcourir les domaines de la couronne pour faire justice immédiate des abus, révoquer les prévaricateurs, et réparer sur le champ les exactions en restituant tout ce qui avait été exigé en sus des coutumes. (1)

Cette sage administration valut à Louis IX de la part de ses contemporains, malgré les sacrifices qu'il dût imposer à ses sujets pour subvenir aux frais considérables de ses deux croisades, le titre de *prince de paix et de justice,* titre glorieux, auquel la postérité a ajouté celui de *saint.*

(1) Voyez dans l'*Essai sur les institutions de saint Louis,* par le comte Beugnot, (Paris 1821) le chapitre VII, intitulé *Finances.* Il se termine ainsi : «..... l'aimable bon sens de cette époque n'est pas à dédaigner : la répartition des impôts était confiée à la justice et à la loyauté, la perception en était faite avec douceur : *finablement par laps de temps le royaume de France se multiplia tellement, pour la bonne justice et droicture qui y régnait, que le domaine, censifs, rentes et revenus du royaume croissait d'an en an de moitié.* (Joinville). »

RÉSUMÉ ET CONCLUSION DU CHAPITRE.

Telle était, au moyen-âge, la vie de travail de l'artisan. La corporation qui veillait à l'instruction de l'apprenti, maintenait, entre les compagnons et les maîtres, les relations d'une subordination tempérée par la charité chrétienne. Elle réglait aussi les devoirs des maîtres entre eux, et prenait soin que le métier fût exercé par tous avec une entière loyauté. Les jurés, élus parmi les maîtres désignés au choix par leur ancienneté, leur probité et leurs connaissances pratiques, faisaient des visites fréquentes pour s'assurer de l'entière exécution des réglements ; ils constataient les délits et les signalaient au prévôt de Paris, représentant de l'autorité royale, qui prononçait l'application de la peine, le plus souvent prévue par les statuts, et en assurait l'exécution. Enfin, la corporation veillait à la juste répartition et à la perception des impôts parmi ses membres ; elle contribuait aussi, par le *guet*, à la garde de nuit de la capitale.

Cette organisation, (complétée par l'institution de la *confrérie*, qui unissait par un même lien religieux tous les membres d'un même métier), comme nous allons le voir, tempérée par le développement donné *aux marchés* et *aux foires*, dont les libertés et les franchises formaient en faveur du public un contre-poids aux priviléges accordés aux corporations, se retrouvait, dans ses points les plus essentiels, dans

presque toutes les villes de provinces. A l'exemple
des métiers de Paris, la plupart des corporations
qui y existaient firent sanctionner leurs coutumes
par l'autorité locale et elles prirent pour modèle les
réglements rédigés au Châtelet sous les yeux et le
contrôle d'Étienne Boileau. L'œuvre du prévôt de
Paris devint donc, comme on l'a dit très-justement,
la grande charte de l'industrie française.

CHAPITRE VI.

Marchés, Halles & Foires. — Le Commerce en France au XIIIe siècle.

Sommaire. — *Monopole reproché aux corporations. — But de l'établissement des marchés. — Les marchés sont obligatoires. — Concurrence dans les marchés.* **Forains.** *Limites de cette concurrence. — Police des marchés;* protection du pauvre. — *La* part *(partage) : raison de cet usage. Privilége des bourgeois pour leur consommation. Lotissement. — Divers marchés de Paris au XIIIe siècle. — Les Grandes Halles de Champeaux :* 1° Commerce parisien. 2° *villes représentées. — Autres marchés. — Soins donnés à l'approvisionnement. — Marchés dans les villes de provinces. —* Droit de marché, appartient au seigneur. — *Impôts sur les marchés :* 1° Étalage; *mailles du samedi;* 2° Hallage : 3° Tonlieu; exemptions du tonlieu.— *Préposés au contrôle des marchés :* mesureurs, jaugeurs, *etc.* Poids-le-Roi. — *Intermédiaires écartés. — Colportage.* **Foires.** *Leur origine ancienne. — Foires de Paris. — Foire Saint-Germain. — Foire Saint-Ladre, revenus*

de la foire. — Le Landit. L'Université au landit.
Fête populaire. — Autres foires. Foires de Cham-
pagne. Caravanes de marchands. — Foires de
Flandre et d'Artois. Ordonnance de Marguerite de
Flandre. Franchises. Précautions pour le maintien de
l'ordre. — Résultats de l'administration de St-Louis.

L'une des principales objections élevées contre le système des corporations est le *monopole* qu'on leur reproche d'avoir établi en faveur des artisans de chaque profession. Chaque métier, dit-on, retranché dans ses priviléges comme dans une place forte, pouvait défier toute concurrence et forcer le public à subir toutes ses exigences. Ceux qui font ce reproche aux corporations ne distinguent pas assez les diverses époques de leur histoire. Fondé peut-être, si on l'applique aux corps de métiers tels qu'ils existaient au siècle dernier, il ne peut certainement pas s'adresser aux corporations du XIIIe siècle. Nous avons vu, en effet, que tous les métiers, à quelques exceptions près, étaient libres à cette époque ; que, le nombre des métiers étant illimité, toute facilité était laissée à la concurrence, et que le prix des objets fabriqués n'étaient point, en général, fixés par les réglements. En quoi donc les priviléges accordés aux corporations pouvaient-ils constituer un monopole défavorable au public libre de débattre les prix, libre de choisir ses fournisseurs parmi un nombre illimité de concurrents ?

But de l'établissement des marchés.

Mais, en admettant même que l'organisation des corporations constituât, au XIIIe siècle, un monopole au profit des artisans, nous allons voir que l'institution des marchés et des foires établissait une large compensation en faveur du public et surtout du pauvre peuple. Afin qu'on ne nous soupçonne pas d'avoir inventé après coup ce système économique, dans le but de glorifier le moyen-âge, nous laissons le soin de l'expliquer à un savant jurisconsulte qui écrivait à une époque où il était encore pleinement en vigueur. Nous pourrions aussi invoquer un arrêt de la Chambre des Comptes, en date du 24 août 1372, où les mêmes principes sont longuement développés.

« C'est, dit M. Delamarre, (1) une maxime constante dans la police des marchés et qui est confirmée par l'expérience de tous les temps, que chaque espèce de marchandises, et principalement de celles qui concernent les vivres, doit être rassemblée dans un même lieu, autant qu'il est possible, et, du moins, certains jours de la semaine, si l'on veut en faire paraître l'abondance, et par une suite nécessaire, en procurer le bon marché. Cette conduite est si conforme à la droite raison que toutes les nations bien disciplinées ont eu, sur cela, les mêmes sentiments ; et de là vient ce grand nombre de foires et de marchés qui se trouvent établis dans leurs principales villes et dans les lieux peuplés de leurs résidences. Ce fut aussi dans cette vue que Louis-le-Gros, sur la fin de son règne, fit construire les *Halles* de Paris,

(1) *Traité de la Police.* Paris 1722. T. II, page 197.

et que Philippe-Auguste, son petit-fils, les fit clore en 1183. Chaque corps de marchands, et chaque communauté d'artisans eurent alors leurs jours de la semaine, les uns après les autres, pour exposer en vente aux halles leurs marchandises, leurs ouvrages ou denrées. Il ne leur était pas permis, ce jour-là, de vendre ailleurs et leurs boutiques de la ville devaient être fermées. Un examinateur du Châtelet était commis pour veiller à la discipline des halles : il condamnait à l'amende ceux qui manquaient à leurs devoirs, et il avait sous lui un greffier de la même juridiction pour écrire les jugements. »

Toutes les ordonnances rendues par le roi ou la prévôté de Paris sur la police des marchés, sont rédigées dans cette vue : assurer au peuple l'abondance et le bas prix des objets de première nécessité et surtout des vivres. Les réglements en vigueur au moyen-âge ont été fréquemment renouvelés dans la suite : la postérité ayant trouvé plus sage d'imiter que d'innover sur cette importante matière.

L'obligation de fermer les boutiques et de vendre au marché à certains jours de la semaine était une loi générale pour tous les métiers au XIIIe siècle. Les *Registres* d'Étienne Boileau ne signalent que de rares exceptions. Les faiseurs de clous, qu'on appelait alors *attachiers*, « ne sont pas tenus d'aller au marché vendre leurs denrées, s'il ne leur plait, et jamais n'y allèrent. » Une semblable dispense était accordée aux *fondeurs* et *mouleurs*, aux *fermaillers* (fabricants de fermoirs) *de laiton*, et aux *escuelliers*

Les marchés
sont
obligatoires.

T. XXV, p. 65.

(fabricants d'écuelles, de vases et de divers objets en bois). Ceux-ci pouvaient, à leur gré, « ou vendre leurs marchandises dans leur boutique, ou les porter au marché le vendredi et le samedi. »

T. XLII, p. 96.

Les *selliers* et les *lormiers* achetaient l'exemption des marchés moyennant un impôt de 40 sous de Paris, payé chaque année au roi à l'époque de la foire Saint-Ladre. (T. LXXVIII, p. 214.—T. LXXXII, p. 223).

On trouve à la suite des *Registres* d'Étienne Boileau, dans l'édition publiée par M. Depping, une pièce datant de la fin du treizième siècle et intitulée : *Rôle des métiers qui doivent vendre aux halles de Paris le vendredi et le samedi.* Elle contient l'énumération d'un grand nombre de professions (1) et indique l'amende encourue par celui qui n'occupait pas, au jour indiqué, la place qui lui avait été assignée à la halle ou au marché parmi ses confrères, ou qui vendait dans sa boutique, en ces mêmes jours.

Page 437.

---

(1) « *Aux Vendredy et Samedy* : merciers, balanciers, miroyers, espingliers, aumussiers, gantiers de laine, tainturiers de fil et de laine, marchands tabletiers, peigniers, grainiers, maletiers, faiseurs et marchands de bouges et de coffres, filandriers, cornetiers, bouteilliers et faiseurs de bouteilles, comporteurs de merceries à tablettes, fripiers, marchands de serges, gantiers de cuir, boursiers, baudriers, canevasiers.

Au Samedy, tous les devant nommés avec ceux qui s'ensuivent : c'est à savoir, drapiers et marchands de drap, chaussiers, marchands de laine, cordiers, chaudroniers, tanneurs, marchands de cordouan corroyé, cordonniers, savetiers, faiseurs de petits souliers, chandeliers de suif, potiers de terre, souffletiers, lanterniers, et généralement tous autres marchands et métiers qui par raison et ont d'ancienneté accoutumé d'aller et porter et faire porter leurs denrées et marchandises en halles par les jours ou jour dessus nommés. »   (Tiré du *Livre Vert ancien* du Châtelet).

L'amende était graduée suivant les facultés de chacun et la nature des marchandises ; fixée à un minimum de 40 sous (1) pour un premier manquement, elle se doublait à chaque nouvelle infraction. La peine, on le voit, était sévère ; elle indique toute l'importance qu'on attachait à l'approvisionnement des marchés.

Nous en avons encore une autre preuve dans le fait suivant établi par un article, ajouté peu après sa rédaction, au statut des *savetiers*. Lorsque la foire ou le marché coïncidait avec un jour de fête chômée, on faisait exception à la règle générale, et on autorisait le savetier à se livrer au travail pour satisfaire les pratiques qui visitaient son étal à la halle, ce qu'il n'aurait pu faire dans son ouvroir.

Ce qui assurait surtout, aux jours de marché, le bas prix des objets de première nécessité, c'était la concurrence que faisaient, ces jours-là, aux artisans des corporations de la ville, les *forains* (artisans du dehors), ouvriers des villages voisins ou même des villes éloignées, qui pouvaient, en toute franchise, apporter leurs denrées ou marchandises, et les vendre concurremment avec celles des artisans et des marchands parisiens. Cette concurrence n'était

T. LXXXVI,
p. 233. (Note).

Concurrence
dans
les marchés.
Forains.

______

(1) Nous avons déjà indiqué le rapport présumé entre la valeur de la monnaie à la fin du XIIIe siècle et la valeur de la monnaie actuelle. M. Leber estime que l'argent valait alors *cent quatorze fois* plus qu'aujourd'hui. — 40 sous équivaudraient donc à 228 francs. Vers 1315, ils ne représentaient plus que 196 francs ; à la fin du XIVe siècle, après de nombreuses variations, 40 sous ne valaient plus que 100 francs actuels.

restreinte en rien pour tout ce qui touchait aux vivres, comme nous le voyons dans le réglement des *tâlemeliers* (boulangers) ; mais, pour certaines marchandises qui passaient, dans une certaine mesure au moyen-âge, pour des objets de luxe, on apportait aux concessions faites aux forains quelques restrictions. Voici ce que nous lisons dans le réglement des *chanevaciers* (marchands de grosse toile de chanvre, appelée *canevas*) : « Les hommes forains de Normandie ou d'ailleurs, qui amènent toiles à cheval à Paris pour vendre, ne peuvent et ne doivent vendre au marché, de par le roi, au détail. Et, s'ils le font, ils perdent toute la toile qui est détaillée. Et ce ont ordonné les prud'hommes du métier, parce que le roi perdait sa coutume, car les hommes forains doivent de chaque toile qu'ils vendent en gros obole de coutume, et de tout ce qu'on vend au détail au marché du roi, on ne doit qu'une obole de coutume de toute la journée, par quoi le roi serait frustré de sa coutume si les hommes forains détaillaient. » Les droits du roi invoqués ici ne sont qu'un prétexte pour couvrir un privilége accordé aux marchands parisiens, désireux de se réserver le bénéfice de toute la vente des toiles au détail : car, toute vente au détail étant exempte de droits aussi bien pour eux que pour les forains, peu importait au trésor royal qui faisait cette vente. C'est, du reste, le seul exemple de ce genre que nous trouvions dans tout le *Livre des Métiers*.

On comprend aisément combien cette organisation Limites de cette concurrence.
des foires et des marchés, faite toute entière en vue
des avantages qu'y trouvait le public, était onéreuse
aux corporations de la ville ; la concurrence des
forains eût pu même porter au commerce urbain de
notables préjudices, si elle n'avait été maintenue
dans de justes bornes. Au marché, il était défendu
à tous d'étaler et de vendre avant que la cloche en
eût donné le signal, et il était expressément interdit,
aux forains comme aux bourgeois, de vendre, en ces
jours, ailleurs qu'au marché. La concurrence entre
les forains et les marchands ou artisans de la ville
se trouvait donc réduite à un ou deux jours de
chaque semaine, et aux heures où la vente était
permise. On croyait avoir trouvé ainsi le moyen de
concilier et l'intérêt du public et celui des commerçants.

Voici comment s'exprime sur ce point le statut
des *talemeliers*. Après avoir dit que « les talemeliers T. I, p. 13.
de Paris et d'ailleurs peuvent vendre le samedi, au
marché de Paris, le pain de tous prix, au mieux
qu'ils pourront, » il ajoute un peu plus bas : « Le Id. p. 15.
roi Philippe (Auguste) a établi que nul homme, qui
ne demeurât dans la banlieue de Paris, ne pourrait
apporter ou faire apporter son pain, pour le vendre
à Paris, que le samedi, pour la raison que les talemeliers qui sont à Paris doivent la taille, le guet du
roi, et que chacun doit au roi, chaque année, IX sous
III deniers, tant de hauban que de coutume. » On
considérait donc, au moyen-âge, le monopole assuré

aux corporations parisiennes en dehors des marchés comme une juste compensation des impôts qu'elles versaient au trésor royal. Nous en trouvons une nouvelle preuve dans le réglement des *chapeliers de coton* (bonnetiers). Ceux-ci, qui étaient tout-à-la-fois fabricants et marchands , étaient exempts à Paris de presque tous les impôts et ils jouissaient de libertés remarquables. Le nombre de leurs apprentis était illimité ; ils pouvaient travailler de nuit ; étaient laissés libres d'aller ou non vendre au marché et de colporter par la ville leurs gants et leurs coiffures de laine et de coton , mais, par contre, on accordait à tout chapelier de coton de dehors Paris, qui vient vendre ses denrées à Paris, les mêmes franchises de vendre à Paris , au marché et hors marché , ainsi qu'à ceux de Paris. » Sans doute que cette branche d'industrie , encore dans l'enfance , avait besoin de ces stimulants pour se développer. (1)

Police des marchés. *Protection du pauvre.* Le passage suivant, emprunté au réglement des *regratiers* (marchands d'épices, de légumes, de fruits, d'œufs et de fromages), nous montrera mieux encore les précautions prises pour la police des marchés, et les raisons qui les inspiraient.

(1) C'était une règle d'administration, très-suivie au moyen-âge, d'accorder aux industries nouvelles toutes les libertés et toutes les franchises capables d'en favoriser le développement. Nous lisons dans le *Cartulaire de l'abbaye de Beaulieu* (en Limousin), une charte de 1374 qui accorde, pour trois ans , exemption de tailles à Jean Audebert, cordonnier, qui vient s'établir à Beaulieu, *parce que cette industrie manquait dans la ville.*

(Proligomènes, page XL.)

« Aucun regratier de Paris, ni autre quel qu'il T. X, p. 34-35. soit demeurant à Paris, ne peut ni ne doit acheter charretée d'œufs ni de fromages, ni charge de ces choses, par chemin, depuis qu'elle est charriée pour venir à Paris jusqu'à ce qu'elle soit descendue à Paris en la place commune où l'on vend de telles choses, c'est-à-savoir, au marché de Paris, entre le parvis de N. Dame de Paris et St-Christophe ; car il est juste que les denrées viennent en plein marché, et là soient vues si elles sont bonnes et loyales ou non, et là soient vendues, *afin que le pauvre homme puisse « prendre part »* (1) *avec le riche,* s'ils veulent partager et en ont besoin ; et si quelqu'un va contre cet établissement, il doit payer au roi l'amende de 4 sous de Paris. (2)

« Aucun regratier de Paris ne peut et ne doit acheter d'aucun marchand charretée d'œufs et de fromages, ni charge à livrer au retour du marchand, ni à quelque époque que ce soit, car de tels marchés ne sont ni bons, ni loyaux, parce qu'en ces marchés il y a trop de tromperie, et que le vendeur est tenté de ne pas les livrer aussi bons et loyaux qu'il le devrait. Autre raison : *le riche marchand aurait toutes les denrées et le pauvre n'en pourrait avoir aucune ; autre raison : personne ne pourrait demander ni avoir part au marché ; et ainsi, les riches auraient tout et revendraient aussi cher qu'il leur plairait ;* car aux choses vendues en plein marché, *tous peuvent avoir*

(1) Nous expliquerons ci-dessous cette expression.
(2) 22 francs 80 centimes.

part, et pauvres et riches. Et si aucun va contre cet établissement il amendera au roi de 4 sous de Paris. »

Empêcher l'accaparement faciliter à tous leur approvisionnement à des prix modérés, mettre sous ce rapport les pauvres sur le pied d'égalité avec les riches, tel est bien le but que cherchent à atteindre ces prescriptions sur les marchés. Elles furent souvent renouvelées dans la suite, et presque dans les mêmes termes. Par lettres patentes, datées du samedi d'après les octaves de Pâques 1305, et adressées au prévôt de Paris, « il est ordonné que toutes les denrées amenées à Paris seront vendues et étalées en plein marché, et défendu que nul ne soit si hardi d'acheter et de vendre ailleurs (auxdits jours de marché) aucuns vivres ni aucunes autres denrées.

« Il est aussi ordonné qu'aussitôt que le marché de quelque denrée que ce soit sera ouvert, *le commun du peuple en pourra avoir au détail au même prix que ceux qui achètent en gros ;* et il est enjoint au prévôt de Paris d'y tenir la main et de condamner le contrevenant à de si grosses amendes que les autres en prennent exemple. » (1)

La *part*, (partage).

Nous avons rencontré plusieurs fois déjà dans les citations qui précèdent, l'expression « *avoir part, partir* (partager), » sur laquelle il est bon de revenir parce qu'elle fait allusion à un usage tout particulier au moyen-âge. Elle se trouve répétée à plusieurs

(1) Delamarre. *Traité de la police*, T. II, page 5. Cité par Al. Chevalier, dans la *Revue d'Économie Chrétienne*. [Année 1861, page 308.

reprises dans le *Livre des Métiers*, et en particulier dans les passages suivants :

« Si un *sellier* achète une chose appartenant à son métier dedans la ville de Paris ou dehors, et qu'un du métier des selliers vienne au denier Dieu bailler, ou à la paumée, ou au marché faire, (1) il *aura part* au marché de quelque chose que ce soit appartenant à son métier, soit de painture, de garniture de cordouan ou d'autres choses ; et si celui qui *part* demande ou veut prendre la moitié, il le peut ou aussi peu qu'il voudra, quelque soit la chose vendue, au prix qu'elle vaudra. *(Statut des Selliers).* » Il est dit de même, au statut des *Chapuiseurs :* « Si aucun chapuiseur achète aucune chose appartenant à son métier, et aucun du métier y survient à la paumée faire ou au denier Dieu bailler, il en a la moitié, ou ce dont besoin lui sera. »

T. LXXVIII, page 211.

T. LXXIX, page 218.

Le but de cet usage est facile à comprendre, et il est bien en harmonie avec les mœurs chrétiennes et l'esprit charitable du XIIIe siècle. On veut que tous les membres d'une même corporation, riches

Raison de cet usage.

---

(1) « Soit présent à la remise du denier-à-Dieu, ou à la paumée, ou à la conclusion du marché. » — L'acheteur et le vendeur marquaient qu'un marché était conclu, en se frappant dans la main, c'est ce qu'on appelait *la paumée*, ou en se remettant d'une pièce de monnaie. Le plus souvent, il y avait, dans les boutiques ou sur les étaux du marché, une petite boîte dans laquelle on déposait cette pièce de monnaie. L'argent ainsi recueilli était remis à la confrérie du métier pour la chapelle ou le soutien des pauvres, et, selon la belle expression usitée alors, était *pour Dieu* ou *à Dieu.* D'où le nom de *Denier-à-Dieu,* encore usité aujourd'hui dans certains pays.

marchands ou pauvres artisans, soient sur le pied
d'égalité quant à l'approvisionnement de leurs matières premières et trouvent les mêmes facilités à
s'en procurer. Lorsqu'un marché considérable se
conclut à un prix avantageux par suite de son importance, le petit industriel, présent à la conclusion
de l'affaire, peut demander sa part, si minime
qu'elle soit, sans subir aucune augmentation de
prix. (1) C'est là, assurément, une coutume tout à
l'avantage des artisans les plus pauvres, et qui fait
honneur, à mon avis, à l'époque qui a pu la mettre
en pratique. Nous ne voyons pas, il est vrai, dans les
réglements du XIIIe siècle, de ces mots pompeux et
de ces phrases sonores, comme il y en a dans nos
lois d'administration publiées depuis quatre-vingts
ans, mais nous y rencontrons fréquemment de ces
usages qui prouvent qu'on connaissait alors tout
autant qu'aujourd'hui la liberté et la fraternité, et
qu'on les appliquait d'une manière plus vraie, parce
qu'on pratiquait mieux l'Évangile.

Une exemption au droit de *part* était fait en faveur
des haubanniers. (2) Dans les métiers où tous les
maîtres ne payaient pas le hauban, ceux des boulangers et des fripiers, par exemple, il fallait être
haubannier pour avoir sa part d'un marché conclu

(1) Le marchand, malade ou empêché d'aller au marché, pouvait
se faire remplacer par sa femme ou ses enfants, et même, en
certains cas, par quelqu'un de sa maison. (Statut des *marchands
de chanvre*. T. LVIII, p. 149. — Id. *des fripiers*. T. LXXVI,
page 200.)

(2) Nous avons parlé du *hauban*. Chap. V, § 5.

par un haubannier, tandis que ce dernier pouvait *partir* avec tous ceux de son métier. En temps de foire, tous les priviléges cessaient et chacun pouvait *avoir part* avec le premier venu. (1)

Dans les marchés où se vendaient les vivres et les objets de première nécessité, les bourgeois pouvaient prendre leur part des objets vendus devant eux, soit à un marchand qui achetait pour revendre soit à un autre bourgeois. On voulait, ainsi qu'il est dit dans un passage du *Livre des Métiers* que nous avons cité ci-dessus, « *que tous pussent avoir part, et pauvres et riches,* » et « *que le commun du peuple pût avoir au détail au même prix que ceux qui achetaient en gros.* » Ce privilége concédé aux bourgeois (2) était cependant limité aux besoins de leur consommation personnelle, et c'était justice, car il ne fallait pas qu'on leur fournît ainsi le moyen de faire concurrence aux commerçants établis. Ils pouvaient prélever « pour son manger » un setier ou une mîne sur les achats des boulangers, et sur ceux des fripiers, les vêtements qui lui étaient nécessaires « pour son user. » (3)

Un usage assez analogue était le *lotissement,* dont M. Mounier rend compte en ces termes. « C'est par suite du droit de *lotir,* dont il est souvent parlé dans les anciennes lois, que les communautés d'arts

Privilége des bourgeois pour leur consommation.

Lotissement.

---

(1) Voyez statut des *fripiers.* T. LXXVI, p. 200.

(2) Le mot *estagier* dont se sert le *Livre des Métiers,* indique toute personne domiciliée à Paris.

(3) Voyez statut des *boulangers,* T. I, p. 17, et celui des *fripiers,* T. LXXVI, p. 200.

et métiers achetaient en gros les matières premières dont elles avaient besoin. Le lotisseur était choisi parmi les maîtres. Lorsque la communauté avait acheté aux foires ou aux halles une grande quantité de marchandises, ou lorsque les marchands forains faisaient porter au bureau de la communauté ce qu'ils voulaient vendre, le lotisseur faisait autant de lots qu'il y avait de maîtres qui en désiraient. Ces lots étaient aussi égaux que possible; la petite différence de l'un à l'autre était estimée en argent, de manière que le prix de tous fut égal à ce qui était dû au vendeur. Chaque maître avait le droit de lotir; il jetait au fond d'un sac un jeton de cuivre sur lequel son nom était inscrit, on tirait les noms au sort, et l'ordre dans lequel ils sortaient indiquait le lot de chacun.

Par suite de ce droit, les maîtres ne manquaient pas de matières premières, ils les achetaient tous au même prix, le marchand était certain de vendre et d'être payé, les variations subites dans les prix étaient évitées, et le commerce n'éprouvait pas de ces fluctuations qui amènent les spéculations hasardées et les faillites. (1)

Cet usage se maintint, dans un certain nombre de corporations, jusqu'à leur abolition. Parlons maintenant des divers marchés que possédait la capitale au XIIIe siècle. Dès le règne de Louis VI, et grâce à la sollicitude éclairée de l'abbé Suger, ministre de ce prince, Paris avait, dans la cité, une halle spé-

Divers marchés de Paris au XIIIe siècle.

ciale pour les blés. Afin de répondre aux besoins sans cesse accrus par l'augmentation de la population, on établit bientôt après sur la rive droite de la Seine, à proximité du nouveau port de la Grève, un marché spécial pour les blés du Vexin et de la Brie, Louis VII, au début de son règne, confirma une ordonnance du roi son père, qui avait fondé, au lieu dit *Champeaux*, (1) un nouveau marché pour les *merciers* et les *changeurs*. Ce fut la première fonda-tion des *Grandes Halles de Paris*. La grande boucherie fut aussi définitivement installée sous Louis VII non loin de ce nouveau marché. Peu après, les diverses professions s'y portèrent de préférence. Voyant l'importance croissante que prenait la halle de Champeaux, Philippe-Auguste la fit agrandir, y construisit plusieurs bâtiments qui permettaient aux marchands d'étaler à sec en tout temps leurs marchandises. Sous saint Louis, comme nous l'avons dit ci-dessus, un grand nombre de professions avaient leur place marquée aux halles et étaient obligés de les occuper et d'y vendre leurs marchandises à certains jours marqués.

Les grandes halles de Champeaux.

C'était principalement le samedi que l'animation était grande aux halles, le commerce cessait presque entièrement dans la ville pour s'y concentrer et les produits de tout genre s'y trouvaient réunis. A côté de l'endroit où les boulangers de Paris et ceux de la banlieue vendaient leur pain, on trouvait le marché

1° Commerce parisien.

(1) *Campelli*, petits champs. — Quelques rues de Paris en portent encore le nom : *Croix des Petits-Champs*, etc.

aux fruits et aux légumes, aux œufs, au fromage, le marché aux volailles, dans lequel les *poulailliers* avaient des priviléges spéciaux, plus loin encore, le marché aux grains où s'approvisionnaient les *blatiers*. (1) Non loin des grandes halles, était le marché aux bestiaux ; on y vendait les bœufs et les porcs ; un marché spécial avait été établi pour les moutons, sur les bords de la Seine, près du Louvre. Les chevaux avaient aussi leur marché, qui n'était pas le moins important.

Sous les bâtiments érigés par Philippe-Auguste, et successivement agrandis et complétés par ses successeurs, un grand nombre de métiers étalaient les produits de leur industrie ; les *merciers* avaient quelques étaux à côté des *gantiers* et des *pelletiers* ; les *fripiers*, trop pauvres, pour la plupart, pour louer des étaux, rangeaient leurs hardes par terre à côté des vieilles chaussures mises en vente par les savetiers ; plus loin, on trouvait les *chaussiers*, les *tapissiers*, les *cordonniers ;* puis venaient les *chaudronniers* qui vendaient les ustensiles de ménage en fer ; les *écuelliers,* qui fabriquaient les ustensiles en bois. On rencontrait aussi des *épiciers,* des *marchands de cire,* et jusqu'à des *apothicaires.* (2) Plus loin encore, c'était l'importante halle des *drapiers,* puis le marché de fil de lin et de chanvre, le marché ou la halle aux toiles, où déballaient les marchands de Normandie, qui venaient à Paris à cheval, portant

(1) C'est le nom qu'on donnait aux marchands de blé.
(2) Voyez *Registre des métiers,* 2ᵉ partie, t. XVII, p. 322.

en croupe leurs volumineux ballots. La laine brute ou lavée avait son marché spécial, que l'Angleterre approvisionnait en grande partie et qui était un centre d'affaires considérable. Enfin, les cuirs formaient aussi une branche importante du commerce des halles.

Ce n'étaient pas seulement les diverses corporations de l'industrie parisienne qui contribuaient à donner aux halles le mouvement et l'activité, un certain nombre de villes industrielles du nord et du centre de la France y avaient leurs placés marquées et s'y faisaient représenter par plusieurs de leurs fabricants ou par des fondés de pouvoir. Lagny, Saint-Denis, Pontoise, Chaumont, Corbie, Aumale, Amiens, Douai, Beauvais, Avesnes et Gonesse sont citées dans le *Livre des Métiers* comme ayant chacune leur halle particulière. La plupart de ces villes faisaient de la draperie leur industrie principale. M. Depping a donc pu dire avec vérité : « qu'au XIIIe siècle, les Parisiens jouissaient déjà presque du spectacle d'une exposition des produits de l'industrie nationale. »

Indépendamment de divers marchés qui se tenaient le vendredi et surtout le samedi dans les grandes halles de Champeaux, Paris avait encore, principalement pour les vivres, d'autres marchés dont nous citerons les principaux. Vingt-cinq étaux de bouchers étaient placés, près de St-Jacques la boucherie, sur la place de Grève, qui était le centre d'un marché important ; d'autres étaux se trouvaient au parvis N.-Dame, devant l'église St-Pierre aux bœufs; plus tard l'enclos du Temple eut sa boucherie privilégiée. Les *boulangers* de Paris et de la banlieue pouvaient exposer en vente le dimanche matin, entre le parvis N.-Dame et St-Christophe, le pain qui n'avait pas été vendu la veille aux halles, et le pain manqué ou avarié; (1) il y avait, au même endroit, quelques étaux pour les boulangers haubanniers où se vendait le pain de bonne qualité. Les *merciers* avaient obtenu la faculté d'étaler leurs marchandises au Palais dans une galerie qui garda longtemps leur nom; ils avaient aussi, dans le faubourg Saint-Antoine une petite halle, appelée *grange de la mercerie*, et située sur la route du château de Vincennes, pour être toujours près de la cour, dont ils ne pouvaient pas plus se passer, que les gens de la cour ne pouvaient se passer des merciers. Les *marchands de lin* tenaient leur marché les lundi, mercredi et vendredi, au parvis N.-Dame. (2) Le marché à la volaille avait lieu à la porte de Paris, près du Châtelet, ou à la rue neuve devant notre Dame, tous les jours de l'année; le samedi seulement, il y en avait un aux halles. (3) Le samedi saint, et la veille de la Pentecôte, les *cordonniers* tenaient un grand marché sur le pont de Paris. (4) Le *marché au poisson*

---

(1) « C'est à savoir, pain *reboulis*, (refusé), et aussi pain *raté*, que rats ou souris ont entamé, pain trop dur, pain ars ou échaudé, pain trop levé, pain alis, pain mestourné, c'est-à-dire, pain trop petit. » (Statut des boulangers.)

(2) Statut des *liniers*, t. LVII, p. 146.

(3) Statut des *poulailliers*, t. LXX, p. 179.

(4) T. LXXXIV, page 229.

était établi derrière le grand Châtelet, près de la grande boucherie. Le roi Philippe-Auguste y avait fait construire des pierres que les marchands louaient au préposé de la halle. Il était interdit de vendre du poisson ailleurs que ce lieu, sauf celui que les poissonniers pouvaient colporter par la ville sans le déposer. « Et ce fut défendu, ajoute le statut des *poissonniers,* pour l'amour de ce que on vendait les poissons emblés, les morts, les pourris, en lieux forains. Et si aucun en vendait, il perdrait le poisson et serait donné pour Dieu. » Les *fripiers* ambulants de Paris, ceux qui criaient « cote et surcote, » avaient établi un marché sur la petite place St-Séverin, et ils s'y rendaient le soir « depuis vêpres sonnants jusqu'à chandelles allumants. » Les jurés des fripiers en faisant enregistrer leur statut par Étienne Boileau se plaignirent de cette innovation contraire aux droits du roi et qui donnait naissance à beaucoup d'abus. Le défaut d'espace, le manque de lumière empêchaient la surveillance de s'exercer ; une foule de fraudes étaient commises, et il était difficile de vérifier la provenance, souvent illicite, des vieux vêtements exposés en vente. Étienne Boileau fit droit à ces réclamations, et le marché des fripiers fut transporté dans un endroit plus spacieux, et fixé à d'autres heures.

D'après tout ce qui précède, en peut juger que l'organisation des marchés, était, au XIIIe siècle, de la part de l'administration, l'objet de soins attentifs et éclairés : la plupart des réglements de police et

T. XCIX, page 265.

T. LXXVI, page 202.

Soins donnés à l'approvisionnement.

des usages qui étaient alors en vigueur, ont été maintenus dans les siècles suivants, et sont parvenus jusqu'à nous. Les lois que l'on suivait pour assurer l'approvisionnement de la capitale furent en particulier, souvent renouvelées dans la suite. Ce point fut un de ceux qui éveilla toujours le plus la sollicitude des prévôts.

Dans les villes de provinces, l'organisation des marchés était analogue à celle existant à Paris. Dans toute l'étendue du domaine royal, la police des marchés appartenait aux officiers royaux; dans les communes, c'était l'échevinage qui en avait la surveillance. Presque toutes les villes importantes avaient des halles, où le samedi, se concentrait le commerce de la ville, et où les forains étaient admis à vendre en franchise. Les marchands étrangers y louaient des quartiers ou seulement des étaux pour y exposer les produits qui ne se fabriquaient pas dans la ville : C'est ainsi qu'Amiens avait une maison aux halles de Saumur pour la vente des draps. (1) Comme à Paris, la présence aux halles était obligatoire le samedi pour la plupart des corporations de

---

(1) Aug. Thierry. *Mémoires pour servir à l'histoire du Tiers-État.* T. 1er, page 228.

Cette maison était louée au comte d'Anjou 10 Tournois par an. La vente y était peu active, car en 1270, les marchands amiénois devaient plus de 20 ans de loyer et n'osaient retourner à Saumur de peur d'avoir leurs marchandises saisies. Pour faire cesser le préjudice que leur longue absence causait à la ville de Saumur, le comte leur fit remise de l'arriéré du loyer moyennant 60 livres une fois payées, et leur confirma divers priviléges dont ils avaient autrefois joui.

la ville ; les artisans louaient les étaux à l'échevinage qui, de son côté, veillait à la propreté et à l'ordre du marché, réglait les heures de vente, et assurait la loyauté et la sécurité des transactions. A Amiens, deux orfèvres étaient placés dans chaque marché, afin d'empêcher le cours de la fausse monnaie.

Ce n'était pas seulement dans les villes que se tenaient les marchés au moyen-âge, tout centre de population un peu important avait le sien, et chaque seigneur cherchait à en établir dans les limites de sa juridiction. Le droit d'instituer des marchés était considéré, en effet, comme appartenant au maître de la terre, lequel louait aux marchands les places ou les étaux qu'ils occupaient et prélevait une contribution sur les choses vendues ou achetées par eux, en échange de la protection qu'il leur accordait et dont il couvrait leur commerce. Le droit de marché *jus mercati,* était parfois mis à ferme ou vendu : les communes rachetaient ce droit à leur suzerain, lorsqu'il n'était pas compris dans leurs franchises. Les parisiens payèrent à Louis VII, en 1141, 70 livres pour établir à la Grève un marché ou entrepôt pour les grains, le sel et les vins qu'on débarquait à cet endroit. Un siècle environ auparavant, un seigneur nommé Albert, donnant aux moines de Saint-Père, à Chartres, l'église d'un bourg nommé Bressolles, avec le cimetière, leur concéda en même temps « les droits de sépulture, la dîme, le revenu des messes, plus le cens du bourg et *tout ce qui pouvait se prélever à raison du droit de marché, jure mercati,* sur les fruits et les légumes, et, enfin, la poignée de sel qu'on prélevait sur chaque marchand saunier ambulant. » (1)

Impôts sur les marchésNous devons étudier ici quels étaient les droits perçus dans les marchés sur les transactions commerciales : nous les avons omis à dessein au chapitre précédent (§ 5ᵉᵐᵉ). Tous ces droits peuvent se rapporter à trois principaux : *l'étalage*, le *hallage* et le *tonlieu*. Ils se payaient, sauf cession ou mise à ferme au seigneur de la terre sur laquelle était établi le marché ou la halle.

1º Étalage.*L'étalage* était le prix de location que payaient les marchands pour occuper dans les marchés, les halles ou les foires, les étaux qui étaient la propriété du roi, du seigneur ou de la commune sur le territoire desquels se tenait ce marché ou la foire. Le prix de location venait suivant l'importance de la population, la dimension des étaux, leur position plus ou moins propice à la vente. A Paris, *les ferrailleurs de laiton* payaient dans les grandes halles de Champeaux « XII deniers par an pour un étal entier et VI deniers du demi-étal » (2) les *boutonniers* payaient « 12 sous pour chaque six pieds d'étal » : (3) les *limiers* louaient 2 sous par an les étaux situés « devers les murs du roi » et 12 deniers seulement les autres étaux. (4) Les *écuelliers* devaient « un denier

(1) *Cartulaire de l'abbaye de St Père de Chartres.* Prolégomènes page CXIV.

(2) T. XLII, p. 96.

(3) T. LXXII, p. 186.

(4) T. LVII, p. 146.

par an par personne, quelque fût leur nombre à chaque étal. (1) Par une faveur toute spéciale, les *chapeliers de fleurs* pouvaient étaler leurs articles dans les marchés sans payer de droits, « pourvu qu'ils trouvent place vide » (2). Les *corroyeurs* avaient « acheté à toujours » leurs étaux du roi, moyennant le paiement d'un cens annuel dont l'importance n'est pas indiquée dans leur statut. (3) Les *tisserands* et les *canevassieurs* devaient une obole chaque samedi. (4) Le réglement de cette dernière corporation contient une disposition remarquable qui était sans doute appliquée à beaucoup d'autres professions, bien que leurs statuts n'en fassent pas mention. La voici : « Le *hâlier* de Paris (5) doit livrer étaux à tous les canevassiers de Paris avant qu'il en donne aux forains. » Ce privilége était, ce me semble, assez justifié par les impôts plus considérables que payaient les marchands de la capitale : et d'ailleurs les artisans qui n'avaient pas d'étaux, pouvaient librement colporter et vendre leurs marchandises dans les marchés, comme nous le dirons plus loin.

Indépendamment du droit d'étalage, tous les marchands qui prenaient place aux halles payaient

Mailles
de samedi.

(1) T. XLIX, page 113. .

(2) T. XC, page 247.

(3) T. LXXXVII, page 239.

(4) T. L, page 123 et T. LIX page 150.

(5) C'était l'officier préposé au marché des halles et à la location des étaux, ou bien l'adjudicataire substitué aux droits du roi.

un droit *d'une maille chaque samedi* « pour l'entretien et le nettoyage. » (1)

Les métiers qui avaient leur halle particulière, soit dans une dépendance des grandes halles, soit ailleurs, tiraient d'ordinaire les places ou étaux au sort entre les maîtres, comme nous le voyons par le passage suivant de la *deuxième partie du Livre des Métiers*. « Les *drapiers* de Paris ont leur halle, et jettent aux lots trois fois l'an ; c'est à savoir : à la saint Jean, à la saint Ladre et à Noël ; et prennent de la halle autant qu'il leur convient. « L'emplacement réservé aux drapiers n'était donc pas limité, et il variait suivant les besoins et l'importance de leur commerce.

La redevance payée pour jouir des étaux était indépendante du droit de *hallage* que l'on devait pour l'abri que l'on trouvait sous les bâtiments des halles. Plusieurs titres du *Livre des Métiers (2me partie)* sont les tarifs du hallage du pain, des grains, des fruits, des légumes, de la laine, des fils de lin et de chanvre, et enfin de la toile. On trouve, à la fin du même recueil, une pièce datant de la dernière année du XIIIe siècle, et intitulée : « *Produit du hallage de Paris.* » Nous y voyons indiquée l'importance relative des différentes branches de commerce. Les *merciers* tenaient la première place et procuraient au roi des

Page 339.

2° Hallage.

(1) « Une charte de transaction, signée par le roi Philippe-Auguste en 1822, avait accordé à l'évêque de Paris les revenus de chaque troisième semaine (une sur trois) aux halles de Champeaux (depuis marché des Innocents), attendu qu'une partie des halles était construite sur un terrain situé dans les limites de la juridiction épiscopale. Ce ne fut qu'en 1661 que Louis XIV racheta ce droit épiscopal de la tierce-semaine. » (Note de M. Depping, page 123.)

revenus considérables estimés dans ce compte, pour le hallage des grandes halles seulement, à 353 livres, somme très-importante pour ce temps. La halle aux *cordouans* (cuirs de Cordoue) rapportait 12 livres ; celle des *chaudronniers*, 27 livres ; la halle *au lin et au chanvre*, les halles *aux toiles et aux chevaux* produisaient ensemble 30 livres ; la halle des *tisserands* de Paris, 18 livres, etc... (1)

Les différentes villes qui, comme nous l'avons dit, avaient un emplacement réservé aux halles de Paris, principalement pour la draperie, payaient les sommes suivantes, indépendamment de la coutume d'une maille dûe tous les samedis, pour chaque étal. (2)

					Page 433.
Lagny	»	»	70 sous.		
Saint-Denis	43 livres		2	»	
Pontoise	6	»	»	»	
Chaumont	»	»	25	»	
Corbie	»	»	50	»	
Aumale	»	»	25	»	
Amiens	7	»	»	»	
Douai	25	»	»	»	
Beauvais	12	»	»	»	
Avesnes	»	»	64	»	
Gonesse	»	»	25	»	

(1) D'après le statut, les tisserands de drap payaient chacun « 5 sols de halage. »

(2) Leber *(Collection de documents inédits*. T. XVII, page 270) cite un compte semblable de la fin du XV⁰ siècle. Nous y retrouvons les mêmes villes avec presque les mêmes prix de location. Beauvais et Douai sont cependant indiquées comme ne payant plus « pour ce qu'ils y ont renoncé. »

Le produit total des hallages s'élevait, à l'époque où fut écrit le compte que nous citons, à 908 livres, 40 sous, 4 deniers parisis, soit environ 90,000 francs de notre monnaie. (1)

3° Tonlieu.

L'impôt du *tonlieu* était perçu sur les transactions; il était supporté moitié par l'acheteur et moitié par le vendeur. Son importance variait d'un métier à l'autre, et suivant le poids, la qualité, le prix des marchandises. Les *canevassiers* payèrent une obole pour la vente de chaque pièce de toile de plus de cinq aunes. (2) Les *tisserands* payèrent un denier « par chaque six tressons (écheveaux) de fil qu'ils vendaient ou achetaient à Paris, en la terre du roi. » (3) La laine brute d'Angleterre, objet d'un important commerce, acquittait un droit de 36 deniers par sac vendu : le vendeur et l'acheteur payaient chacun 18 deniers; le sac devait peser de 36 à 39 pierres,

Page 336.

« au poids de 9 livres la pierre. »

(1) En 1872, sur les ventes faites aux halles centrales et dans les divers marchés de Paris, (en beurre, œufs, poissons, morue, volaille, gibier, fruits et légumes seulement), lesquelles ont atteint une somme de 107,874,197 francs, la ville a prélevé un droit de remise de 6,190,948 francs. La location des places aux halles et aux marchés régis par la ville s'est élevée à 3,913,130 francs. Dans cette somme se trouvent inscrites les places extérieures, sans abri et dites *aux petits tas*, pour 330,532 francs.

Nous trouvons encore comme se rattachant aux produits des halles, un droit de 530,920 francs, prélevé sur le *stationnement* des charrettes et bêtes de somme des marchands qui approvisionnent les halles et qui viennent y charger.

(2) Ils en étaient exempts « aux jours de feste de Notre-Dame, tant que le jour dure, si le jour des festes Notre-Dame n'échiet au samedi (jour de marché). — T. LIX, page 151.

(3) L'importance du *tonlieu* variait suivant les terres.

Certains métiers étaient francs du tonlieu par le Exemptions du tonlieu. hauban; (1) d'autres remplaçaient le droit sur chaque vente par une coutume annuelle, Les *boursiers*, par exemple, versaient au trésor chacun 6 deniers à Pâques, 3 deniers à la saint Jean, et 6 deniers à la Noël; les *potiers* devaient chacun « 3 sous de coutume en deux termes, à Pâques et à la saint Remi. »

L'exemption du tonlieu était accordée aux maisons religieuses de Paris et de la banlieue : les *regratiers* qui leur achetaient les légumes ou les fruits de leur jardin ne payaient aucune coutume. (T. X, p. 26.)

« Le bourgeois de Paris ne doit rien du blé de sa terre, ni du vin de sa vigne, ni du vin qu'il achète pour son boire — dit le *registre des métiers* — mais Page 285. s'il achète pour revendre, il paiera comme les autres marchands. » Et plus loin, il ajoute que « tout bourgeois et homme demeurant dans les murs peut vendre ses bêtes ou les issues qui en proviennent sans payer de tonlieu. » Page 318.

Nous avons parlé plus haut des *mesureurs*, *des* Préposés *jaugeurs, des crieurs* préposés au contrôle des marchés, au contrôle des marchés. et formant entre-eux des associations semblables *Mesureurs,* aux corporations d'artisans. Leur rôle était de donner *jaugeurs, etc.* *Poids-le-Roi.* une sanction légale et, en quelque sorte, officielle aux ventes qui avaient lieu. Ils dépendaient, à Paris, du prévôt et des échevins de la *Confrérie des marchands de l'eau,* et, dans les communes, ils étaient

---

(1) Voir au chapitre précédent, § V.

nommés directement par l'autorité municipale. (1)
Le contrôle des mesures était dans les attributions
des mêmes magistrats qui percevaient, au profit de
la ville, un droit de vérification. Le pesage restait
ordinairement sous la juridiction du seigneur. A
Paris, le roi l'avait affirmé à des bourgeois, et cette
aliénation donna lieu à des abus qui furent réformés
plus tard. (2) A Amiens, la commune racheta le
pesage des différentes marchandises. Celui des laines
et fourrures leur fut cédé, en 1291, par le vidame
Jean de Picquigny, moyennant une rente de 70 livres
parisis. (3)

Le mesurage et le pesage était obligatoire pour la
plupart des marchandises, et certains métiers, celui
des *marchands de chanvre et de lin de Paris,* entre
autres, avaient des prud'hommes spéciaux pour y
présider. (4) On leur payait un droit proportionné à
la quantité de la marchandise et indépendant de la
redevance que prélevait le seigneur ou la commune,
propriétaire du poids ou des mesures. Dans toute

(1) Aug. Thierry. *Mémoires pour servir à l'histoire du Tiers-
État.* T. 1er, p. 437. — L'échevinage d'Amiens nommait, à titre
d'offices, et moyennant finances, les *courtiers*, les *peseurs*, les
jaugeurs, les *scelleurs et auneurs de draps*, les *crieurs*, les *fos-
soyeurs*, les *déchargeurs de vins*, etc.

(2) « Le *poids-le-roi*, dont il est parlé dans plusieurs statuts,
consistait dans des balances établies, depuis 1169 au moins, dans
un local de la rue des Lombards, qui portait encore ce nom à la
fin du XVIe siècle. Les rois en conservèrent la propriété et les
revenus jusqu'au règne de Louis VII. On y pesait toutes les marchandises qui étaient présentées, moyennant un léger droit.

(3) Aug. Thierry. Id., page 273.

(4) T. LVIII, page 148.

vente , au reste, l'acheteur pouvait exiger que l'on contrôlât la déclaration du vendeur, à la seule condition de partager avec lui les frais de vérification.

Les marchands de foin, pour la vente en gros, se servaient de *courtiers* et de *porteurs*, mais il était interdit à ceux-ci, sous les peines les plus sévères, de faire le commerce de foin pour leur compte « parce que, dit le statut des *feiniers*, ce qu'ils achètent 4 sous, ils le vendent cinq. » Cette sage prohibition est mentionnée aussi dans le réglement des poissonniers à l'égard des « vendeurs, compteurs et empoigneurs, » qui servaient d'intermédiaires au marché entre les maraîchers du dehors et les marchands ou les bourgeois de Paris.

On cherchait, au moyen-âge, à éviter par tous les moyens, la surélévation du prix des produits de première nécessité, due aux bénéfices successifs prélevés par des intermédiaires entre les mains desquels les produits augmentent de prix, sans, qu'en réalité, ils acquièrent une augmentation de valeur.(1)

Intermédiaires
écartés.

(1) Lors de l'exposition universelle de Paris en 1855, M. Michel Chevalier, le célèbre défenseur du libre échange, au nom d'une commission chargée d'examiner les produits d'économie domestique au point de vue du bon marché, présente un rapport dans lequel il s'exprime ainsi : « Lorsqu'on suit les productions diverses de l'industrie dans le voyage qu'elles font à partir des ateliers du producteur jusqu'à ce qu'elles soient arrivées aux mains du consommateur, on est saisi d'un fait au premier abord difficile à expliquer : c'est une différence très-forte, et quelquefois une disproportion énorme entre le prix des marchandises en gros, et le prix au détail. » M. Chevalier cite l'exemple d'un fabricant de boutons vendant 800,000 francs une marchandise que le public paye 10 à 11 millions, et il signale avec raison les nombreux *intermédiaires* comme une des causes principales de la surélévation du prix des produits les plus nécessaires à la vie.

Colportage.

Pour terminer ce qui concerne les marchés, disons un mot du *colportage*. Les artisans pauvres, désireux d'éviter les frais qu'entraînaient la location des étaux et le hallage, pouvaient colporter leurs marchandises dans l'enceinte des halles sans payer aucun droit ; mais il leur était interdit, sous peine de 5 sous d'amende, de s'arrêter ou de s'asseoir devant les étaux et de troubler la vente de ceux qui s'y trouvaient. Les marchands qui avaient étal ne pouvaient avoir de colporteurs, « parce que, dit le registre des *canevassiers,* la droiture du roi amenuisse des colporteurs. » Les *boutonniers* n'avaient même pas le droit de colporter « tant qu'il restait étal vide. »

T. LIX, page 150.

T. LXXII, page 185.

En dehors des halles, le colportage était interdit, sauf quelques exceptions. Les *tapissiers* en donnent pour raison dans leur statut, que pendant l'absence des maîtres, il est facile de commettre des vols dans leur ouvroir ; les *chauciers* disent « que le colporteur, n'étant pas connu, peut vendre des chausses faites de bouvre ou d'autres mauvaises étoffes ; et quand l'acheteur s'aperçoit de la duperie, il ne sait où retrouver le colpolteur qui lui a vendu l'objet, et ainsi, il perd son argent, ce qui n'arriverait pas avec des marchands établis. » Les *fermaillers* autorisaient les maîtres de leur métier à avoir un seul colporteur. Les *chandelliers de suif* permettaient d'en employer deux, mais dans la semaine seulement : les dimanches et les jours de fêtes on ne pouvait crier les chandelles dans les rues. Les *boursiers* exigeaient que le maître qui ne tenait pas ouvroir et voulait

T. LV, page 139.

colporter ses bourses, le fît lui-même ou le fît faire par sa femme, à moins qu'il n'eût une légitime excuse pour y envoyer un vallet à sa place. Ils voulaient aussi qu'on ne pût vendre par les rues de bourses valant moins de 3 mailles chacune. Toutes ces entraves apportées à la liberté du colportage avaient leur raison dans le principe économique en honneur au moyen-âge que nous avons plusieurs fois déjà énoncé : la protection que le pouvoir royal accordait aux artisans établis en échange des impôts qu'il prélevait sur leur industrie.

Après avoir parlé des marchés qui réunissaient chaque semaine toute l'industrie d'une même ville et de quelques villes voisines, parlons des *foires* dans lesquelles se donnaient rendez-vous les marchands de toute une contrée. L'institution des foires est aussi ancienne que la monarchie française : la foire du *Landit,* octroyée à l'abbaye de St-Denis par Dagobert I, fut confirmée par Pepin, Charlemagne et Louis-le-débonnaire. Mais il faut arriver au XII° et au XIII° siècle pour voir cette institution se généraliser. Ce furent d'abord les fêtes et les cérémonies religieuses qui donnèrent naissance aux foires et aux francs marchés. Les grands pélerinages qui se multiplièrent, à l'époque des croisades, aux admirables sanctuaires que la piété des peuples élevait de toutes part, furent aussi l'occasion de foires nombreuses : nous citerons, comme exemple, celle de Puy-en-Valay.

A Paris, il y avait au XIII° siècle 4 grandes foires : la foire St-Germain, la foire St-Ladre (Lazare), et les deux foires de St-Denis, dont la principale était le *Landit*.

La foire Saint-Germain se tenait dans le faubourg qui porte encore aujourd'hui ce nom ; la justice et les revenus appartenaient à l'abbaye Saint-Germain des Prés propriétaire du terrain sur lequel la foire avait lieu.

Foire Saint-Germain.

La foire Saint-Ladre avait été concédée, à son origine, à la maladrerie (1) de Saint-Lazare, et se tenait auprès de l'hôpital de ce nom. Elle fut rachetée ensuite par les rois qui la transportèrent dans les Grandes Halles de Champeaux. Elle commençait le lendemain de la fête des Morts (3 novembre) et durait dix-sept jours consécutifs. Les rois en retiraient d'importants revenus. L'organisation de cette foire était en tout semblable à celle des marchés hebdomadaires et le commerce s'y trouvait soumis aux mêmes servitudes et aux mêmes impôts, seulement, l'importance des droits était doublée dans la plupart des cas, et les abonnements pour la location des étaux cessaient d'avoir cours : il fallait, pour en jouir, payer une coutume spéciale que les *drapiers* nommaient la *huche,* à cause des coffres ou armoires qu'on leur fournissait pour y serrer leur draps. Tous les priviléges accordés sur les marchés ordinaires étaient suspendus pendant le temps de la foire : les haubanniers par exemple, devaient acquitter les tonlieux, comme les artisans qui ne payaient pas le

Foire Saint-Ladre.

(1) Hôpital des lépreux.

hauban. Presque tous les métiers étaient obligés de fermer leurs ouvroirs et de vendre leurs marchandises dans les limites de la foire, tout le temps que celle-ci durait. Les *changeurs*, les *marchands de cire*, les *marchands de soie*, les *bouchers* eux-mêmes étaient assujétis à cette servitude, aussi plusieurs corporations cherchèrent-elles à se racheter moyennant une somme d'argent. Les *selliers*, les *lormiers* et les *corroyeurs* achetaient leur franchise 40 sous; les *marchands de soie* payaient chacun trois sous par an « parce que c'est bien pénible chose, de ne pouvoir vendre qu'en halle durant la dite foire. »

Le roi affermait presque toujours le produit de la foire Saint-Ladre; (1) le fermier adjudicataire (2) prenait le titre de prévôt de la foire et devenait, non seulement bénéficiaire des droits, mais justicier de toutes les contestations qui pouvaient s'élever. Il devait « seoir, assister et tenir ses plaids quatre fois par chacun jour. » On pouvait en appeler des jugements du prévôt de la foire en s'adressant au prévôt de Paris.

Revenus de la foire.

L'abbaye de Saint-Denis possédait deux foires; nous ne parlerons que de la plus importante, celle du *landit*. (3) Elle se tenait au mois de Juin dans la

Le Landit.

(1) Voyez Depping p. 438. *Droits de la foire Saint-Ladre.* — Cette pièce tirée d'un manuscrit du Châtelet est de la fin du XIIIᵉ siècle. Elle détermine les droits à payer au fermier et les obligations de celui-ci.

(2) L'adjudication se faisait au plus offrant et « à chandelles allumées, » c'est-à-dire, au moyen de *feux* comme de nos jours.

(3) Rappelons que *landit* est une altération de l'*indict (forum indictum*, lieu désigné).

plaine de Saint-Denis, et son retour était attendu chaque année avec impatience par le peuple de Paris. Connue dans l'Europe entière, elle attirait les marchands de tous les pays, et l'on y trouvait les produits les plus divers et les plus lointains. De grandes franchises étaient accordés à ceux qui la fréquentaient. Son ouverture se faisait d'une façon solennelle. Le jour où elle avait lieu, le Parlement et toutes les autres juridictions de Paris prenaient un jour de vacation pour y assister; l'université s'y rendait en corps et en grand appareil. La foire ne pouvait s'ouvrir qu'après avoir reçu la bénédiction du recteur « qui, dit Pasquier, s'achemine auquel lieu en parade, suivi des quatre procureurs et d'une infinité de maîtres ès-arts, tous à cheval. Après avoir fourni à son devoir, il est gratifié par les marchands d'un honoraire de cent écus. » Avant de s'en retourner, le recteur et sa suite visitaient le parchemin mis en vente, et personne n'en pouvait acheter, qu'après qu'ils avaient choisi tout ce qui était à leur convenance. (1)

L'université au Landit.

La foire du landit avait, plutôt que celle de saint Ladre, l'aspect des foires de nos jours. La seconde était purement commerciale, tandis que dans la première, à côté des nombreuses boutiques des marchands, on voyait une multitude de ces spectacles, souvent grossiers, qui excitent à un haut degré la curiosité du peuple. « C'était, dit un auteur que nous

Fête populaire.

(1) Paul Lacroix. *Histoire de l'Imprimerie*, page 38.

avons souvent cité, (3) une époque de jouissances, de surprises, de vives émotions, on s'y préparait longtemps à l'avance : marchands étrangers et bourgeois, écoliers de l'université, baladins, cabaretiers, filous même, tous accouraient en foule à Saint-Denis pour prendre part à la fête commune. C'est là qu'on mettait au grand jour les produits de l'industrie que de sombres boutiques cachaient le reste de l'année, ou qu'on y cherchait même inutilement et qui se fabriquaient ailleurs. C'est là que les mères de famille faisaient acquisition d'ustensiles de ménage et que les étrangers prouvaient les progrès que les arts mécaniques avaient fait chez eux. C'est là qu'on réunissait les divertissements capables d'émerveiller les bons bourgeois de la capitale et qu'on tolérait des amusements qu'excluait la vie simple et monotone de l'année. »

Les foires de Paris n'étaient cependant pas les plus considérables du royaume. Celles de Lyon, de Bordeaux, de Rouen, de la Guibray (un des faubourgs de Falaise, en Normandie), de Dieppe, de Toulon, de Beaucaire et surtout les foires de Champagne, pouvaient rivaliser d'importance avec elles. Ces dernières étaient les plus célèbres et, peut-être, les plus anciennes, car les réglements qui les régissaient servirent de modèle aux établissements du même genre. Ces règlements étaient depuis longtemps en vigueur quand la Champagne et la Brie furent réunies au domaine de la couronne en 1284, par le mariage de Philippe-le-Bel avec Jeanne, reine de Navarre, héritière de ces deux comtés.

« Les marchands attirés par les grandes franchises, libertés et priviléges qui leur étaient accordés, y accouraient en foule, dans tous les temps de l'année. Il y en avaient, non-seulement des extrémités du royaume, mais encore d'Allemagne, de toute l'Italie, particulièrement de Florence, de Milan, de Lucques, de Venise et de Gênes, qui y apportaient des étoffes d'or, d'argent et de soie, des épiceries et autres marchandises de leur pays, ou du Levant, en échange desquelles ils remportaient des draps, des cuirs et autres étoffes ou denrées, des vins du crû des provinces de Champagne et de Brie, ou qui y étaient apportées des autres provinces de France.»(1)

Caravanes de marchands. Les négociants d'une même ville formaient une caravane pour se rendre aux foires qu'ils avaient l'habitude de fréquenter, et restaient soumis, pendant leur voyage, à la surveillance des jurés ou gardes de leur métier. Un réglement, donné en 1346, par l'échevinage d'Amiens, à la *corporation des drapiers,* fixe les jours de l'année pendant lesquels ces marchands pourront fréquenter les foires de Lagny, de Compiègne, de Paris, de Saint-Denis, et les foires de Champagne. (2)

(1) Savary des Brulois. *Dictionnaire du Commerce.* T. II, art. *Foires.*
(2) Aug. Thierry. *Ouvrage cité.*

Ce fut dans la seconde moitié du XIIIe siècle que la coutume des foires se répandit dans les villes de la Flandre et de l'Artois. Il en existait cependant dès le XIIe siècle, puisqu'en 1154, Thierry, comte de Flandre, et Philippe son fils accordaient quatre jours de prolongation à la foire de Messine. (1) En 1265, la comtesse Marguerite octroyait à la ville de Douai une foire « selon les coutumes de Lille, » franche pendant quinze jours et se prolongeant ensuite huit jours pendant lesquels les coutumes étaient perçues et partagées entre la comtesse et la commune. Quatre ans après (1268), elle concédait à la ville de Rodembourg une foire semblable. L'année suivante, Robert, comte d'Artois, accordait à la commune d'Hesdin deux foires franches, durant chacune deux jours, et aux bourgeois de Saint-Omer une foire « selon les coutumes de Flandre et de Champagne, » leur permettant d'en fixer eux-mêmes l'époque et la durée.

Aux foires de Flandre, les marchands espagnols se rendaient en grand nombre. En 1267, la comtesse Marguerite dut régler les différends qui s'élevaient au sujet des droits d'entrée entre elle et « les marchands de Castille, Espagne, Portugal, Aragon, Navarre, Gascogne, Caersins (pays de Cahors), Catalogne, qui venaient marchander à la foire de Lille.» (2)

Foires
de Flandre et
d'Artois.

(1) *Inventaire des archives du département du Nord.* Le Glay, page 35.

(2) Idem.

Voici un fragment de l'ordonnance que rendit, vers 1250, la même comtesse Marguerite sur les *foires de Flandre*, d'après l'analyse qu'en donne l'*Inventaire des archives du Nord*.

Ordonnance de Marguerite de Flandre. (1250).

« Huit jours avant et huit jours après la foire, on ne pourra vendre aucun drap entier dans aucune ville de Flandre, sous peine de 20 sous parisis par drap, dont 10 sous pour le vendeur et autant pour l'acheteur ; mais ceux qui mènent aux foires pourront acheter et vendre les draps de leur ville.

On fermera toutes les halles de Flandre le jour même où l'on commencera à partir pour les foires, jusqu'au huitième jour après la fête finie. (1)

Les marchands étrangers et ceux qui arrivent par mer, pourront acheter et vendre hors des temps de foire, mais sans ouvrir les halles.

On ne pourra vendre qu'aux foires *vairs* (sorte de pelleterie), cuirs, cires, et toutes autres marchandises qui se vendent au poids, excepté de la laine, et celles qui se portent ordinairement aux foires, si ce n'est entre les habitants d'une même ville, à peine de 60 livres.

Personne ne pourra vendre de laines, hors le temps de fêtes, à peine de 100 sous d'amende par sac, excepté les ouvriers d'une même ville pour leurs ouvrages.

Ceux qui emporteront des marchandises des fêtes sans être convenus des termes de paiement avec le

-----

(1) On disait indifféremment fête ou foire (férie).

vendeur, seront punis comme fugitifs par les échevins de la ville, sans pouvoir jouir des priviléges
des lieux où se tient la fête.

On ne pourra vendre pendant les fêtes le lot de
vin plus de quatre deniers en plus que la taxe
ordinaire, à peine de 100 sous d'amende par tonneau
de vin d'Auxerre ou de France, et 10 livres pour le
vin *Rinoys* (du Rhin).

On établira cinq prud'hommes, un de chacune des
villes de Bruges, Gand, Ypres, Lille, Douai, pour
régler le logement des hôtes pendant les fêtes.

La comtesse se réserve la liberté d'éclaircir et
d'interprêter la présente ordonnance par le conseil
des bonnes villes de Gand, etc. »

Pour attirer les marchands étrangers, on suspen- Franchises.
dait pendant la durée de la foire, la perception des
droits de *travers* et d'*entrée*, et le *tonlieu* ne se payait
que sur les marchandises vendues. Mais ce dernier
impôt frappait tout le monde sans exception. Dans
la charte que Louis-le-Gros donna, en 1118, à l'abbaye de Saint-Père de Chartres, il est dit, à propos
de la foire de Liancourt, concédée par le roi à l'abbaye, « qu'aucun homme, de quelque rang et de
quelque condition qu'il soit, ne pourra vendre ou
acheter dans cette foire sans payer aux moines le
tonlieu, *teloneuin*. En conséquence, le comte Gauthier
lui-même, afin que personne dans la suite ne refusât
cet impôt, paya le droit pour un cheval qu'il avait
acheté à la foire de Liancourt. » (1)

(1) *Cartulaire de Saint-Père de Chartres*. — Charte, pages
638-39.

Précautions pour le maintien de l'ordre

On prenait de grandes précautions pour que l'ordre ne fût pas troublé par l'affluence des étrangers qu'attiraient les foires. Les bourgeois de la ville où elles se tenaient devaient fournir plus fréquemment le guet; les amendes pour les délits étaient doublées, et les peines les plus sévères étaient portées contre les voleurs. Pour ne pas entraver le commerce on voulait que tout différend entre un marchand étranger et un bourgeois fût jugé dans les vingt-quatre heures de la plainte.

Résultats de l'administration de St. Louis.

La sage administration de saint Louis qui fit régner la paix dans tout le royaume, imprima au commerce une vigoureuse impulsion. Les relations de la France avec les pays étrangers, commencées grâce aux croisades, prirent de rapides développements. Marseille, Avignon et Lyon envoyaient régulièrement chaque année à Alexandrie deux flottes nombreuses qui, à leur retour, rapportaient et répandaient jusque dans la Flandre les produits de tout l'Orient. Les riches cités du Nord entretenaient des rapports suivis avec l'Angleterre, l'Allemagne, l'Italie et l'Espagne. Vers la même époque, se généralisa l'institution des *consuls* qui contribua beaucoup à donner un cours régulier aux relations commerciales. « Les marchands qui accompagnaient d'abord eux-mêmes leurs marchandises, et qui plus tard les firent accompagner par un facteur ou fondé de pouvoirs, en étaient arrivés à les expédier par correspondance, et à les confier en délégation à des représentants étrangers. L'usage de l'écriture devenu plus général, l'invention du papier substitué au parchemin comme moins rare et moins coûteux, l'importation des chiffres arabes plus commodes que les chiffres romains pour exécuter des calculs de toutes sortes, l'institution des banques (dont la plus ancienne fonctionnait à Venise dès le XIIe siècle), l'invention des lettres de change, invention attribuée aux Juifs, mais déjà répandue au XIIIe siècle, la création d'assurances contre les périls des voyages de terre et de mer, enfin, l'établissement de sociétés de négociants, du genre de celles que nous appelons *en commandite*, toutes ces améliorations importantes contribuèrent à donner plus d'extension et d'activité au commerce, qui ne cessait d'accroître la fortune publique et privée. » (1)

La France chrétienne de saint Louis marchait donc en Europe à la tête de la civilisation, et le grand roi qui présidait à ses destinées, soucieux sans doute avant tout d'assurer les progrès religieux et moraux, ne négligeait en rien le soin de ses intérêts matériels. Ses successeurs n'imitèrent pas sa sage administration, et les troubles politiques qui désolèrent notre pays au XIVe siècle vinrent malheureusement arrêter les développements de l'œuvre si bien commencée au XIIIe siècle par saint Louis.

(1) Paul Lacroix. — *Mœurs et usages du moyen-âge*, p. 286.